国家出版基金资助项目

现代数学中的著名定理纵横谈丛书

丛书主编　王梓坤

LAGRANGE INTERPOLATION

Lagrange插值

刘培杰数学工作室　编

哈爾濱工業大學出版社
HITP HARBIN INSTITUTE OF TECHNOLOGY PRESS

内容提要

本书共分四编，详细地介绍了 Lagrange 插值多项式的概念及相关的应用方法，主要包括差分与反差值、逼近论中的插值法、无穷区间上等距节点样条的引入内容，同时还补充介绍了形状可调的 C^2 连续三次三角 Hermite 插值样条的相关内容.

本书适合相关专业的数学工作者参考阅读.

图书在版编目(CIP)数据

Lagrange 插值/刘培杰数学工作室编. —哈尔滨：哈尔滨工业大学出版社，2024.3

(现代数学中的著名定理纵横谈丛书)

ISBN 978－7－5603－9894－5

Ⅰ.①L… Ⅱ.①刘… Ⅲ.①lagrange 插值 Ⅳ.①O151.22

中国版本图书馆 CIP 数据核字(2021)第 266106 号

LAGRANGE CHAZHI

策划编辑　刘培杰　张永芹
责任编辑　聂兆慈
出版发行　哈尔滨工业大学出版社
社　　址　哈尔滨市南岗区复华四道街 10 号　邮编 150006
传　　真　0451－86414749
网　　址　http://hitpress.hit.edu.cn
印　　刷　辽宁新华印务有限公司
开　　本　787 mm×960 mm　1/16　印张 19.75　字数 223 千字
版　　次　2024 年 3 月第 1 版　2024 年 3 月第 1 次印刷
书　　号　ISBN 978－7－5603－9894－5
定　　价　98.00 元

⊙代序

读书的乐趣

你最喜爱什么——书籍.

你经常去哪里——书店.

你最大的乐趣是什么——读书.

这是友人提出的问题和我的回答.真的,我这一辈子算是和书籍,特别是好书结下了不解之缘.有人说,读书要费那么大的劲,又发不了财,读它做什么?我却至今不悔,不仅不悔,反而情趣越来越浓.想当年,我也曾爱打球,也曾爱下棋,对操琴也有兴趣,还登台伴奏过.但后来却都一一断交,“终身不复鼓琴”.那原因便是怕花费时间,玩物丧志,误了我的大事——求学.这当然过激了一些.剩下来唯有读书一事,自幼至今,无日少废,谓之书痴也可,谓之书橱也可,管它呢,人各有志,不可相强.我的一生大志,便是教书,而当教师,不多读书是不行的.

读好书是一种乐趣,一种情操;一种向全世界古往今来的伟人和名人求教的方法,一种和他们展开讨论的方式;一封出席各种活动、体验各种生活、结识各种人物的邀请信;一张迈进科学官殿和未知世界的入场券;一股改造自己、丰富自己的强大力量.书籍是全人类有史以来共同创造的财富,是永不枯竭的智慧的源泉.失意时读书,可以使人重整旗鼓;得意时读书,可以使人头脑清醒;疑难时读书,可以得到解答或启示;年轻人读书,可明奋进之道;年老人读书,能知健神之理.浩浩乎!洋洋乎!如临大海,或波涛汹涌,或清风微拂,取之不尽,用之不竭.吾于读书,无疑义矣,三日不读,则头脑麻木,心摇摇无主.

潜能需要激发

我和书籍结缘,开始于一次非常偶然的机会.大概是八九岁吧,家里穷得揭不开锅,我每天从早到晚都要去田园里帮工.一天,偶然从旧木柜阴湿的角落里,找到一本蜡光纸的小书,自然很破了.屋内光线暗淡,又是黄昏时分,只好拿到大门外去看.封面已经脱落,扉页上写的是《薛仁贵征东》.管它呢,且往下看.第一回的标题已忘记,只是那首开卷诗不知为什么至今仍记忆犹新:

日出遥遥一点红,飘飘四海影无踪.

三岁孩童千两价,保主跨海去征东.

第一句指山东,二、三两句分别点出薛仁贵(雪、人贵).那时识字很少,半看半猜,居然引起了我极大的兴趣,同时也教我认识了许多生字.这是我有生以来独立看的第一本书.尝到甜头以后,我便千方百计去找书,向小朋友借,到亲友家找,居然断断续续看了《薛丁山征西》《彭公案》《二度梅》等,樊梨花便成了我心中的女英雄.我真入迷了.从此,放牛也罢,车水也罢,我总要带一本书,还练出了边走田间小路边读书的本领,读得津津有味,不知人间别有他事.

当我们安静下来回想往事时,往往会发现一些偶然的小事却影响了自己的一生.如果不是找到那本《薛仁贵征东》,我的好学心也许激发不起来.我这一生,也许会走另一条路.人的潜能,好比一座汽油库,星星之火,可以使它雷声隆隆、光照天地;但若少了这粒火星,它便会成为一潭死水,永归沉寂.

抄,总抄得起

好不容易上了中学,做完功课还有点时间,便常光顾图书馆.好书借了实在舍不得还,但买不到也买不起,便下决心动手抄书.抄,总抄得起.我抄过林语堂写的《高级英文法》,抄过英文的《英文典大全》,还抄过《孙子兵法》,这本书实在爱得狠了,竟一口气抄了两份.人们虽知抄书之苦,未知抄书之益,抄完毫末俱见,一览无余,胜读十遍.

始于精于一,返于精于博

关于康有为的教学法,他的弟子梁启超说:“康先生之教,专标专精、涉猎二条,无专精则不能成,无涉猎则不能通也.”可见康有为强烈要求学生把专精和广博(即“涉猎”)相结合.

在先后次序上,我认为要从精于一开始.首先应集中精力学好专业,并在专业的科研中做出成绩,然后逐步扩大领域,力求多方面的精.年轻时,我曾精读杜布(J. L. Doob)的《随机过程论》,哈尔莫斯(P. R. Halmos)的《测度论》等世界数学名著,使我终身受益.简言之,即“始于精于一,返于精于博”.正如中国革命一样,必须先有一块根据地,站稳后再开创几块,最后连成一片.

丰富我文采,澡雪我精神

辛苦了一周,人相当疲劳了,每到星期六,我便到旧书店走走,这已成为生活中的一部分,多年如此.一次,偶然看到一套《纲鉴易知录》,编者之一便是选编《古文观止》的吴楚材.这部书提纲挈领地讲中国历史,上自盘古氏,直到明末,记事简明,文字古雅,又富于故事性,便把这部书从头到尾读了一遍.从此启发了我读史书的兴趣.

我爱读中国的古典小说,例如《三国演义》和《东周列国志》.我常对人说,这两部书简直是世界上政治阴谋诡计大全.即以近年来极时髦的人质问题(伊朗人质、劫机人质等),这些书中早就有了,秦始皇的父亲便是受害者,堪称"人质之父".

《庄子》超尘绝俗,不屑于名利.其中"秋水""解牛"诸篇,诚绝唱也.《论语》束身严谨,勇于面世,"己所不欲,勿施于人",有长者之风.司马迁的《报任少卿书》,读之我心两伤,既伤少卿,又伤司马;我不知道少卿是否收到这封信,希望有人做点研究.我也爱读鲁迅的杂文,果戈理、梅里美的小说.我非常敬重文天祥、秋瑾的人品,常记他们的诗句:"人生自古谁无死,留取丹心照汗青""休言女子非英物,夜夜龙泉壁上鸣".唐诗、宋词、《西厢记》《牡丹亭》,丰富我文采,澡雪我精神,其中精粹,实是人间神品.

读了邓拓的《燕山夜话》,既叹服其广博,也使我动了写《科学发现纵横谈》的心.不料这本小册子竟给我招来了上千封鼓励信.以后人们便写出了许许多多的“纵横谈”.

从学生时代起,我就喜读方法论方面的论著.我想,做什么事情都要讲究方法,追求效率、效果和效益,方法好能事半而功倍.我很留心一些著名科学家、文学家写的心得体会和经验.我曾惊讶为什么巴尔扎克在51年短短的一生中能写出上百本书,并从他的传记中去寻找答案.文史哲和科学的海洋无边无际,先哲们的明智之光沐浴着人们的心灵,我衷心感谢他们的恩惠.

读书的另一面

以上我谈了读书的好处,现在要回过头来说说事情的另一面.

读书要选择.世上有各种各样的书:有的不值一看,有的只值看20分钟,有的可看5年,有的可保存一辈子,有的将永远不朽.即使是不朽的超级名著,由于我们的精力与时间有限,也必须加以选择.决不要看坏书,对一般书,要学会速读.

读书要多思考.应该想想,作者说得对吗?完全吗?适合今天的情况吗?从书本中迅速获得效果的好办法是有的放矢地读书,带着问题去读,或偏重某一方面去读.这时我们的思维处于主动寻找的地位,就像猎人追找猎物一样主动,很快就能找到答案,或者发现书中的问题.

有的书浏览即止,有的要读出声来,有的要心头记住,有的要笔头记录.对重要的专业书或名著,要勤做笔记,“不动笔墨不读书”.动脑加动手,手脑并用,既可加深理解,又可避忘备查,特别是自己的灵感,更要及时抓住.清代章学诚在《文史通义》中说:“札记之功必不可少,如不札记,则无穷妙绪如雨珠落大海矣.”

许多大事业、大作品,都是长期积累和短期突击相结合的产物.涓涓不息,将成江河;无此涓涓,何来江河?

爱好读书是许多伟人的共同特性,不仅学者专家如此,一些大政治家、大军事家也如此.曹操、康熙、拿破仑、毛泽东都是手不释卷,嗜书如命的人.他们的巨大成就与毕生刻苦自学密切相关.

王梓坤

目录

第一编

什么是插值？

引言

第1章

1.1 从一道越南数学奥林匹克试题的解法谈起

越南是我们的邻国,国家虽小但数学实力并不弱.近年来,越南出生的数学家吴宝珠因其在 Langlands 引理上的出色工作而获得了菲尔兹奖.在中学数学教育领域越南也有不俗的表现,我们以 1977 年的一道试题为例.

问题 1 设给定整数 $x_0<x_1<\cdots<x_n$.证明:多项式 $x^n+a_1x^{n-1}+\cdots+a_n$ 在点 $x_0,x_1,\cdots,x_n$ 取的值当中,存在这样一个数,其绝对值不小于 $\frac{n!}{2^n}$.

(越南数学奥林匹克,1977 年)

证明 根据 Lagrange 插值公式,多项式

$$P(x)=x^n+a_1x^{n-1}+\cdots+a_n$$

可表示为

$$P(x)=\sum_{j=0}^{n}\Big(\prod_{\substack{i\neq j\\0\leqslant i\leqslant n}}\frac{x-x_i}{x_j-x_i}\Big)P(x_j)$$

用反证法.设题中结论不成立,即当 $j=0,1,\cdots,n$ 时

$$|P(x_j)|<\frac{n!}{2^n}$$

则多项式 $P(x)$ 的首项系数 1 应等于乘积

$$\prod_{\substack{i\neq j\\0\leqslant i\leqslant n}}\frac{x-x_i}{x_j-x_i}P(x_j)$$

的首项系数之和,且其模不超过

$$\Big|\sum_{j=0}^{n}P(x_j)\prod_{\substack{i\neq j\\0\leqslant i\leqslant n}}\frac{1}{x_j-x_i}\Big|<$$

$$\sum_{j=0}^{n}\frac{n!}{2^n}\prod_{\substack{i\neq j\\0\leqslant i\leqslant n}}\frac{1}{|x_j-x_i|}\leqslant$$

$$\sum_{j=0}^{n}\frac{n!}{2^n}\frac{1}{\prod\limits_{0\leqslant i\leqslant n}(j-i)}\cdot\frac{1}{\prod\limits_{n\geqslant i>j}(i-j)}=$$

$$\frac{1}{2^n}\sum_{j=0}^{n}\frac{n!}{j!\ (n-j)!}=$$

$$\frac{1}{2^n}\sum_{j=0}^{n}\mathrm{C}_n^j=$$

$$1$$

矛盾.假设不成立,故结论成立.

实际上,越南的奥数界对 Lagrange 插值有持续的热情.再如:

问题 2 给定一个次数大于或等于 1 的实系数多

项式 $f(x)$. 证明:对 $c>0$,存在一个正整数 n_0,满足如下条件:对每个次数大于或等于 n_0 且首项系数等于 1 的实系数多项式 $p(x)$,满足不等式

$$|f(p(x))|\leqslant C$$

的整数 x 的个数均不超过 $p(x)$ 的次数.

(越南国家队选拔试题,1992 年)

证明　由已知条件可知,对每个 $C>0$,必存在 $x_0>0$,使得当 $|x|>x_0$ 时,就有 $|f(x)|>C$.

设 $p(x)$ 是 k 次多项式,$b_1<b_2<\cdots<b_{k+1}$ 是 $k+1$ 个整数,则由 Lagrange 插值多项式可知

$$p(x)=\sum_{i=1}^{k+1}p(b_i)\cdot\prod_{j\neq i}\frac{x-b_j}{b_i-b_j}$$

因为 $p(x)$ 的首项系数为 1,所以

$$1=\sum_{i=1}^{k+1}p(b_i)\cdot\prod_{j\neq i}\frac{1}{b_i-b_j}\leqslant$$
$$\max_{1\leqslant i\leqslant k+1}|p(b_i)|\cdot$$
$$\sum_{i=1}^{k+1}\frac{1}{(i-1)!\ (k+1-i)!}=$$
$$\frac{1}{k!}\max_{1\leqslant i\leqslant k+1}|p(b_i)|\cdot$$
$$\sum_{i=1}^{k+1}\frac{k!}{(i-1)!\ (k-i+1)!}=$$
$$\frac{2^k}{k!}\max_{1\leqslant i\leqslant k+1}|p(b_i)|$$

即

$$\max_{1\leqslant i\leqslant k+1}|p(b_i)|\geqslant\frac{k!}{2^k}$$

取 n_0 使得

$$\frac{n_0!}{2^{n_0}}>x_0$$

于是，当 $p(x)$ 的次数 $k\geqslant n_0$ 时，就有

$$\max_{1\leqslant i\leqslant k+1}|p(b_i)|\geqslant\frac{k!}{2^k}\geqslant\frac{n_0!}{2^{n_0}}>x_0$$

从而有

$$|f(\max_{1\leqslant i\leqslant k+1}|p(b_i)|)|>C$$

由 $b_1,b_2,\cdots,b_{k+1}$ 的任意性可知，使得

$$|f(p(x))|\leqslant C$$

的整数 x 的个数不超过 $p(x)$ 的次数 k.

不仅在越南，Lagrange 插值其实也一直被各国奥数领域所青睐.

问题3 设多项式 $P(x)$ 的次数最多是 $2n$，且对每个整数 $k\in[-n,n]$，都有 $|P(k)|\leqslant 1$. 证明：对每个 $x\in[-n,n]$，$P(x)\leqslant 2^{2n}$.

（匈牙利数学奥林匹克，1979 年）

证明 根据 Lagrange 插值公式，有

$$P(x)=\sum_{k=-n}^{n}P(k)\prod_{\substack{i\neq k\\ -n\leqslant i\leqslant n}}\frac{x-i}{k-i}$$

因为当 $k=-n,-n+1,\cdots,n$ 时，$|P(k)|\leqslant 1$，所以

$$|P(x)|\leqslant\sum_{k=-n}^{n}|P(k)|\prod_{\substack{i\neq k\\ -n\leqslant i\leqslant n}}\frac{|x-i|}{|k-i|}\leqslant$$

$$\sum_{k=-n}^{n}\prod_{\substack{i\neq k\\ -n\leqslant i\leqslant n}}\frac{|x-i|}{|k-i|}$$

可以证明对每个实数 $x\in[-n,n]$，有

$$\prod_{\substack{i\neq k\\ -n\leqslant i\leqslant n}}|x-i|\leqslant(2n)!$$

事实上，当 $x\geqslant k$ 时，有

$$\prod_{\substack{i\neq k\\ -n\leqslant i\leqslant n}}|x-i|=|x-(k+1)|\cdots|x-n|\cdot$$

$$|x-(k-1)|\cdots|x+n|\leqslant$$
$$(n-k)!\ [(n-k+1)\cdots(2n)]=$$
$$(2n)!$$

同理可证 $x<k$ 的情形. 于是得到

$$\prod_{\substack{i\neq k\\ -n\leqslant i\leqslant n}}\frac{|x-i|}{|k-i|}\leqslant(2n)!\ \prod_{\substack{i\neq k\\ -n\leqslant i\leqslant n}}\frac{1}{|k-i|}\leqslant$$
$$(2n)!\ \frac{1}{(k+n)!\ (n-k)!}$$

$$|P(x)|\leqslant\sum_{k=-n}^{n}\frac{(2n)!}{(k+n)!\ (n-k)!}=$$
$$\sum_{k=0}^{2n}\frac{(2n)!}{k!\ (2n-k)!}=$$
$$\sum_{k=0}^{2n}C_{2n}^{k}=$$
$$2^{2n}$$

IMO 作为世界上中学生所能参加的数学顶级赛事,其预选题无疑具有风向标的作用.

问题 4　设 n 次多项式 $p(x)$ 满足 $p(k)=\frac{1}{C_{n}^{k}}$,其中 $k=0,1,2,\cdots,n$. 求 $p(n+1)$.

(第 24 届国际数学奥林匹克预选题,1983 年)

解　根据 Lagrange 插值公式,得到

$$p(x)=\sum_{k=0}^{n}\frac{1}{C_{n+1}^{k}}\prod_{\substack{i\neq k\\ 0\leqslant i\leqslant n}}\frac{x-i}{k-i}$$

但

$$\prod_{\substack{i\neq k\\ 0\leqslant i\leqslant n}}(k-i)=k(k-1)\cdots[k-(k-1)]\cdot$$
$$[k-(k+1)]\cdots(k-n)=$$
$$k!\ (-1)^{n-k}(n-k)!$$

故

$$p(x)=\sum_{k=0}^{n}\frac{\prod\limits_{\substack{i\neq k\\0\leqslant i\leqslant n}}(x-i)}{\mathrm{C}_{n+1}^{k}(-1)^{n-k}(n-k)!\ k!}=$$

$$\sum_{k=0}^{n}(-1)^{n-k}\frac{n+1-k}{(n+1)!}\prod_{\substack{i\neq k\\0\leqslant i\leqslant n}}(x-i)$$

$$p(n+1)=\sum_{k=0}^{n}(-1)^{n-k}\frac{n+1-k}{(n+1)!}\prod_{\substack{i\neq k\\0\leqslant i\leqslant n}}(n+1-i)=$$

$$\sum_{k=0}^{n}\frac{(-1)^{n-k}}{(n+1)!}\prod_{i=0}^{n}(n+1-i)=$$

$$\sum_{k=0}^{n}(-1)^{n-k}$$

因此，当 n 为奇数时，$p(n+1)=0$，当 n 为偶数时，$p(n+1)=1$.

下面再介绍一个 Lagrange 插值在解数论问题中的应用.

问题 5 设 p 为素数，$f(x)$ 为整系数 d 次多项式，并且满足：

(1) $f(0)=0$，$f(1)=1$；

(2) 对任一正整数 n，$f(n)$ 被 p 除所得的余数为 0 或 1.

证明：$d\geqslant p-1$.

（第 38 届国际数学奥林匹克预选题，1997 年）

证明 用反证法.

设 $d\leqslant p-2$，则多项式 $f(x)$ 完全由它在 $0,1,\cdots,p-2$ 处的值所确定. 由 Lagrange 插值公式，对于任一 x，有

$$f(x)=\sum_{k=0}^{p-2}f(k)\cdot$$

$$\frac{x(x-1)\cdots(x-k+1)(x-k-1)\cdots(x-p+2)}{k!\ (-1)^{p-k}(p-k-2)!}$$

将 $x=p-1$ 代入上式,得

$$f(p-1)=\sum_{k=0}^{p-2}f(k)\cdot\frac{(p-1)(p-2)\cdots(p-k)}{(-1)^{p-k}\cdot k!}=$$

$$\sum_{k=0}^{p-2}f(k)\cdot(-1)^{p-k}\cdot C_{p-1}^{k}\tag{1}$$

对 k 简单地归纳可发现,若 p 是素数,且 $0\leqslant k\leqslant p-1$,则

$$C_{p-1}^{k}\equiv(-1)^{k}(\bmod p)$$

当 $k=0$ 时,上述结论显然成立.设

$$C_{p-1}^{k-1}\equiv(-1)^{k-1}(\bmod p)\tag{2}$$

则由

$$C_{p}^{k}\equiv 0(\bmod p)$$

可得

$$C_{p-1}^{k}=C_{p}^{k}-C_{p-1}^{k-1}\equiv 0-(-1)^{k-1}=$$

$$(-1)^{k}(\bmod p)$$

由数学归纳法原理可知,结论(2)成立.

由(1)和(2)得

$$f(p-1)\equiv(-1)^{p}\sum_{k=0}^{p-2}f(k)(\bmod p)$$

注意到 $f(0)=0$,因此上式对任意素数 p 都可化为

$$f(0)+f(1)+\cdots+f(p-1)\equiv 0(\bmod p)\tag{3}$$

另一方面,已知 $f(0)=0,f(1)=1,f(i)\equiv 0$ 或 $1(\bmod p)(i=2,3,\cdots,p-1)$,可得

$$f(0)+f(1)+\cdots+f(p-1)\equiv k(\bmod p)$$

其中 k 为满足 $f(i)\equiv 1(\bmod p)(1\leqslant i\leqslant p-1)$ 的 i

的个数. 显然

$$1 \leqslant k \leqslant p-1$$

此与式(3)矛盾.

故 $d \geqslant p-1$.

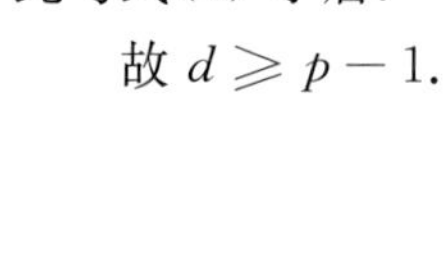

工程技术中的插值方法

第2章

现代社会在任何时候都离不开数学.在20世纪60年代“文化大革命”期间,许多基础性的研究都停止了,但数学在工农业生产中的应用还在普及.本章的内容即是取自那时对“工农兵学员”进行数值分析普及的一本老教材,其有很强的时代感.

2.1　引　　言

在生产实践的许多领域里,例如机械工业、造船、汽车制造,常常有这样的问题:给了一批离散样点,要求作出一条光滑曲线(乃至于曲面),使其通过或尽可能地靠近这些样点,以便满足设计要求或者据此进行机械加工. 在过去，这种放样工作大都是用人工方式进行的. 为了提高劳动生产率、提高设计质量，迫切需要在计算机的协助下，用数学的方法自动进行. 这就是所谓数学放样以及曲线、曲面的自动产生的问题.

另外，在使用计算机解题时，由于机器只能执行算术的和逻辑的操作，因此，任何涉及连续变量的计算问题都需要经过离散化以后才能计算. 例如计算积分时，采用离散点函数值累加即数值积分的方法；计算微分用差商即数值微分的方法；解微分方程用格网即差分方法，以及有限元方法等，也都直接或间接地要用到在离散数据的基础上补插出连续函数的思想和方法.

与此相关的一类数学问题是插值问题，即当原始数据$(x_0, y_0), (x_1, y_1), \cdots, (x_n, y_n)$是精确的或者可靠度较高时，要求定出一个便于计算的“初等”的函数或曲线$y = F(x)$（例如多项式或者分段多项式等），通过给定的离散样点

$$\begin{gathered} F(x_0) = y_0 \\ F(x_1) = y_1 \\ \vdots \\ F(x_n) = y_n \end{gathered}$$

如图 1，这时待定函数的自由度，即待定参数（例如多项式的系数）的个数与给定的插值条件个数相当. 这就是本章的主题.

另一类是最优拟合或最小偏差问题，即当原始数据本身含有“噪音”，即含有不可避免的误差时，要求定出一个初等的函数$F(x)$，不是要求严格地通过样点，而是要求最优地靠近样点，即在某种意义下总的偏差

为最小(图 2).这时待定函数的自由度恒小于、甚至远小于样点个数,从而可以达到滤去噪音的目的.

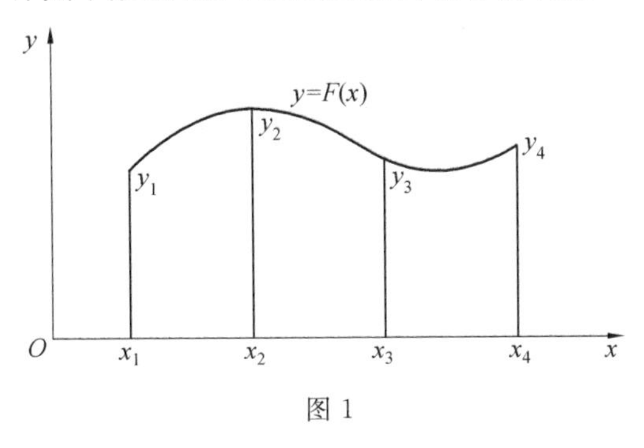

图 1

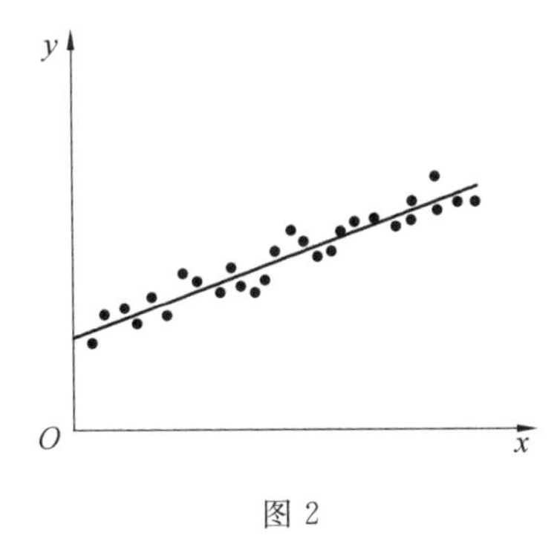

图 2

2.2　多项式插值

为了讨论的方便,统一约定一些记号和名词如下:设恒有某个原函数 $f(x)$,它在一些节点 $x=x_0,x_1,\cdots$ 处的值为 $f_0=f(x_0),f_1=f(x_1),\cdots$.必要时还需引用导数值 $f'_0=f'(x_0),f'_1=f'(x_1),\cdots$.命 $F(x)$ 为适当的插值多项式.原函数与插值函数的差 $f(x)-F(x)$

也叫作插值余项.符号$[x_0, x_1, \cdots]$表示含有点$x_0, x_1, \cdots$的最小区间,也就是以$\max(x_0, x_1, \cdots)$和$\min(x_0, x_1, \cdots)$为端点的区间.

2.2.1 最简单的插值公式

下面介绍几种简单且常用的插值公式,它们可以启示一般插值(2.2.2节)的作法,也是分段插值(2.3节)的基础.为了方便,在各个公式后都附列余项估计,但不加证明.

1.一点零次——水平插值

过样点(x_0, f_0)作水平线(图3),即

$$F(x) = f_0 \tag{1}$$

$$f(x) - F(x) = f'(\xi)(x - x_0), \xi \in [x_0, x] \tag{2}$$

这是零次插值,对于函数值在插点附近有一阶精度,但对于导数则没有逼近性.

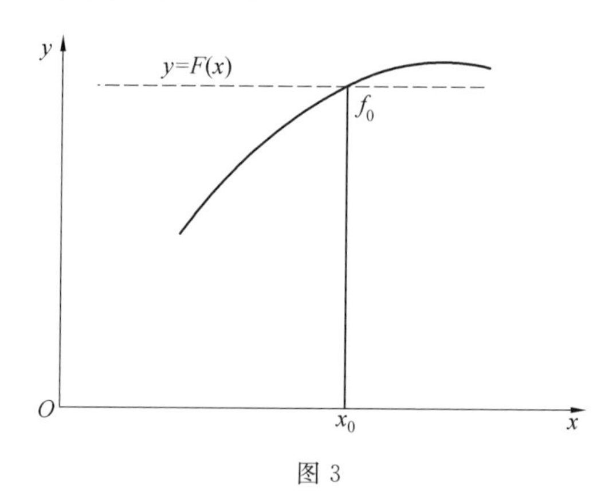

图3

2.两点一次——线性插值

过两个样点(x_0, f_0),(x_1, f_1)作直线(图4),即

$$F(x)=\frac{x-x_1}{x_0-x_1}f_0+\frac{x-x_0}{x_1-x_0}f_1 \tag{3}$$

$$f(x)-F(x)=\frac{1}{2}f''(\xi)(x-x_0)(x-x_1) \tag{4}$$

$$\xi\in[x_0,x_1,x]$$

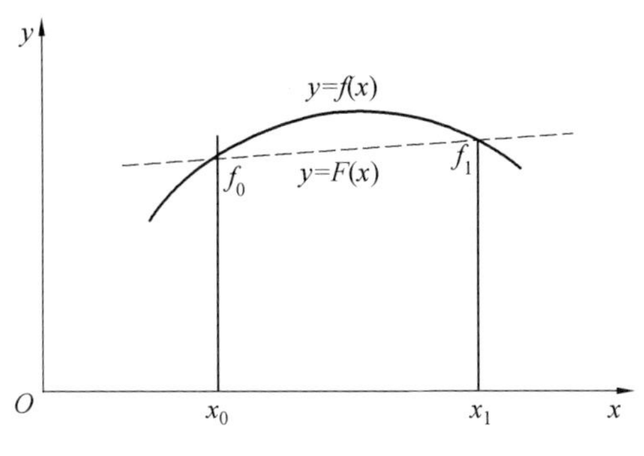

图 4

这是一次插值,对于函数值有二阶精度,同时对于导数也有了逼近性.

为了分析的方便,可以命

$$l_0(x)=\frac{x-x_1}{x_0-x_1},l_1(x)=\frac{x-x_0}{x_1-x_0} \tag{5}$$

显然有

$$l_0(x)+l_1(x)\equiv 1$$

$$l_0(x_0)=1$$

$$l_0(x_1)=0$$

$$l_1(x_0)=0$$

$$l_1(x_1)=1$$

而线性插值可以表示为

$$F(x)=f_0l_0(x)+f_1l_1(x) \tag{6}$$

函数 $l_0(x)$,$l_1(x)$ 可以称为线性插值的基函数.

3. 三点二次 —— 抛物插值

过三个样点(x_0, f_0)，(x_1, f_1)，(x_2, f_2)作抛物线(图 5)，在解析上可以表示为

$$F(x) = f_0 l_0(x) + f_1 l_1(x) + f_2 l_2(x) \tag{7}$$

这里插值基函数是

$$l_0(x) = \frac{(x - x_1)(x - x_2)}{(x_0 - x_1)(x_0 - x_2)}$$

$$l_1(x) = \frac{(x - x_0)(x - x_2)}{(x_1 - x_0)(x_1 - x_2)}$$

$$l_2(x) = \frac{(x - x_0)(x - x_1)}{(x_2 - x_0)(x_2 - x_1)} \tag{8}$$

而插值余项为

$$f(x) - F(x) = \frac{1}{3!} f'''(\xi)(x - x_0)(x - x_1)(x - x_2)$$

$$\xi \in [x_0, x_1, x_2, x] \tag{9}$$

很容易验证

$$l_0(x_0) = 1, l_0(x_1) = 0, l_0(x_2) = 0$$

$$l_1(x_0) = 0, l_1(x_1) = 1, l_1(x_2) = 0$$

$$l_2(x_0) = 0, l_2(x_1) = 0, l_2(x_2) = 1$$

因此函数(7)确实满足插值条件

$$F(x_0) = f_0$$

$$F(x_1) = f_1$$

$$F(x_2) = f_2$$

从图 5 以及余项估计(9)可以看出，这里逼近程度又提高了. 函数值有三阶精度，并且直到二阶导数都有逼近性.

以上几种都是以节点的函数值 $f_0, f_1, \cdots$ 为基础的插值，即所谓 Lagrange 插值. 当在节点上除了函数值 $f_0, f_1, \cdots$ 外还掌握导数值 $f'_0, f'_1, \cdots$ 时，则还可以

采用带导数的插值,即所谓Hermite插值.除了“过点”外还要求“相切”,密合程度就会更好些.

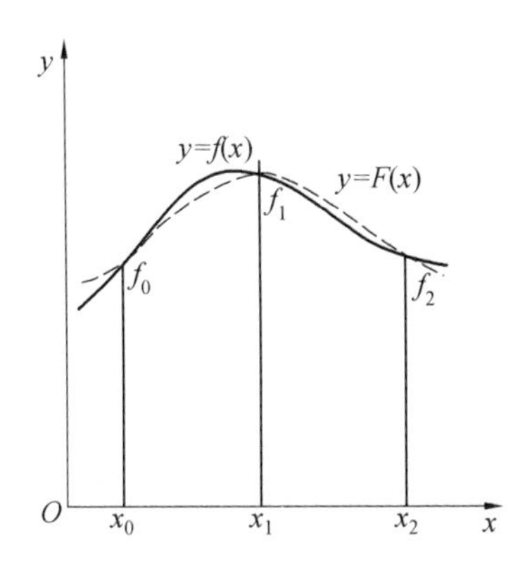

图 5

4.一点一次带导数插值

$$F(x)=f_0+(x-x_0)f'_0 \tag{10}$$

$$f(x)-F(x)=\frac{1}{2}f''(\xi)(x-x_0)^2$$

$$\xi\in[x_0,x]$$

这就是切线插值(图 6).显然(10)满足插值条件

$$F(x_0)=f_0$$

$$F'(x_0)=f'_0$$

5.两点三次带导数插值

要求作三次多项式

$$F(x)=a_0+a_1x+a_2x^2+a_3x^3 \tag{11}$$

满足(图 7)

$$\left.\begin{aligned}F(x_0)&=f_0\\F'(x_0)&=f'_0\\F(x_1)&=f_1\\F'(x_1)&=f'_1\end{aligned}\right\} \tag{12}$$

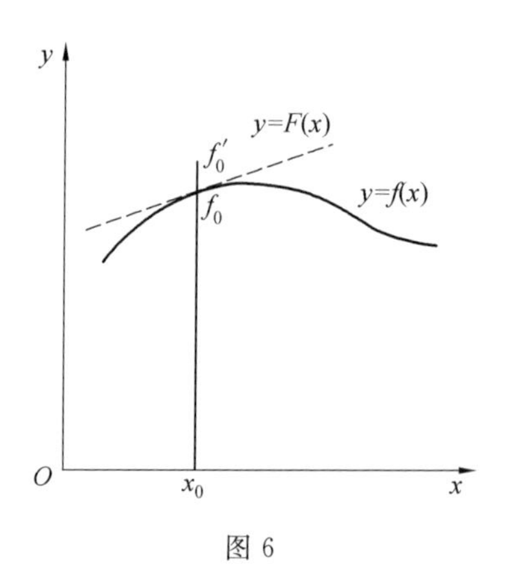

图 6

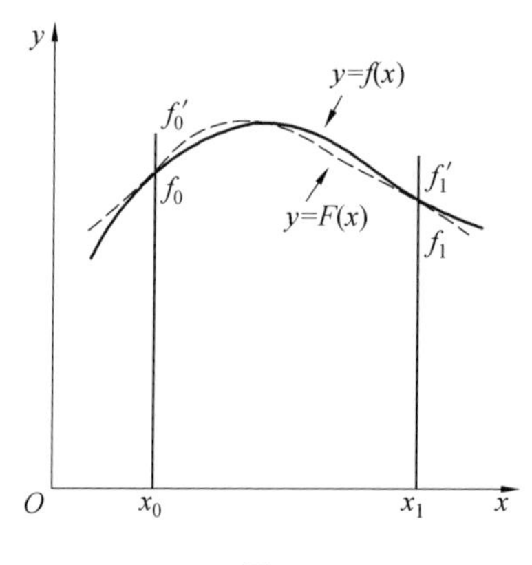

图 7

利用这四个条件可以解出四个系数 a_0,a_1,a_2,a_3，它们都线性地依赖于 f_0,f'_0,f_1,f'_1. 这里演算是初等的，但比较烦琐，故从略，而直接给出最终表达式

$$F(x)=f_0\alpha_0(x)+f'_0\beta_0(x)+f_1\alpha_1(x)+f'_1\beta_1(x) \tag{13}$$

这里插值函数 α_i,β_i 可以通过两点线性插值的基函数(5)

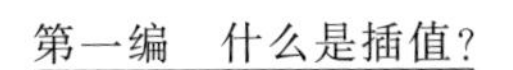

$$\left.\begin{aligned} l_0(x)&=\frac{x-x_1}{x_0-x_1}\\ l_1(x)&=\frac{x-x_0}{x_1-x_0}\\ l_0(x)+l_1(x)&\equiv 1 \end{aligned}\right\}\qquad(14)$$

表达如下

$$\left.\begin{aligned} &\alpha_0(x)=l_0^2(1+2l_1)=3l_0^2-2l_0^3\\ &\alpha_1(x)=l_1^2(1+2l_0)=3l_1^2-2l_1^3\\ &\beta_0=hl_0^2l_1=h(l_0^2-l_0^3)\\ &\beta_1=-hl_1^2l_0=-h(l_1^2-l_1^3)\\ &h=x_1-x_0 \end{aligned}\right\}\qquad(15)$$

由(14)以及

$$l'_0(x_0)=l'_0(x_1)=-\frac{1}{h}$$

$$l'_1(x_0)=l'_1(x_1)=\frac{1}{h}$$

不难看出

$$\alpha_0(x_0)=1,\alpha'_0(x_0)=0$$
$$\alpha_0(x_1)=0,\alpha'_0(x_1)=0$$
$$\beta_0(x_0)=0,\beta'_0(x_0)=1$$
$$\beta_0(x_1)=0,\beta'_0(x_1)=0$$
$$\alpha_1(x_0)=0,\alpha'_1(x_0)=0$$
$$\alpha_1(x_1)=1,\alpha'_1(x_1)=0$$
$$\beta_1(x_0)=0,\beta'_1(x_0)=0$$
$$\beta_1(x_1)=0,\beta'_1(x_1)=1$$

因此(13)确实满足插值条件(12),它就是所要求的三次插值函数,而余项估计则为

$$f(x)-F(x)=\frac{1}{4!}f^{(4)}(\xi)(x-x_0)^2(x-x_1)^2$$

$$\xi \in [x_0, x_1, x] \tag{16}$$

它比前几种又提高了精度,具有直到三阶导数的逼近性.

表达式(15) 还可以换个写法,命

$$\omega(x) = (x - x_0)(x - x_1)$$

于是

$$\omega'(x_0) = x_0 - x_1$$

$$\omega'(x_1) = x_1 - x_0$$

$$\omega''(x_0) = \omega''(x_1) = 2$$

$$\left.\begin{aligned} &\alpha_i(x) = (l_i(x))^2\left[1 - \frac{\omega''(x_i)}{\omega'(x_i)}(x - x_i)\right] \\ &\beta_i(x) = (l_i(x))^2(x - x_i), i = 0, 1 \end{aligned}\right\} \tag{17}$$

这种形式便于推广到高次 Hermite 插值(2.2.2 节),而形式(15) 则便于推广到分段 Hermite 插值(2.3.1 节).

2.2.2　一般的多项式插值和误差

首先讨论 Lagrange 插值. 对于 $n+1$ 个节点 $x_0, \cdots, x_n$ 的函数值 $f_0, \cdots, f_n$,要求作 n 次多项式

$$F(x) = a_0 + a_1 x + \cdots + a_n x^n \tag{18}$$

使得

$$F(x_i) = f_i, i = 0, 1, \cdots, n \tag{19}$$

根据 2.2.1 节中式(3) 的启发,可以作 $n+1$ 个基函数

$$l_i(x) = \prod_{\substack{k=0 \\ k \neq i}}^{n} \frac{x - x_k}{x_i - x_k}, i = 0, 1, \cdots, n \tag{20}$$

显然可见

$$l_i(x_j) = \delta_{ij} = \begin{cases} 1, \text{当 } i = j \\ 0, \text{当 } i \neq j \end{cases} \tag{21}$$

因此

$$F(x)=\sum_{i=0}^{n}f_il_i(x) \tag{22}$$

满足插值条件(19),它就是所要求的多项式.也可以命

$$\omega(x)=\prod_{k=0}^{n}(x-x_k) \tag{23}$$

不难验证

$$\omega'(x_i)=\prod_{\substack{k=0\\k\neq i}}^{n}(x_i-x_k) \tag{24}$$

因此,基函数(20)也可以表示成

$$l_i(x)=\frac{\omega(x)}{(x-x_i)\omega'(x_i)},i=0,1,\cdots,n \tag{25}$$

利用微积分中的 Roll 定理可以证明:n 次拉氏插值的余项可以表示为

$$f(x)-F(x)=\frac{1}{(n+1)!}f^{(n+1)}(\xi)\omega(x)$$

$$\xi\in[x_0,\cdots,x_n,x] \tag{26}$$

2.2.1 节中式(3)的余项都是此式的特例.命 h 为区间 $[x_0,\cdots,x_n]$ 的宽度,M_{n+1} 为 $|f^{(n+1)}|$ 在这个区间上的极大值,则还可证明,函数连同导数有如下的估计式

$$|f^{(p)}(x)-F^{(p)}(x)|\leqslant$$

$$\frac{1}{(n+1-p)!}M_{n+1}h^{n+1-p}$$

$$0\leqslant p\leqslant n,x\in[x_0,\cdots,x_n] \tag{27}$$

据此,对于(3)各式的导数逼近性可以得出相当的结论.

Hermite 插值也可以推广到一般的情况.对于 $n+1$ 个节点 $x_0,\cdots,x_n$ 上的函数值 $f_0,\cdots,f_n$ 及一阶导数值 $f'_0,\cdots,f'_n$,根据 $2(n+1)$ 个插值条件

$$F(x_i)=f_i, F'(x_i)=f'_i$$
$$i=0,1,\cdots,n \tag{28}$$

可以唯一地写出 $2n+1$ 次的插值多项式 $F(x)$. 在 2.2.1 节中式(13),(17) 的启发下,可以取 $2(n+1)$ 个基函数

$$\left.\begin{aligned}\alpha_i(x)&=(l_i(x))^2\left[1-\frac{\omega''(x_i)}{\omega'(x_i)}(x-x_i)\right]\\ \beta_i(x)&=(l_i(x))^2(x-x_i), i=0,1,\cdots,n\end{aligned}\right\} \tag{29}$$

这里 $l_i(x)$,$\omega(x)$ 由式(20),(23) 给出. 不难验证

$$\alpha_i(x_j)=\delta_{ij}, \alpha'_i(x_j)=0$$
$$\beta_i(x_j)=0, \beta'_i(x_j)=\delta_{ij}$$

因此

$$F(x)=\sum_{i=0}^{n}[f_i\alpha_i(x)+f'_i\beta_i(x)] \tag{30}$$

确实满足插值条件(28),它就是所要求的 Hermite 插值多项式. 类似于式(26),(27) 有余项估计

$$f(x)-F(x)=\frac{1}{(2n+2)!}f^{(2n+2)}(\xi)(\omega(x))^2$$
$$\xi\in[x_0,\cdots,x_n,x] \tag{31}$$

$$|f^{(p)}(x)-F^{(p)}(x)|\leqslant\frac{1}{(2n+2-p)!}M_{2n+2}h^{2n+2-p}$$
$$0\leqslant p\leqslant 2n+1, x\in[x_0,\cdots,x_n] \tag{32}$$

Hermite 插值还可以推广到包含更高阶导数以及各节点包含的导数阶不均等的情况,这里就不赘述了.

根据余项估计(26),(31),似乎会认为插值的次数越高越好,但并不尽然. 实际上,在插值过程中误差有两种来源:一是由原函数 $f(x)$ 被代以插值函数 $F(x)$ 引起的,这就是上面说到的余项,即截断误差;另一个是由节点数据 f_i 本身的误差所引起的. 通常由于实验

的误差，或者计算过程中的舍入等，总会带来数据误差，这种误差在插值过程中可能被扩散和放大，这就是插值的稳定性问题.

以拉氏插值为例，设真值 f_i 被代以含误差的 $\overline{f}_i = f_i - \delta f_i$，命 $\overline{F}(x)$ 为以 $\overline{f}_0, \cdots, \overline{f}_n$ 为基础的插值多项式，于是最终的误差是

$$f(x) - \overline{F}(x) = [f(x) - F(x)] + [F(x) - \overline{F}(x)]$$

右端第一项就是余项，根据式(22)，第二项可表示为

$$F(x) - \overline{F}(x) = \sum_{i=0}^{n} \delta f_i l_i(x)$$

因此，在节点 x_i 上的数据误差 δf_i 是通过该点的插值基函数 $l_i(x)$ 而全面扩散乃至放大的. 因此，插值基函数也就是数据误差的"影响函数". 图 8 表示一个 $l_i(x)$，它在基本区间 $[x_0, \cdots, x_n]$ 内，即内插时作波动状；在基本区间之外则按距离的 n 次幂放大. 因此当 n 变大时，插值过程对于样点的数据误差非常敏感，这就是说高次插值具有数值不稳定性.

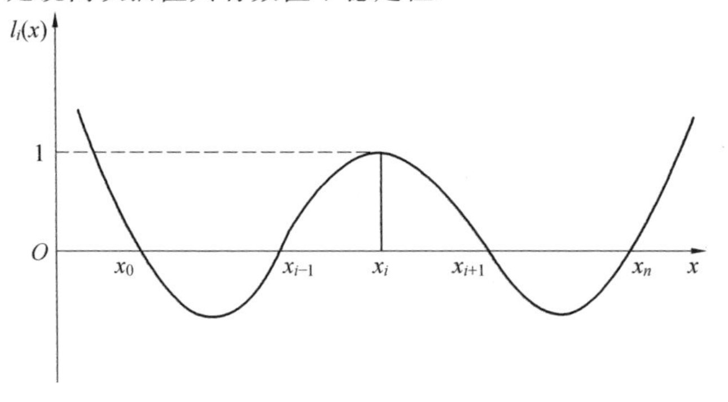

图 8

2.2.3 关于多项式插值的运用

单纯的多项式插值是简单而通用的方法，但是它也有其弱点，即具有上面所说的高次时的数值不稳定性. 因此，在实际运用时不可盲目使用，否则会导致严重的差错.

1. 提高精度的问题

比较图 5 ～ 9 可以看出，当插值的次数提升时，逼近程度也逐步改善. 例如二次插值在小范围内就有很好的密合. 事实上，若函数 $f(x)$ 在整个实数轴 $-\infty < x < +\infty$ 上为解析函数，并且作为复变函数 $f(z)$ 在整个 z 平面上为解析的，则可以证明：在实轴的任意区间 $[a,b]$ 上采用等距节点，并且逐次加密的插值过程收敛于原函数 $f(x)$，在这种情况下精确度是随次数的升高而提高的.

对于不光滑的函数，情况就不相同了. 例如取 $f(x)=|x|$，它在 $x=0$ 处有导数间断，可以证明在区间 $[-1,1]$ 上逐次加密的等距插值过程是发散的. 更有甚者，如取函数

$$f(x)=\frac{1}{1+x^2}$$

(图 9)，它在整个实轴上解析，因此是高光滑度的函数. 但是，可以证明，在区间 $[-5,5]$ 上逐次加密的等距插值过程是发散的. 这一事实与前引结果并不矛盾，因为 $f(x)$ 在复数平面内的延拓 $f(z)=\dfrac{1}{1+z^2}$ 在虚轴上有两个奇点 $z=\pm\mathrm{i}$，发散性正是由这两个“隐藏”的奇点引起的. 图 10 中的实线表示一个通过十个点的九次插值，在区间的两端出现大幅度的波动扭拐，显然是

“多余”的、不合理的.

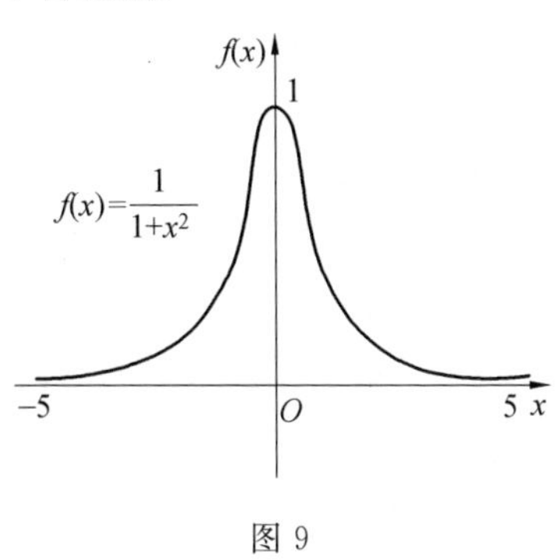

图 9

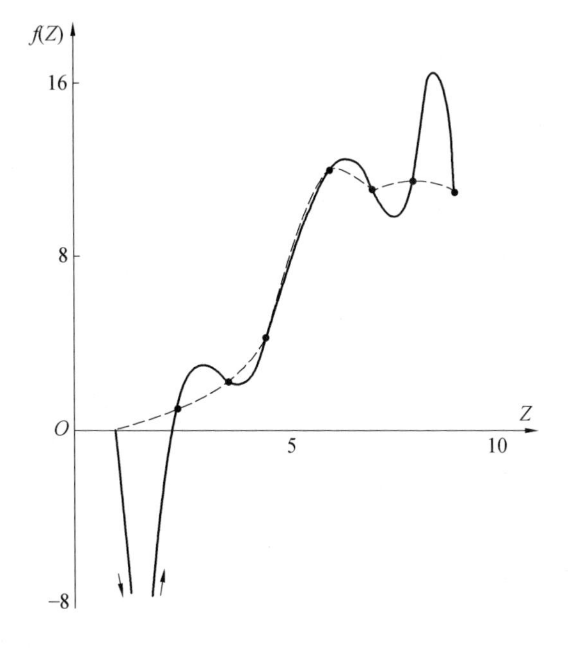

图 10

出于上述原因,盲目地提高插值次数是不可取的,甚至会导致极坏的后果.实践中,插值次数高于 6,7 次就很少了.一般是采用分段低次的插值来提高精度.图10中的虚线是用分段三次,即所谓样条插值的结果,比单纯的九次插值有显著的改进(参考2.3节).

2.外插的问题

当计算点落在插值基本区间之内时叫作内插,否则叫作外插.有时人们仅在变量的一定范围之内掌握数据和规律,需要据此外推在该范围以外的行为,这就要用外插.

据2.2.2节所述,一个节点上的误差的影响,当传出了基本区间之外后,就会按插值次数 n 的幂次无穷增长.因此外插,特别当次数较高和距离较远时是很不可靠的.

临边节点的布局也影响到外插的可靠性.例如用3点 $x_0=0,x_1=\sigma(0<\sigma<1),x_2=1$ 外插到 $x=1.5$ 及 $x=2$.设在节点 x_1 处函数值 f_1 有误差 $\delta=\pm1$,则它在各点的影响,即放大因子为 $l_1(x)=\mp\dfrac{x(x-1)}{\sigma(1-\sigma)}$.图11表示对 σ 取不同值时的误差曲线.当 $\sigma=0.9$ 或 0.1 时,$l_1(1.5)=\mp8.33$,$l_1(2)=\mp22.2$.就好像不等臂的杠杆,在短臂端按下一点点,在长臂端就翘起很多.这种现象在外插中是经常出现的(图11(a)).如取 $\sigma=0.5$,则情况改善,得 $l_1(1.5)=\mp3$(图11(b)).如果索性抛弃 x_2 改用 x_0,x_1 的线性插值,则在 x_1 处的单位误差影响为 $l_1(x)=\dfrac{x}{\sigma}$,仍取 $\sigma=0.9$,则情况进一步改善,得 $l_1(1.5)=\pm1.7$(图11(c)).间距的不均匀性、外插点的距离以及插值次数的这些影响,可以从图11(a),(b),(c)看出.因此进行外插时应该依据对具体问题及插值规律的了解而慎重处理.

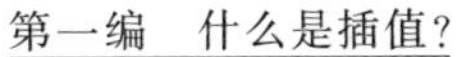

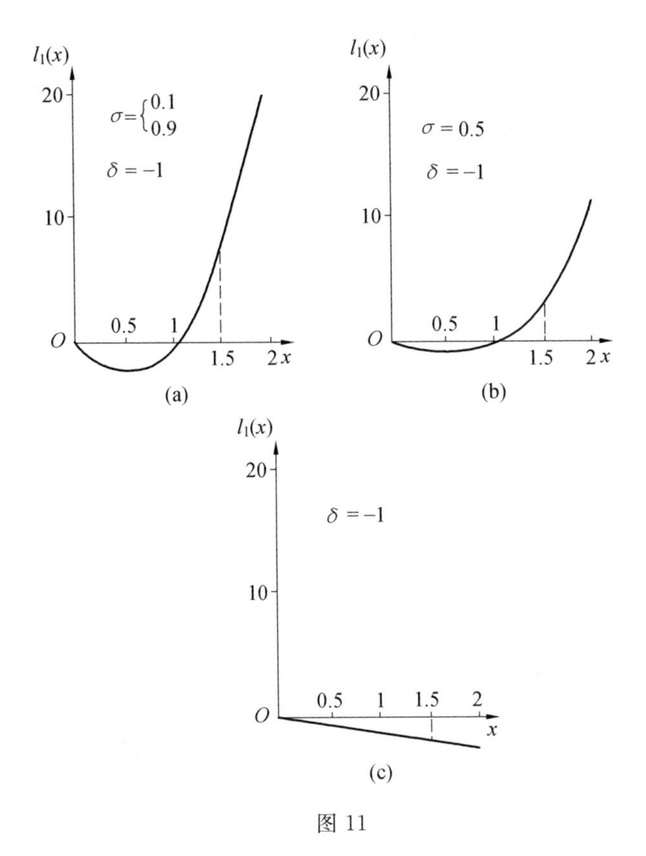

图 11

3. 含有间断性的问题

多项式是一种"初等"的解析函数，本身具有最高度的光滑性，因此在本质上只适应于高光滑函数的插值. 当原函数自身或其某阶导数有间断时，次数高于间断阶的多项式插值是不适应的.

图 12 中的间断曲线(实线)表示在正态压力下单位质量的水(H_2O)的比热容 C 随温度 T 的变化率. 它有两个间断点，即冰点 $T=0$ ℃ 及沸点 $T=100$ ℃. 间

断点的跃值分别相应于熔化热及汽化热. 曲线的斜率就是比热容. 如果在固、液、气三种状态中各取一个代表点作二次插值,如图 12 中虚线所示,则显然是相当歪曲了真相的. 如果同样取这三个样点,但是分别在固、液、气三种状态中作插值,那么,即使作 0 次(即水平)插值,它也大有改进.

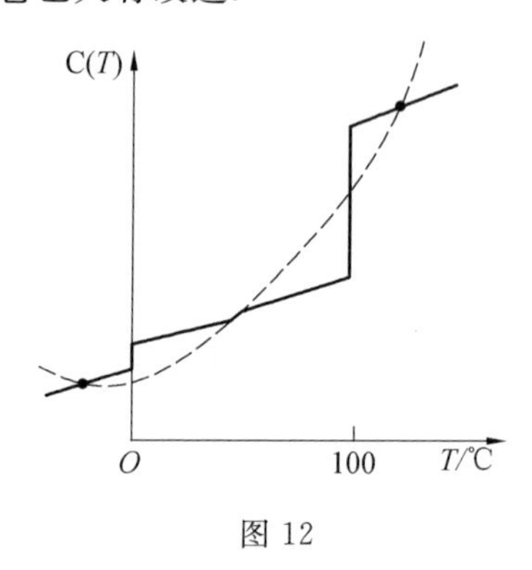

图 12

当函数连续而导数间断时,情况也类似. 例如:在区间[−1,1]上,取 $f(x)=1-|x|$,用 $x=-1,0,1$ 这三个样点作抛物线,如图 13 中的虚线,其情况显然不好. 如果逐次等距加密节点作高次插值,则可以证明必

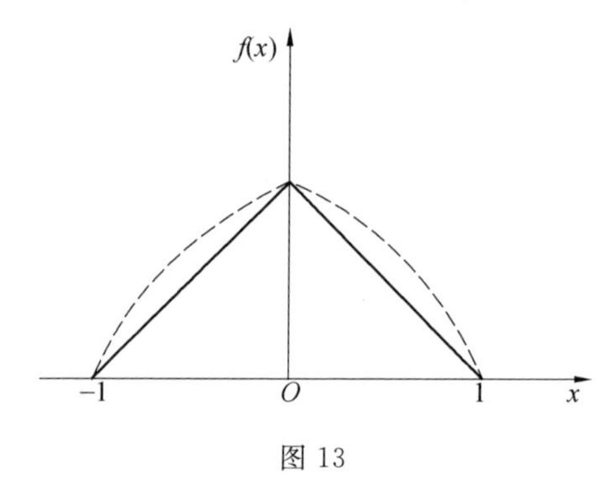

图 13

以发散告终.但如果仍取 $x=-1,0,1$ 为节点,分段作线性插值,则恰好准确地得到原函数.这虽然是个极端的例子,但也足以说明对于插值应该看对象灵活运用,而不要陷于盲目性.

2.3 分段多项式插值

我们知道,多项式插值在低次时是简单且方便的,在高次时则有数值不稳定的缺点.因此,当节点数很多时,自然设想分段用低次插值,而在分点处保证一定的连续性.这类方法通常有较好的收敛性和稳定性,算法也简单.分段插值大致可以分为两种类型:一种是局部化的分段插值(2.3.1 节),这是简单的低次插值公式的直接推广;另一种是非局部化的分段插值,即所谓样条插值(2.3.2 节),构成稍繁,但光滑度较高.

统一约定在区间$[a,b]$上给了节点

$$a=x_0<x_1<\cdots<x_{n-1}<x_n=b \tag{33}$$

它们把$[a,b]$剖分为子区间

$$[x_i,x_{i+1}],\text{间距 } h_{i+\frac{1}{2}}=x_{i+1}-x_i$$
$$i=0,1,\cdots,n-1 \tag{34}$$

设给定了某原函数 $f(x)$ 在各节点 x_i 的值 f_i,必要时还考虑导数值 f'_i,要求作分段插值多项式 $F(x)$,即 $F(x)$ 在每个子区间$[x_i,x_{i+1}]$上是多项式,但在不同子区间上可以是不同的多项式,而在各连接点 x_i 保证函数式一阶导数的连续性.必要时还引用半点(即各子区间的中点)

$$x_{i+\frac{1}{2}}=\frac{1}{2}(x_i+x_{i+1}),i=0,1,\cdots,n-1 \tag{35}$$

作为插值节点或作为多项式的分段点.

2.3.1 简单的分段多项式插值

2.2.1 节的几种简单低次插值都可以推广为分段插值如下:

1. 分段零次 —— 台阶状插值

$$F(x)=f_i,\text{当 } x_{i-\frac{1}{2}}\leqslant x\leqslant x_{i+\frac{1}{2}},i=0,1,\cdots,n \tag{36}$$

(约定 $x_{-\frac{1}{2}}=x_0,x_{n+\frac{1}{2}}=x_n$). 这就是在每个子区间 $[x_{i-\frac{1}{2}},x_{i+\frac{1}{2}}]$ 作水平插值,综合成为台阶状(图 14),在半点 $x_{i+\frac{1}{2}}$ 有间断. 这虽然是比较粗糙的方法,但适合于有间断或有些不规则的情况. 这种插值函数也可用基函数来表达,为此,对 $i=0,1,\cdots,n$,命

$$\pi_i(x)=\begin{cases}1,\text{当 } x_{i-\frac{1}{2}}\leqslant x\leqslant x_{i+\frac{1}{2}}\\0,\text{其他}\end{cases} \tag{37}$$

如图 15,于是

$$F(x)=\sum_{i=0}^{n}f_i\pi_i(x) \tag{38}$$

也可以把样点值给在半点上: $f_{\frac{1}{2}},f_{1+\frac{1}{2}},\cdots,f_{n-\frac{1}{2}}$. 于是台阶状插值为

$$F(x)=f_{i+\frac{1}{2}},x_i\leqslant x\leqslant x_{i+1}$$
$$i=0,1,\cdots,n-1 \tag{36$'$}$$

这时基函数取为

$$\pi_{i+\frac{1}{2}}(x)=\begin{cases}1,\text{当 } x_i\leqslant x\leqslant x_{i+1}\\0,\text{其他}\end{cases} \tag{37$'$}$$

于是

$$F(x)=\sum_{i=0}^{n-1}f_{i+\frac{1}{2}}\pi_{i+\frac{1}{2}}(x) \tag{38$'$}$$

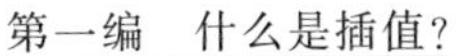

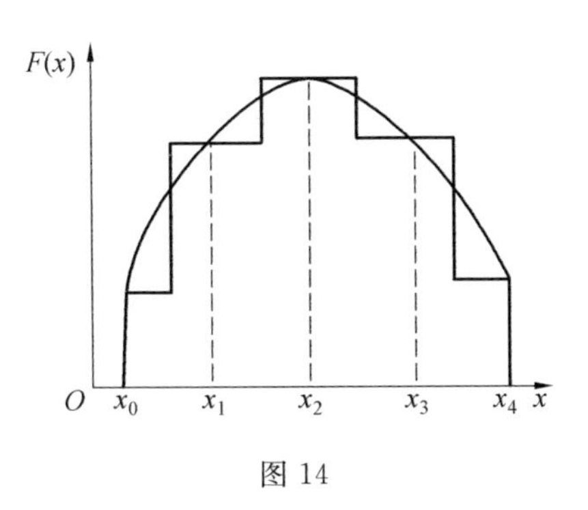

图 14

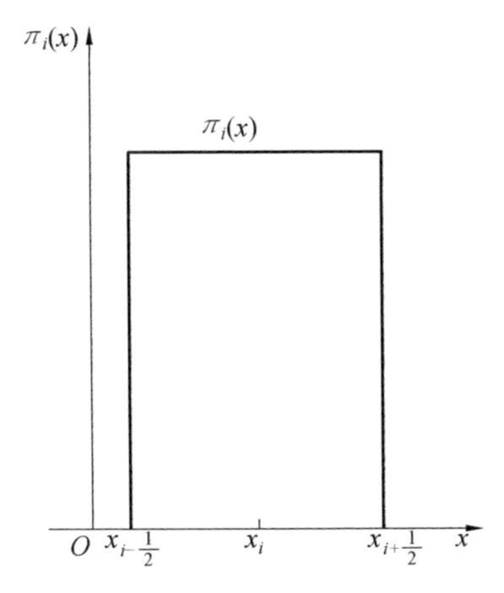

图 15

2. 分段线性——折线插值

过样点$(x_0,f_0),\cdots,(x_n,f_n)$作折线相连(图 16)

$$F(x)=\frac{x-x_{i+1}}{x_i-x_{i+1}}f_i+\frac{x-x_i}{x_{i+1}-x_i}f_{i+1}$$

$$x_i\leqslant x\leqslant x_{i+1},i=0,1,\cdots,n-1 \tag{39}$$

这是分段一次多项式,并在$[a,b]$上连续,但在x_i处导数有间断.它也可以用基函数来表达.为此,对于$i=0,1,\cdots,n$,命

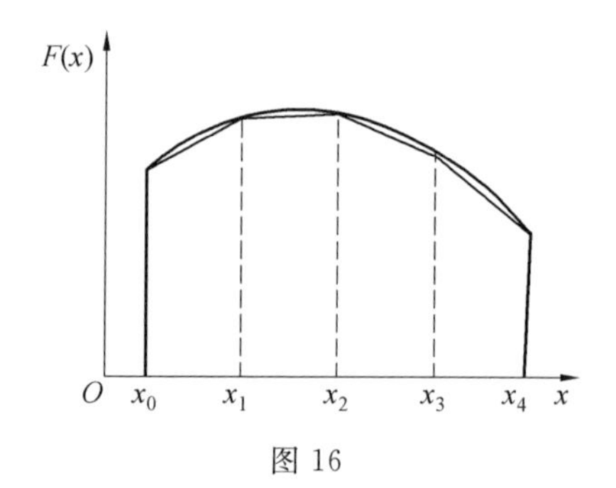

图 16

$$\lambda_i(x)=\begin{cases}\dfrac{x-x_{i-1}}{x_i-x_{i-1}},\text{当 } x_{i-1}\leqslant x\leqslant x_i\\ \dfrac{x-x_{i+1}}{x_i-x_{i+1}},\text{当 } x_i\leqslant x\leqslant x_{i+1}\\ 0,\text{其他}\end{cases}\tag{40}$$

(约定 $x_{-1}=x_0$，$x_{n+1}=x_n$). 显然 $\lambda_i(x)$ 是分段一次的连续函数并满足

$$\lambda_i(x_j)=\delta_{ij}\tag{41}$$

如图 17 所示，于是

$$F(x)=\sum_{i=0}^{n}f_i\lambda_i(x),a\leqslant x\leqslant b\tag{42}$$

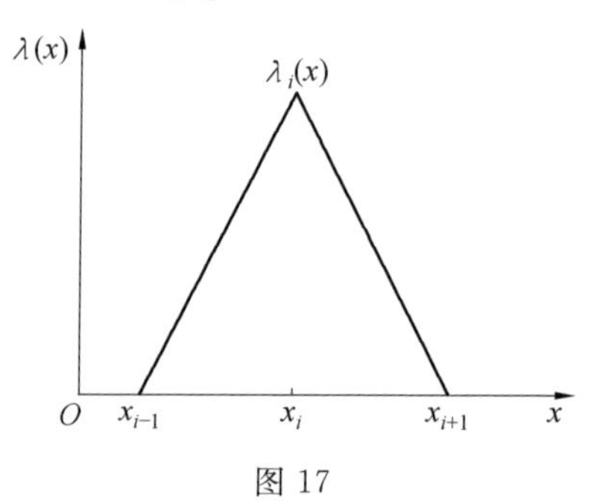

图 17

3.分段二次插值

在每个子区间$[x_i,x_{i+1}]$上作三点二次插值,即过三个样点(x_i,f_i),$(x_{i+\frac{1}{2}},f_{i+\frac{1}{2}})$,$(x_{i+1},f_{i+1})$作抛物线(图18)

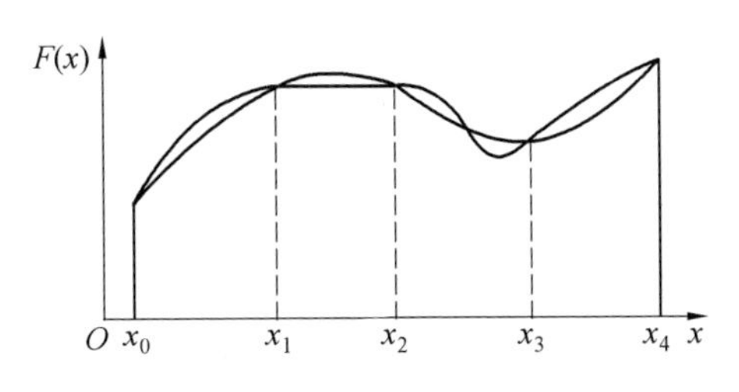

图18

$$F(x)=\frac{(x-x_{i+1})(x-x_{i+\frac{1}{2}})}{(x_i-x_{i+1})(x_i-x_{i+\frac{1}{2}})}f_i+\frac{(x-x_i)(x-x_{i+1})}{(x_{i+\frac{1}{2}}-x_i)(x_{i+\frac{1}{2}}-x_{i+1})}f_{i+\frac{1}{2}}+\frac{(x-x_i)(x-x_{i+\frac{1}{2}})}{(x_{i+1}-x_i)(x_{i+1}-x_{i+\frac{1}{2}})}f_{i+1} \tag{43}$$

$$x_i\leqslant x\leqslant x_{i+1},i=0,1,\cdots,n-1$$

这是分段二次插值,总体为连续,但在x_i处导数有间断.这种插值也可以用基函数来表达,即

$$\left.\begin{aligned}\mu_i(x)&=2\lambda_i^2-\lambda_i\\ \mu_{i+\frac{1}{2}}(x)&=4\lambda_i\lambda_{i+1}\end{aligned}\right\} \tag{44}$$

如图19,这里$\lambda_i=\lambda_i(x)$为分段线性插值的基函数(40).注意μ_i在区间$[x_{i-1},x_{i+1}]$以外恒为0,$\mu_{i+\frac{1}{2}}$在区间$[x_i,x_{i+1}]$以外恒为0.不难验证

$$\left.\begin{aligned}\mu_i(x_j)=\delta_{ij},\mu_i(x_{j+\frac{1}{2}})=0\\ \mu_{i+\frac{1}{2}}(x_j)=0,\mu_{i+\frac{1}{2}}(x_{j+\frac{1}{2}})=\delta_{ij}\end{aligned}\right\} \tag{45}$$

因此

$$F(x)=\sum_{i=0}^{n}f_i\mu_i(x)+\sum_{i=0}^{n-1}f_{i+\frac{1}{2}}\mu_{i+\frac{1}{2}}(x) \qquad (46)$$

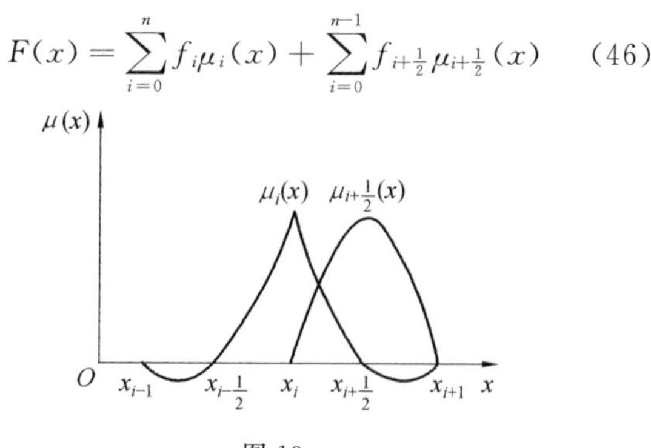

图 19

4. 分段三次 Hermite 插值

在每个子区间$[x_i,x_{i+1}]$用其两端点的函数值及导数值$f_i,f'_i,f_{i+1},f'_{i+1}$作三次 Hermite插值，因此是分段三次插值，总体地直至一阶导数连续，但二阶导数在x_i处有间断(图 20). 根据式(15) 取插值基函数$(i=0,1,\cdots,n)$

$$\alpha_i(x)=3\lambda_i^2-2\lambda_i^3, a\leqslant x\leqslant b$$

$$\beta_i(x)=\begin{cases}-h_{i-\frac{1}{2}}\lambda_i, a\leqslant x\leqslant x_i\\ h_{i+\frac{1}{2}}\lambda_i, x_i\leqslant x\leqslant b\end{cases} \qquad (47)$$

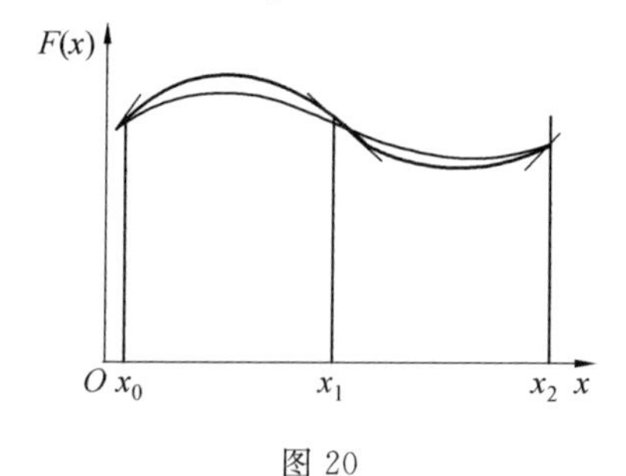

图 20

这里$\lambda_i=\lambda_i(x)$就是分段线性插值的基函数(40). 注意α_i,β_i在区间$[x_{i-1},x_{i+1}]$以外恒为0(图 21). 不难验证

$$\alpha_i(x_j)=\delta_{ij},\alpha'_i(x_j)=0$$
$$\beta_i(x_j)=0,\beta'_i(x_j)=\delta_{ij} \tag{48}$$

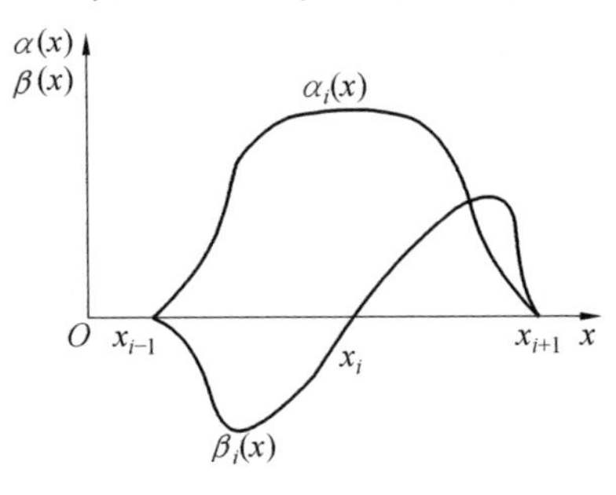

图 21

因此所要求插值函数可以表为

$$\begin{aligned}F(x)=&f_i\alpha_i(x)+f'_i\beta_i(x)+\\&f_{i+1}\alpha_{i+1}(x)+\\&f'_{i+1}\beta_{i+1}(x)\end{aligned} \tag{49}$$
$$x_i\leqslant x\leqslant x_{i+1},i=0,1,\cdots,n-1$$

或者

$$F(x)=\sum_{i=0}^{n}[f_i\alpha_i(x)+f'_i\beta_i(x)],a\leqslant x\leqslant b \tag{50}$$

上述几种插值法有一些共同之处,它们都是用一些低次插值多项式"装配"或拼凑起来的,在拼接点有一定连续性或光滑性.此外,在每个子区间上的插值函数只依赖于本区间上的一些特定节点值,而与其外的节点值无关.因此,都是"局部化"的.这也表现在基函数上,每个基函数只在一个局部范围内不为0,出了这个范围就恒为0.这样每个节点值只影响到直接衔接的一两个区间而不及其他.因此,节点的数据误差基本上不扩散、不放大,从而保证了当节点数n递增时插值过程的数值稳定性.

通常称一个函数为紧凑的,是指它在某个有界区间以外恒为0.紧凑函数只在有限的范围内活跃.以上所述的分段低次多项式插值的基函数都是紧凑的.由于插值基函数就是数据误差的影响函数,因此,这种紧凑性就保证了分段插值过程的稳定性.与此相反,在2.2.2节中的高次Lagrange插值的基函数 $l_i(x)$ 则不是紧凑的,从而带来了插值的不稳定性.

关于收敛性,也可以统一地论证.上述四种情况,分别是分段 m 次插值,$m=0,1,2,3$. $m=0$ 时,函数 $F(x)$ 本身有间断;$m>0$ 时,$F(x)$ 直至 $m-1$ 阶导数为连续,命

$$M_{m+1}=\max_{a\leqslant x\leqslant b}|f^{(m+1)}(x)| \tag{51}$$

$$h=\max(h_{\frac{1}{2}},h_{1+\frac{1}{2}},\cdots,h_{n-\frac{1}{2}}) \tag{52}$$

于是将2.2.2节余项估计(27),(32)分别运用于每个子区间,并汇总,这样就得到

$$|f^{(p)}(x)-F^{(p)}(x)|\leqslant\frac{1}{(m+1-p)!}M_{m+1}h^{m+1-p}$$

$$a\leqslant x\leqslant b,0\leqslant p\leqslant m,m=0,1,2,3 \tag{53}$$

因此,当 $h\to 0$ 时,相应的插值函数 $F(x)$ 连同其导数 $F^{(p)}(x)$ 一致收敛于原函数 $f(x)$ 及其导数 $f^{(p)}(x)$,$0\leqslant p\leqslant m$,$m=0,1,2,3$.正如在2.2.3节中指出的,一般以整体的解析函数为基础的插值方法中,当节点加密时,插值过程可以不收敛,这就是说,插值与逐次逼近往往是两码事.但是在这里的分段插值法中,收敛性得到充分保证.当节点加密时的分段插值过程,同时也就是逼近过程,两者是统一的.

还应指出,在上述方法中,由于分段采用低次多项

式,所以公式简单,并且避免了在计算机上作高次乘幂时常遇到的上溢和下溢的困难,从而这也是有利的.

上面几种分段插值法的总体光滑度都不高,这对于某些应用是有缺陷的.在这种局部化的方法中,要提高光滑度就得采用更高阶的导数值,次数也相应提高.为了只用函数值本身,并在尽可能低的次数下达到较高的光滑度,可以采用所谓样条(Spline)插值方法,详见下节.

2.3.2　三次样条插值

给定一组节点 $x_0 < x_1 < \cdots < x_{n-1} < x_n$ 及节点值 $f_0, f_1, \cdots, f_{n-1}, f_n$,可以提出这样的问题:要求作一个插值函数 $F(x)$,它在每个子区间 $[x_0, x_1]$,$[x_1, x_2]$,$\cdots$,$[x_{n-1}, x_n]$ 上分别都是三次多项式,而在整个区间 $[x_0, x_n]$ 上直至二阶导数为连续,并且满足插值条件

$$F(x_0) = f_0, F(x_1) = f_1, \cdots, F(x_n) = f_n \quad (54)$$

这里共有 n 个区间段,每段三次多项式有四个系数,共有 $4n$ 个参数待定.为了保证 $F(x)$ 在整个区间 $[x_0, x_n]$ 上直到二阶导数为连续,只需要求 $F(x)$,$F'(x)$,$F''(x)$ 在内节点 $x_1, \cdots, x_{n-1}$ 连续,即

$$F(x_i - 0) = F(x_i + 0)$$

$$F'(x_i - 0) = F'(x_i + 0)$$

$$F''(x_i - 0) = F''(x_i + 0)$$

$$i = 1, \cdots, n-1$$

这有 $3(n-1)$ 个条件,连同插值条件(22)的 $n+1$ 个,共可列出 $3(n-1)+n+1=4n-2$ 个条件.为了定出 $4n$ 个参数,还缺两个条件.因此,还需在左右两端各给

出一个“边界条件”,例如给定端点的一阶或二阶导数值

$$F'(x_0)=f'_0$$
$$F'(x_n)=f'_n$$

或

$$F''(x_0)=f''_0$$
$$F''(x_n)=f''_n$$

或其各种组合等.这样,在增补了两个边界条件后,问题可以唯一定解.这种插值叫作样条插值,源于生产实践中用于放样的“样条”.当函数为分段 m 次多项式,在分段点直至 $m-1$ 阶导数为连续时,通称为 m 次样条函数,简称为样条.这里说的是三次样条,而在2.3.1节中所说的台阶状函数和折线状函数,则分别是零次和一次样条.

为了作三次样条插值,取 $F''(x_i)=M_i(i=0,1,\cdots,n)$ 作为待定参数比较方便.由于 $F(x)$ 为分段三次多项式,所以 $F''(x)$ 为分段线性插值,因此

$$F''(x)=\frac{x_{i+1}-x}{h_i}M_i+\frac{x-x_i}{h_i}M_{i+1} \tag{55}$$

$$h_i=x_{i+1}-x_i,x_i\leqslant x\leqslant x_{i+1}$$
$$i=0,1,\cdots,n-1$$

在每个区间$[x_i,x_{i+1}]$上对此积分两次,利用两端条件 $F(x_i)=f_i,F(x_{i+1})=f_{i+1}$ 即得

$$F'(x)=-\frac{(x_{i+1}-x)^2}{2h_i}M_i+\frac{(x-x_i)^2}{2h_i}M_{i+1}-\left(\frac{f_i}{h_i}-\frac{h_iM_i}{6}\right)+\left(\frac{f_{i+1}}{h_i}-\frac{h_iM_{i+1}}{6}\right) \tag{56}$$

$$F(x)=\frac{(x_{i+1}-x)^3}{6h_i}M_i+\frac{(x-x_i)^3}{6h_i}M_{i+1}+$$

$$(x_{i+1}-x)\left(\frac{f_i}{h_i}-\frac{h_iM_i}{6}\right)+$$

$$(x-x_i)\left(\frac{f_{i+1}}{h_i}-\frac{h_iM_{i+1}}{6}\right) \tag{57}$$

这时条件(54),以及函数本身和二阶导数的连续性均已保证了,不需要求在交接处 $x_i(i=1,\cdots,n-1)$ 从左 $[x_{i-1},x_i]$ 及右 $[x_i,x_{i+1}]$ 的一阶导数连续,即

$$F'(x_i-0)=F'(x_i+0)$$

于是,可以得出 $n-1$ 个方程

$$h_{i-1}M_{i-1}+2(h_{i-1}+h_i)M_i+h_iM_{i+1}=$$

$$6\left(\frac{f_{i+1}-f_i}{h_i}-\frac{f_i-f_{i-1}}{h_{i-1}}\right)$$

$$i=1,2,\cdots,n-1 \tag{58}$$

为了定出 $n+1$ 个未知数 $M_0,M_1,\cdots,M_n$,还需附加两个条件.

附加条件的给法可以多种多样,通常是在两个端点 x_0,x_n 各给一个边界条件.例如:

(1) 给定导数值 $F'(x_0)=f'_0$ 或 $F'(x_n)=f'_n$,即

$$f'_0=-\frac{h_0}{2}M_0-\left(\frac{f_0}{h_0}-\frac{h_0M_0}{6}\right)+$$

$$\left(\frac{f_1}{h_0}-\frac{h_0M_1}{6}\right) \tag{59}$$

$$\left.\begin{aligned}&\text{左端 } x_0:\quad 2h_0M_0+h_0M_1=6\left[\frac{f_1-f_0}{h_0}-f'_0\right]\\&\text{右端 } x_n:\quad h_{n-1}M_{n-1}+2h_{n-1}M_n=6\left[f'_n-\frac{f_n-f_{n-1}}{h_{n-1}}\right]\end{aligned}\right\} \tag{60}$$

当曲线在端点的斜率很明确时,可以采用这种边界条件.例如端点是一个局部极值点,这时应有水平斜

率，则可给 $f'=0$.

(2) 给定二阶导数值 $F''(x_0)=f''_0$ 及 $F''(x_n)=f''_n$:

$$\left.\begin{array}{ll}\text{左端 } x_0: & M_0=f''_0\\ \text{右端 } x_n: & M_n=f''_n\end{array}\right\}\tag{61}$$

当曲线在端点的行为近似于反折点，即 $f''=0$ 时，则可给 $M_0=0$ 及 $M_n=0$.

(3) 一般的边界条件可以表示成

$$\left.\begin{array}{l}M_0=\alpha_0M_1+\beta_0\\ M_n=\alpha_nM_{n-1}+\beta_n\end{array}\right\}\tag{62}$$

也就是适当选取常数 α_0,β_0 及 α_n,β_n，使它们与曲线在端点的趋向相协调. 一般当无其他动机时，可取 $M_0=M_1,M_n=M_{n-1}$，这相当于端点的 $f'''=0$.

也可以给出所谓周期性边界条件，即认为函数 $F(x)$ 在 $[x_0,x_n]$ 向两端周期性延拓，而保持直到二阶导数的连续性. 为此，自然有 $f_0=f_n$. 命 $h_{-1}=h_{n-1},M_n=M_0$，从而除方程组(58)外，增加一个方程，表示 $F'(x_0-0)=F'(x_0+0)$，即

$$\begin{gathered}2(h_{n-1}+h_0)M_0+h_0M_1+h_{n-1}M_{n-1}=\\ 6\left[\frac{f_1-f_0}{h_0}-\frac{f_0-f_{n-1}}{h_{n-1}}\right]\end{gathered}\tag{63}$$

这样，连同方程组(58)共有 n 个方程，以解 n 个未知数 $M_0,M_1,\cdots,M_{n-1}$.

周期性边界条件，可用于封闭曲线的插值.

对于一般的边界条件 1,2,3，待解的方程可以表示成

$$\begin{vmatrix} b_0 & c_0 & & & \mathbf{0} \\ a_1 & b_1 & c_1 & & \\ & & & \ddots & \\ & & a_{n-1} & b_{n-1} & c_{n-1} \\ & \mathbf{0} & & a_n & b_n \end{vmatrix} \begin{bmatrix} M_0 \\ M_1 \\ \vdots \\ M_{n-1} \\ M_n \end{bmatrix} = \begin{bmatrix} d_0 \\ d_1 \\ \vdots \\ d_{n-1} \\ d_n \end{bmatrix} \tag{64}$$

其中

$$a_i = h_{i-1}, b_i = 2(h_{i-1} + h_i), c_i = h_i$$

$$d_i = 6\left(\frac{f_{i+1} - f_i}{h_i} - \frac{f_i - f_{i-1}}{h_{i-1}}\right) \tag{65}$$

$$i = 1, 2, \cdots, n-1$$

端点条件类别列表如下(表1):

表 1

		1	2	3
左端	b_0	$2h_0$	1	1
	c_0	h_0	0	$-\alpha_0$
	d_0	$6\left(\frac{f_1 - f_0}{h_0} - f'_0\right)$	f''_0	β_0
右端	a_0	h_{n-1}	0	$-\alpha_n$
	b_0	$2h_{n-1}$	1	1
	d_0	$6\left(f'_n - \frac{f_n - f_{n-1}}{h_{n-1}}\right)$	f''_n	β_n

这是对角元占优势的三对角线带状矩阵,可以用消元法,即追赶算法.求解如下:

命

$$q_{-1}=0, u_{-1}=0, c_n=0$$

对于

$$k=0,1,\cdots,n$$

$$\left.\begin{aligned} p_k &= a_k q_{k-1}+b_k \\ q_k &= -\frac{c_k}{p_k} \\ u_k &= \frac{d_k-a_k u_{k-1}}{p_k} \end{aligned}\right\} \tag{66}$$

这是正消过程. 然后进行“回代”

$$M_n=u_n$$

对于

$$k=n-1,n-2,\cdots,1,0$$

$$M_k=q_k M_{k+1}+u_k \tag{67}$$

对于周期性边界条件, 由于 $M_0=M_n$, 可以 $M_1,\cdots,M_n$ 为未知数而得方程组

$$\begin{bmatrix} b_1 & c_1 & 0 & \cdots & 0 & 0 & a_1 \\ a_2 & b_2 & c_2 & \cdots & 0 & 0 & 0 \\ 0 & a_3 & b_3 & \cdots & 0 & 0 & 0 \\ \vdots & \vdots & \vdots & & \vdots & \vdots & \vdots \\ 0 & 0 & 0 & \cdots & a_{n-1} & b_{n-1} & c_{n-1} \\ c_n & 0 & 0 & \cdots & 0 & a_n & b_n \end{bmatrix} \begin{bmatrix} M_1 \\ M_2 \\ \vdots \\ M_{n-1} \\ M_n \end{bmatrix} = \begin{bmatrix} d_1 \\ d_2 \\ \vdots \\ d_{n-1} \\ d_n \end{bmatrix} \tag{68}$$

这里 $a_i, b_i, c_i, d_i (i=1,2,\cdots,n)$ 均由公式(65)给出, 其

中要用到

$$h_0 = h_n, f_0 = f_n$$

这是循环型的三对角线带状矩阵.同样,可采用消去法.当正向消去 $n-1$ 步后得到等价于式(68)中前 $n-1$ 个方程的方程组

$$M_k = q_k M_{k+1} + s_k M_n + u_k$$

$$k = 1, 2, \cdots, n-1$$

比式(67)多出一项 $s_k M_n$.视 M_n 为参数,则上式又可表示为

$$M_k = t_k M_n + v_k, k = n-1, n-2, \cdots, 1 \tag{69}$$

系数 q_k, s_k, u_k 以及 t_k, v_k 分别满足正反递推关系:

命

$$q_0 = 0, u_0 = 0, s_0 = 1$$

对于

$$k = 1, 2, \cdots, n-1$$

$$\left.\begin{aligned} p_k &= a_k q_{k-1} + b_k \\ q_k &= -\frac{c_k}{p_k} \\ u_k &= \frac{d_k - a_k u_{k-1}}{p_k} \\ s_k &= -\frac{a_k s_{k-1}}{p_k} \end{aligned}\right\} \tag{70}$$

命

$$t_n = 1, v_n = 0$$

对于

$$k = n-1, n-2, \cdots, 1$$

$$t_k = q_k t_{k+1} + s_k$$

$$v_k = q_k v_{k+1} + u_k$$

参数 M_n 则可用方程组(36)中第 n 个方程

$$c_n M_1 + a_n M_{n-1} + b_n M_n = d_n$$

来定,即

$$c_n M_1 + a_n (t_{n-1} M_n + v_{n-1}) + b_n M_n = d_n$$

因此

$$M_n = \frac{d_n - c_n v_1 - a_n v_{n-1}}{c_n t_1 + a_n t_{n-1} + b_n} \tag{71}$$

然后用式(69) 计算 M_k. 这样,完整的计算公式依次是(70),(71),(69).

2.3.3 参数表达的样条插值

当曲线的函数 $y = f(x)$ 有奇异性时,用自变量 x 的多项式形式的样条插值就不甚适应. 但是,应该注意到,有时这种奇异性是由自变量的选取所引起的,而不是曲线固有的. 例如单位圆

$$x^2 + y^2 = 1$$

本身并不具有任何奇异性,但将它表示为

$$y = f(x) = \pm\sqrt{1 - x^2}, \quad -1 \leqslant x \leqslant 1$$

则首先它已经不是单值函数,而且在 $x = \pm 1$ 处有导数奇点 $y' = \pm\infty$,这就带来了插值处理的困难. 当然一般是可以解决的,例如在插值函数中引进足以反映奇点行为的成分,但方法上复杂化了. 但是如果用极坐标 r, θ 来表达,则成为

$$r = r(\theta) \equiv 1$$

或者用参数表达

$$\begin{cases} x = \cos\theta \\ y = \sin\theta \end{cases}$$

就可以避免上述困难. 为了面向一般的问题,我们讨论参数表达的平面曲线

$$x=x(\alpha), y=y(\alpha) \tag{72}$$

特别有利的是以弧长作为参数 α,因为这是曲线自身的内在坐标.

设待插曲线的样点为

$$p_i=(x_i, y_i), i=0,1,\cdots,n$$

由于弧长本身还是不知道的,因此可以采用“积累弦长”:

命

$$s_0=0$$

$$s_i=s_{i-1}+\sqrt{(x_{i-1}-x_i)^2+(y_{i-1}-y_i)^2}$$

$$i=1,2,\cdots,n \tag{73}$$

设想以积累弦长 s 为自变量,于是两个函数 $x(s)$ 及 $y(s)$ 在节点 $s=s_0, s_1, \cdots, s_n$ 的样点值为(图22)

$$\left.\begin{array}{l} x(s_i)=x_i \\ y(s_i)=y_i \end{array}\right\}, i=0,1,\cdots,n \tag{74}$$

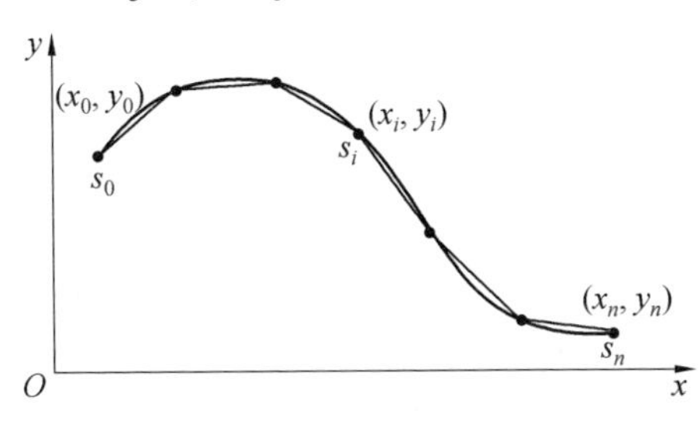

图 22

在区间$[s_0, s_n]$上分别作样条插值函数 $X(s), Y(s)$,即得过点插值曲线

$$P(s)=(X(s), Y(s))$$

对于封闭曲线,则命$(x_0, y_0)=(x_n, y_n)$而采用周期性边界条件(图23).例如对单位圆 $x^2+y^2=1$ 取等分节

点(图 24) 的计算结果如下:

节点个数 n	计算所得半径的最大误差
4	$\leqslant 0.01$
8	$\leqslant 0.001\ 12$
12	$\leqslant 0.000\ 165$

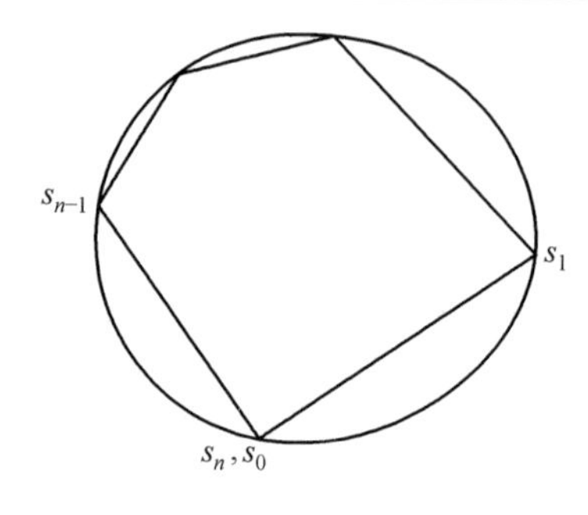

图 23

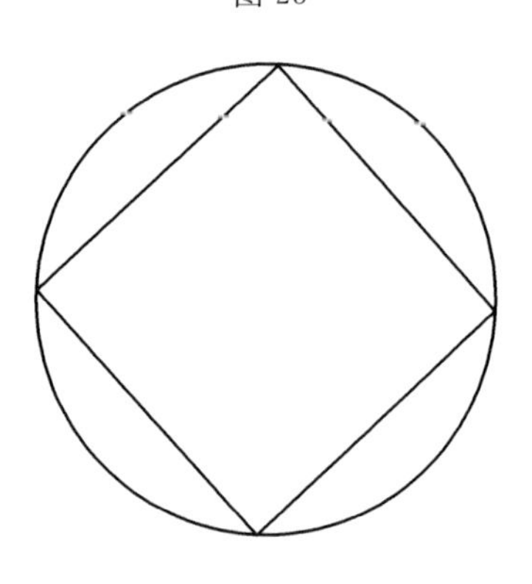

图 24

这个方法的优点是:它采用了某种内在的坐标,因而不依赖于曲线的形状走向.它不仅对于封闭曲线,而且对于更一般的如自相交曲线(图 25) 也适用,因此有很大的通用性.通常工程绘图用的曲线板所含的几

何信息,用约 30 个节点值就足以表达.这个方法显然很容易推广到空间曲线

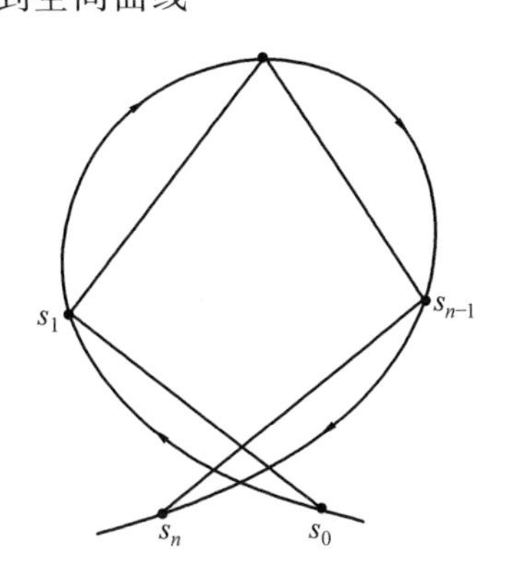

图 25

$$x = x(s), y = y(s), z = z(s)$$

的插值中去.

2.3.4　样条插值的物理背景

样条插值直接来源于生产实践,它有明确的物理背景.

以一些集中力作用于张紧的弦线,则相邻着力点之间形成直线,仅坡度有间断.因此勒过一些样点的张紧弦线,就自动形成了折线,即一次样条插值.木工用墨斗、墨绳,成衣工人用粉袋、弹线以进行放样,就是这个原理.从数学角度看,在小变形时,弹性弦的平衡方程是 $y'' = q$. $y = y(x)$ 为弹性变形;$q = q(x)$ 为载荷分布.当载荷为作用于节点 $x_0, x_1, \cdots, x_n$ 的集中力时

$$q(x) = \sum_{i=0}^{n} q_i \delta(x - x_i)$$

$\delta(x - x_i)$ 为集中于点 $x = x_i$ 的"脉冲函数",即 δ 函数.

于是

$$y''(x)=\sum_{i=0}^{n}q_i\delta(x-x_i) \tag{75}$$

因此，在相邻着力点之间，$x_i\leqslant x\leqslant x_{i+1}$，$y''(x)\equiv 0$，即 y 为一次多项式. 在着力点 $x=x_i$ 上 y'' 为脉冲状间断，即 y' 为台阶状间断而 y 本身连续. 因此整体地 $y(x)$ 为一次样条，即折线函数.

类似地，以一些集中力作用弹性薄条(可以看成弹性梁)，则该薄条自动弯曲形成光滑的曲线，仅在着力点有三阶导数的间断，而坡度、曲率都是连续的. 这是因为小变形时的弹性梁的平衡方程为 $y^{(4)}=q$，而当 q 为作用于节点 $x_0,x_1,\cdots,x_n$ 的集中力时，则成为

$$y^{(4)}(x)=\sum_{i=0}^{n}q_i\delta(x-x_i) \tag{76}$$

与式(75) 相仿，只是左端二阶导数变成四阶导数. 这时，在相邻着力点之间 $x_i\leqslant x\leqslant x_{i+1}$，$y^{(4)}(x)\equiv 0$，即 y 为三次多项式. 而在着力点 $x=x_i$ 上，$y^{(4)}$ 为脉冲状间断，即$y^{(3)}$ 为台阶状间断，$y^{(2)}$，$y^{(1)}$，y 就都连续，因此 $y(x)$ 为三次样条函数. 在实践中就有这种情况，如用木条或薄钢条或其他弹性材料作“样条”，并用压铁压住，以强使它通过一些样点而自动形成光顺的插值曲线. 机械工人就是运用这一科学原理来进行放样的. 数学上的样条插值方法正是模拟这一原理而发展起来的.

当弹性体达到弹性平衡时，应变能必定达到极小，反之亦然，这就是所谓最小势能原理. 在小变形时，弹性弦和梁的应变能分别表示为 $\int_a^b(y')^2\mathrm{d}x$ 和 $\int_a^b(y'')^2\mathrm{d}x$. 既然一次及三次样条是与弦及梁联系着

的,则它们也必然具有相应的极值性质.

可以证明,在区间$[x_0,x_n]$上,在一切满足

$$F(x_i)=f_i,i=0,1,\cdots,n \tag{77}$$

的连续函数中,使得积分$\int_{x_0}^{x_n}(F'(x))^2$达到极小的函数就是以式(77)为条件的一次样条(折线)插值函数.类似地,在一切满足式(77)并且具有连续二阶导数的函数中,使得积分$\int_{x_0}^{x_n}(F''(x))^2\mathrm{d}x$达到极小的函数就是在式(77)连同边界条件

$$F''(x_0)=F''(x_n)=0$$

下的三次样条插值函数.在这个意义下,三次样条插值可以说是在各种可能的插值中使得均方曲率(曲率$=y''(1+y'^2)^{-\frac{3}{2}}\approx y''$,当$y'\approx 0$时)为最小,即在一定意义下最为"光顺".

样条插值也有良好的收敛性.关于一次样条问题已由式(21)说明.关于三次样条,当原函数$f(x)$足够光滑,例如,具有连续的四阶导数时,则可以证明,当最长间距$h\to 0$时,$F(x)$以及$F'(x)$均以$O(h^2)$的速度一致收敛于$f(x)$及$f'(x)$,而$F''(x)$以$O(h)$的速度一致收敛于$f''(x)$.由于这种带导数的一致收敛性以及"最光顺"性,因此三次样条插值也可以作为数值微分的工具.

2.3.5　方法比较

样条插值对比于其他的分段插值的主要优点是,保证了直到二阶导数的连续性,因此光滑度较高.直观地看,一条曲线如有间断或坡度的间断则是很显眼的,对于曲率的间断则要仔细观察后才能察觉.至于三阶导数的间断,用肉眼就很难辨认了.样条插值比其他的分段插值提高了光滑度,因为它达到了二阶导数连续,仅在节点处有三阶导数的间断.这是样条插值法的主要优点.

前面介绍的那些较低阶的分段插值都是局部化的,即每个节点只影响到附近少数几个间距,从而带来了计算上的方便,可以逐步地进行,即从一端开始按显式一步一步地插过去,同时也带来了内在的高度稳定性.

样条插值则不是局部化的,每个节点都会影响到全局.因此计算不方便.它是隐式的,即需要联立解一个代数方程,在样点数量很大时很不利.与此同时,稳定性也就较差于那些局部化的方法.但是,样条节点的影响是随着远离该点而衰退的,因此它的稳定性对比于高次多项式插值要好得多,但比低阶分段插值要差.但是由于存在着误差的远距离的扩散,使得样条插值也会有“多余”的波动,特别是在间距不均匀以及其他一些特殊场合更为显著.图 26 表示一个不利的情况,样点从点 0 至 7 指数状单调上升,从点 7 起取常值.样条插值的结果在点 7 至 8 之间出现不合理的隆起.

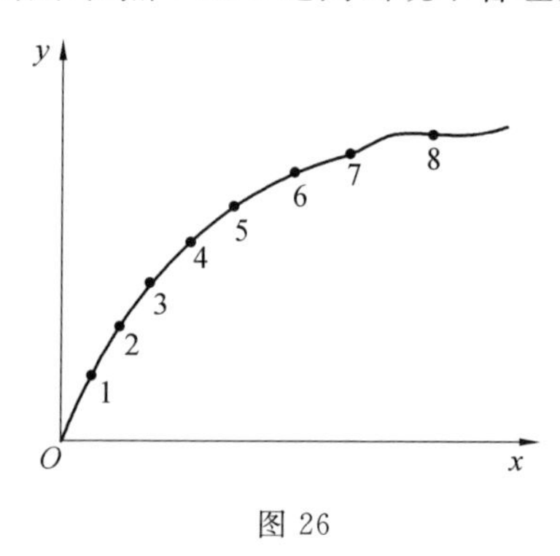

图 26

第二编
差分与反插值

差分与导数

第1章

1.1 差分和导数的关系

差分和导数的关系有时是需要知道的.它们之间的基本关系是

$$\Delta^n f(x) = (\Delta x)^n f^{(n)}(x + \theta n \Delta x)$$
$$0 < \theta < 1 \tag{1}$$

和

$$\lim_{\Delta x \to 0} \frac{\Delta^n f(x)}{(\Delta x)^n} = f^{(n)}(x)$$

这些关系的推导,见瓦莱一蒲逊的《无穷小解析教程》(Vallée-Poussin's, *Cours d'Analyse Infinitésimale*),Ⅰ(第四版,1921),第 72 ~ 73 页.

现在加以证明如下[①]:设函数 $f(x)$ 在全部开区间 $(x, x+n\Delta x)$ 上有 n 阶导数,而它的 $n-1$ 阶导数在这个区间的端点是连续的.对于 $n=1$,关系式(1)成立,它即是Lagrange中值定理.如此我们只需从 $1,2,\cdots,n-1$ 的情形来证明它对 n 为真,那就是应用数学归纳法证实这个结果.

如果 $f(x)$ 的 n 阶和 $n-1$ 阶导数满足所需要的条件,那么函数

$$\Delta f(x)=f(x+\Delta x)-f(x) \tag{2}$$

也会如此.由此,它的 $n-1$ 阶导数在开区间内存在,而它的 $n-2$ 阶导数在端点连续.依照归纳法中的假设,可用 $n-1$ 代替 n,来对函数 $\Delta f(x)$ 应用方程(1),这样得到

$$\begin{aligned}\Delta^n f(x)=\Delta^{n-1} f(x+\Delta x)-\Delta^{n-1} f(x)= \\ \Delta x^{n-1}\{f^{(n-1)}[x+\Delta x+\theta'(n-1)\Delta x]- \\ f^{(n-1)}[x+\theta'(n-1)\Delta x]\}\end{aligned} \tag{3}$$

这里 θ' 是介于 0 和 1 之间的一个适当数值.

由于 $f(x)$ 的导数方面的条件,表明方程(3)的右端在开区间内有一阶导数,而函数本身在闭区间内连续.如此便可对括号的差应用 Lagrange 中值定理,得到下面的结果

$$\Delta x^n f^{(n)}[x+\theta''\Delta x+\theta'(n-1)\Delta x] \tag{4}$$

这里的 θ'' 也和 θ' 一样,是介于 0 与 1 之间的一个适当数值.因此有

$$\theta''\Delta x+\theta'(n-1)\Delta x=\theta n\Delta x \tag{5}$$

---

① 这里补充的证明是译自 Franklin 的 *A Treatise on Adcanced Calculus*,第 93 节 —— 注.

而 θ 也是介于 0 与 1 之间的一个适当数值.

把这个方程和从 $\Delta^n f(x)$ 得到的式(4) 结合,我们求得

$$\Delta^n f(x) = \Delta x^n f^{(n)}(x + \theta n \Delta x) \tag{6}$$

这是对于 n 的结果,因而用归纳法完成了证明.

特别指出,如果函数 $f(x)$ 在闭区间内有连续的 n 阶导数,就可满足条件,因而式(1) 成立.

其次,假设函数 $f(x)$ 对于一个特别值有一个有限的 n 阶导数,那么,在这个值的某邻域内,它有 $n-1$ 阶导数,因而有连续的 $n-2$ 阶导数.由此,对于 Δx 充分小的值,可以推出方程(2).

但是,因为函数 $f(x)$ 在 x 处有 n 阶导数,故 $f^{(n-1)}(x)$ 在 x 处是可微的,故有

$$\begin{aligned} & f^{(n-1)}[x + \Delta x + \theta'(n-1)\Delta x] - f^{(n-1)}(x) = \\ & [1 + \theta'(n-1)]\Delta x[f^{(n)}(x) + \alpha] \end{aligned} \tag{7}$$

与

$$\begin{aligned} & f^{(n-1)}[x + \theta'(n-1)\Delta x] - f^{(n-1)}(x) = \\ & \theta'(n-1)\Delta x[f^{(n)}(x) + \alpha'] \end{aligned} \tag{8}$$

随着 Δx 同趋于 0,其中 α 和 α' 都是无穷小.

由这两个方程和方程(3),就有

$$\Delta^n f(x) = \Delta x^n [f^{(n)}(x) + \beta]$$

即

$$\lim_{\Delta x \to 0} \frac{\Delta^n f}{\Delta x^n} = f^{(n)}(x) \tag{*}$$

这里 β 是一个无穷小.

1.2 反插值法

1.2.1 定　　义

如果一个给定的函数值介于两个列表值之间，那么，要去求出它的对应自变量值的这种过程就是反插值法. 反插值法问题有好几种解法，但在本节中只讲三种.

Lagrange 公式法. 处理这个问题的方法之一，是使用具有像 Lagrange 插值公式那样的式子，而式中的 x 是当作 y 的函数来表出的.

逐步求近法. 第二种方法是逐步求近法或迭代法. 要明白如何应用这个方法，我们可考虑一下 Newton 公式，即

$$y = y_0 + u\Delta y_0 + \frac{u(u-1)}{2}\Delta^2 y_0 + \frac{u(u-1)(u-2)}{3!}\Delta^3 y_0 + \frac{u(u-1)(u-2)(u-3)}{4!}\Delta^4 y_0 + \cdots$$

移项并用 Δy_0 遍除，则得

$$u = \frac{y-y_0}{\Delta y_0} - \frac{u(u-1)\Delta^2 y_0}{2\Delta y_0} - \frac{u(u-1)(u-2)}{3!}\frac{\Delta^3 y_0}{\Delta y_0} - \frac{u(u-1)(u-2)(u-3)}{4!}\frac{\Delta^4 y_0}{\Delta y_0} \quad (9)$$

要得到 u 的一次近似值，我们略去所有高于一阶

的差分，即得

$$u^{(1)}=\frac{y-y_0}{\Delta y_0}$$

将 $u^{(1)}$ 代入(9)的右端则得二次近似值，于是可得

$$u^{(2)}=\frac{y-y_0}{\Delta y_0}-\frac{u^{(1)}(u^{(1)}-1)}{2}\frac{\Delta^2 y_0}{\Delta y_0}-\frac{u^{(1)}(u^{(1)}-1)(u^{(1)}-2)}{3!}\frac{\Delta^3 y_0}{\Delta y_0}-\frac{u^{(1)}(u^{(1)}-1)(u^{(1)}-2)(u^{(1)}-3)}{4!}\frac{\Delta^4 y_0}{\Delta y_0}\tag{10}$$

其三次近似值为

$$u^{(3)}=\frac{y-y_0}{\Delta y_0}-\frac{u^{(2)}(u^{(2)}-1)}{2}\frac{\Delta^2 y_0}{\Delta y_0}-\frac{u^{(2)}(u^{(2)}-1)(u^{(2)}-2)}{3!}\frac{\Delta^3 y_0}{\Delta y_0}-\frac{u^{(2)}(u^{(2)}-1)(u^{(2)}-2)(u^{(2)}-3)}{4!}\frac{\Delta^4 y_0}{\Delta y_0}\tag{11}$$

依此类推以至更高次的近似值.

现在我们举例说明这个方法.

例 1　现在已经给出概率积分 $\left(\frac{2}{\sqrt{\pi}}\right)\int_0^x \mathrm{e}^{-x}\,\mathrm{d}x$ 的列表值(表 1)，问：当 x 为何值时，此积分为 $\frac{1}{2}$？

表 1

x	y	Δy	$\Delta^2 y$	$\Delta^3 y$	$\Delta^4 y$
0.45	0.475 481 8				
		91 737			
0.46	0.484 655 5		−840		
		90 897		−11	
0.47	0.493 745 2		−851		1
		90 046		−10	
0.48	0.502 749 8		−861		2
		89 185		−8	
0.49	0.511 668 3		−869		
		88 316			
0.50	0.520 499 9				

解 这里最好使用中心差分公式.由观察看出,所求之 x 值,在 0.47 与 0.48 之间,由粗略的线性插值法可知它约为 $0.47\frac{2}{3}$.因此我们取 $x_0=0.47$ 并使用 Bzier 公式.所以我们可得

$$x_0=0.47, h=0.01, y=\frac{1}{2}=0.5$$

将这个 y 值以及表中查得的相应量代入 Bzier 公式,则得

$$0.5=0.498\ 247\ 5+0.009\ 004\ 6v+\frac{(v^2-0.25)}{2}(-0.000\ 085\ 6)+\frac{v(v^2-0.25)}{6}(-0.000\ 001\ 0)$$

移项并用 0.009 004 6 遍除,则得

$$v=0.194\ 623-(v^2-0.25)(-0.004\ 753)-v(v^2-0.25)(-0.000\ 001\ 85) \tag{12}$$

将式(12)右端所有高于一阶的各项略去,则得 v 的一次近似值,即

$$v^{(1)}=0.194\ 623$$

将此 v 值代入式(12)右端,我们便求出二次近似值为

$$v^{(2)} = 0.194\,623 - [(0.194\,623)^2 - 0.25](-0.004\,753) - 0.194\,623[(0.194\,623)^2 - 0.25](-0.000\,018\,5) = 0.194\,623 - 0.001\,008 - 0.000\,001 = 0.193\,614$$

现在将此 v 值代入式(12) 右端，我们可得

$$v^{(3)} = 0.194\,623 - 0.001\,010\,1 - 0.000\,001 = 0.193\,612$$

此值与上值相差不大，所以我们不必再求更高次的近似值.

由于

$$u = v + \frac{1}{2}$$

$$x = x_0 + hu$$

故得

$$u = 0.693\,612$$

$$x = 0.47 + 0.01(0.693\,612) = 0.476\,936\,12$$

此值准确到六位小数.

注 在此例题中，v 值不可能获得五位以上的可靠值，因为式(12) 右端系使用近似数 0.009 004 6 除得之结果，它的第五位数字是不可靠的. 事实上 v 值仅在前四位数字准确.

假如所有高于二阶的差分均被略去，那么反插值法问题只是一个解二次方程问题而已，下例就说明这一点.

例 2 给定 $\sinh x = 62$，求 x.

解 作出差分表如下(表 2)，我们发现所有高于二阶的差分均为零. 我们还可以看出，所求之 x 值比 4.82 要稍大一些，因此我们取 $x = 4.82$，并使用

Stirling 公式.

表 2

x	$y=\sinh x$	Δy	$\Delta^2 y$	$\Delta^3 y$
4.80	60.751 1			
		6 106		
4.81	61.361 7		62	
		6 168		0
4.82	61.978 5		62	
		6 230		0
4.83	62.601 5		62	
		6 292		
4.84	63.230 7			

把 $y=62$ 代入 Stirling 公式，则得

$$62=61.978\,5+0.619\,9u+0.003\,1u^2$$

整理得

$$31u^2+6\,199u=215$$

所以

$$u=\frac{-6\,199+\sqrt{(6\,199)^2+4\times 31\times 215}}{62}=$$

$$\frac{-6\,199+6\,201.15}{62}=$$

$$\frac{2.15}{62}=0.034\,7$$

因为 $h=0.01$，而 $x=x_0+hu$，故得

$$x=4.82+0.01(0.034\,7)=4.820\,3$$

级数逆演法. 解反插值法问题最简明的方法是用级数逆演法；这是因为所有已导出的插值公式都用幂级数的形式来表示，而任何一个收敛的幂级数都可以逆演. 譬如幂级数为

$$y=a_0+a_1x+a_2x^2+a_3x^3+\cdots+a_nx^n+\cdots \tag{13}$$

被逆演后就变成

$$x=\left(\frac{y-a_0}{a_1}\right)+c_1\left(\frac{y-a_0}{a_1}\right)^2+ c_2\left(\frac{y-a_0}{a_1}\right)^3+c_3\left(\frac{y-a_0}{a_1}\right)^4+\cdots+ c_{n-1}\left(\frac{y-a_0}{a_1}\right)^n+\cdots \tag{14}$$

其中

$$\left.\begin{aligned}
c_1&=-\frac{a_2}{a_1}\\
c_2&=-\frac{a_3}{a_1}+2\left(\frac{a_2}{a_1}\right)^2\\
c_3&=-\frac{a_4}{a_1}+5\left(\frac{a_2a_3}{a_1^2}\right)-5\left(\frac{a_2}{a_1}\right)^3\\
c_4&=-\frac{a_5}{a_1}+6\frac{a_2a_4}{a_1^2}+3\left(\frac{a_3}{a_1}\right)^2-21\frac{a_2^2a_3}{a_1^3}+14\left(\frac{a_2}{a_1}\right)^4\\
c_5&=-\frac{a_6}{a_1}+7\left(\frac{a_2a_5+a_3a_4}{a_1^2}\right)-28\left(\frac{a_2^2a_4+a_2a_3^2}{a_1^3}\right)+\\
&\quad 84\frac{a_2^3a_3}{a_1^4}-42\left(\frac{a_2}{a_1}\right)^5\\
&\cdots
\end{aligned}\right\} \tag{15}$$

当逆演一个带有数字系数的级数时，最好先从式(15)算出各个 c 值.然后再把它们代入式(14).

现在我们写出幂级数形式的 Newton，Stirling 和 Bzier 公式，然后再写出在各个情况下的 $a_0,a_1,\cdots,a_4$ 等值.我们只求到四阶差分为止，但是如果需要的话，读者不难推广它们到高阶差分.

(1)Newton 公式

$$y=y_0+u\Delta y_0+\frac{u(u-1)}{2}\Delta^2y_0+$$

$$\frac{u(u-1)(u-2)}{3!}\Delta^3 y_0+$$

$$\frac{u(u-1)(u-2)(u-3)}{4!}\Delta^4 y_0=$$

$$y_0+\left(\Delta y_0-\frac{\Delta^2 y_0}{2}+\frac{\Delta^3 y_0}{3}-\frac{\Delta^4 y_0}{4}\right)u+$$

$$\left(\frac{\Delta^2 y_0}{2}-\frac{\Delta^3 y_0}{2}+\frac{11\Delta^4 y_0}{24}\right)u^2+$$

$$\left(\frac{\Delta^3 y_0}{6}-\frac{\Delta^4 y_0}{4}\right)u^3+\frac{\Delta^4 y_0}{24}u^4$$

其中

$$a_0=y_0$$

$$a_1=\Delta y_0-\frac{\Delta^2 y_0}{2}+\frac{\Delta^3 y_0}{3}-\frac{\Delta^4 y_0}{4}$$

$$a_2=\frac{\Delta^2 y_0}{2}-\frac{\Delta^3 y_0}{2}+\frac{11\Delta^4 y_0}{24}$$

$$a_3=\frac{\Delta^3 y_0}{6}-\frac{\Delta^4 y_0}{4}$$

$$a_4=\frac{\Delta^4 y_0}{24}$$

(2)Stirling 公式

$$y=y_0+um_1+\frac{u^2}{2}\Delta^2 y_{-1}+$$

$$\frac{u(u^2-1)}{3!}m_3+\frac{u^2(u^2-1)}{4!}\Delta^4 y_{-2}=$$

$$y_0+\left(m_1-\frac{m_3}{6}\right)u+$$

$$\left(\frac{\Delta^2 y_{-1}}{2}-\frac{\Delta^4 y_{-2}}{24}\right)u^2+$$

$$\frac{m_3 u^3}{6}+\frac{\Delta^4 y_{-2}}{24}u^4$$

这里

$$a_0 = y_0$$

$$a_1 = m_1 - \frac{m_3}{6}$$

$$a_2 = \frac{\Delta^2 y_{-1}}{2} - \frac{\Delta^4 y_{-1}}{24}$$

$$a_3 = \frac{m_3}{6}$$

$$a_4 = \frac{\Delta^4 y_{-2}}{24}$$

(3)Bzier 公式

$$y = m_0 + v\Delta y_0 + \frac{\left(v^2 - \frac{1}{4}\right)}{2} m_2 +$$

$$v \frac{\left(v^2 - \frac{1}{4}\right)}{3!} \Delta^3 y_{-1} +$$

$$\frac{\left(v^2 - \frac{1}{4}\right)\left(v^2 - \frac{9}{4}\right)}{4!} m_4 =$$

$$\left(m_0 - \frac{m_2}{8} + \frac{3m_4}{128}\right) +$$

$$\left(\Delta y_0 - \frac{\Delta^3 y_{-1}}{24}\right) v +$$

$$\left(\frac{m_2}{2} - \frac{5m_4}{48}\right) v^2 +$$

$$\frac{\Delta^3 y_{-1}}{6} v^3 + \frac{m_4}{24} v^4$$

这里

$$a_0 = m_0 - \frac{m_2}{8} + \frac{3m_4}{128}$$

$$a_1 = \Delta y_0 - \frac{\Delta^3 y_{-1}}{24}$$

$$a_2 = \frac{m_2}{2} - \frac{5m_4}{48}$$

$$a_3 = \frac{\Delta^3 y_{-1}}{6}$$

$$a_4 = \frac{m_4}{24}$$

1.2.2 二重或二向差分

在讲二重插值法的第二种处理方法以前，有必要作出二重或二向差分的定义，现在把我们的注意力转到这方面去.

令 $z = f(x, y)$ 表示两个自变量 x 和 y 的任意函数，并令 $z_{rs} \equiv f(x_r, y_s)$，其次我们构造出下列函数表(表 3)：

表 3

	x_0	x_1	x_2	x_3	x_4	…	…	…	x_m
y_0	z_{00}	z_{10}	z_{20}	z_{30}	z_{40}	…	…	…	z_{m0}
y_1	z_{01}	z_{11}	z_{21}	z_{31}	z_{41}	…	…	…	z_{m1}
y_2	z_{02}	z_{12}	z_{22}	z_{32}	z_{42}	…	…	…	z_{m2}
y_3	z_{03}	z_{13}	z_{23}	z_{33}	z_{43}	…	…	…	z_{m3}
y_4	z_{04}	z_{14}	z_{24}	z_{34}	z_{44}	…	…	…	z_{m4}
…	…	…	…	…	…	…	…	…	…
…	…	…	…	…	…	…	…	…	…
…	…	…	…	…	…	…	…	…	…
…	…	…	…	…	…	…	…	…	…
…	…	…	…	…	…	…	…	…	…
y_n	z_{0n}	z_{1n}	z_{2n}	z_{3n}	z_{4n}	…	…	…	z_{mn}

现在我们给二重或二向差分下定义如下：

$$\Delta^{1+0} z_{00} = \Delta_x z_{00} = z_{10} - z_{00}$$

$$\Delta^{1+0} z_{01} = \Delta_x z_{01} = z_{11} - z_{01}$$

$$\Delta^{1+0} z_{02} = \Delta_x z_{02} = z_{12} - z_{02}$$

$$\vdots$$

$$\Delta^{0+1} z_{00} = \Delta_y z_{00} = z_{01} - z_{00}$$

$$\Delta^{0+1} z_{10} = \Delta_y z_{10} = z_{11} - z_{10}$$

$$\Delta^{0+1} z_{20} = \Delta_y z_{20} = z_{21} - z_{20}$$

$$\vdots$$

或者更普遍的

$$\Delta^{1+0} z_{rs} = \Delta_x z_{rs} = z_{r+1,s} - z_{rs}$$

$$\Delta^{0+1} z_{rs} = \Delta_y z_{rs} = z_{r,s+1} - z_{rs}$$

又

$$\Delta^{1+1} z_{00} = \Delta_{xy}^2 z_{00} = \Delta^{1+0} z_{01} - \Delta^{1+0} z_{00} = \Delta^{0+1} z_{10} - \Delta^{0+1} z_{00}$$

$$\Delta^{2+0} z_{00} = \Delta_x^2 z_{00} = z_{20} - 2z_{10} + z_{00}$$

$$\Delta^{2+0} z_{01} = \Delta_x^2 z_{01} = z_{21} - 2z_{11} + z_{01}$$

$$\Delta^{2+0} z_{02} = \Delta_x^2 z_{02} = z_{22} - 2z_{12} + z_{02}$$

$$\Delta^{0+2} z_{00} = \Delta_y^2 z_{00} = z_{02} - 2z_{01} + z_{00}$$

$$\Delta^{0+2} z_{10} = \Delta_y^2 z_{10} = z_{12} - 2z_{11} + z_{10}$$

$$\Delta^{0+2} z_{20} = \Delta_y^2 z_{20} = z_{22} - 2z_{21} + z_{20}$$

$$\Delta^{2+1} z_{00} = \Delta^{2+0} z_{01} - \Delta^{2+0} z_{00}$$

$$\Delta^{1+2} z_{00} = \Delta^{0+2} z_{10} - \Delta^{0+2} z_{00}$$

$$\Delta^{3+0} z_{00} = \Delta_x^3 z_{00} = z_{30} - 3z_{20} - 3z_{10} - z_{00}$$

$$\Delta^{3+0} z_{01} = \Delta_x^3 z_{01} = z_{31} - 3z_{21} + 3z_{11} - z_{01}$$

$$\Delta^{0+3} z_{00} = \Delta_y^3 z_{00} = z_{03} - 3z_{02} + 3z_{01} - z_{00}$$

$$\Delta^{0+3} z_{10} = \Delta_y^3 z_{10} = z_{13} - 3z_{12} + 3z_{11} - z_{10}$$

$$\Delta^{3+1} z_{00} = \Delta^{3+0} z_{01} - \Delta^{3+0} z_{00}$$

$$\Delta^{1+3} z_{00} = \Delta^{0+3} z_{10} - \Delta^{0+3} z_{00}$$

$$\Delta^{4+0} z_{00} = \Delta_x^4 z_{00} = z_{40} - 4z_{30} + 6z_{20} - 4z_{10} + z_{00}$$

$$\Delta^{0+4} z_{00} = \Delta_y^4 z_{00} = z_{04} - 4z_{03} + 6z_{02} - 4z_{01} + z_{00}$$

$$\Delta^{2+2} z_{00} = \Delta^{2+0} z_{02} - 2\Delta^{2+0} z_{01} + \Delta^{2+0} z_{00} = \Delta^{0+2} z_{20} - 2\Delta^{0+2} z_{10} + \Delta^{0+2} z_{00}$$

可以很容易地看出,这些差分的一般公式是

$$\begin{aligned}\Delta^{m+n} z_{00} &= \Delta^{m+0} z_{0n} - n\Delta^{m+0} z_{0,n-1} + \frac{n(n-1)}{2}\Delta^{m+0} z_{0,n-2} + \cdots + \Delta^{m+0} z_{00} = \\ &\Delta^{0+n} z_{m0} - m\Delta^{0+n} z_{m-1,0} + \frac{m(m-1)}{2}\Delta^{0+n} z_{m-2,0} + \cdots + \Delta^{0+n} z_{00}\end{aligned} \tag{16}$$

上面的记号,譬如说 $\Delta x_x^m z_{00}$,它的意义就表示我们所求的是“z_{00} 对 x 的”m 阶差分,彼时 y 为常数.

1.2.3 二重插值法的一般公式

我们现在来考虑二重插值法的一般公式,下面的公式是在《皮尔曼数学近似法》(*O. Biermann: Mathematische Näherungs methoden*)一书 138 ~ 144 页所推导的

$$\begin{aligned}z = f(x, y) = z_{00} &+ \frac{x - x_0}{h}\Delta^{1+0} z_{00} + \\ &\frac{y - y_0}{k}\Delta^{0+1} z_{00} + \\ &\frac{1}{2!}\left[\frac{(x - x_0)(x - x_1)}{h^2}\Delta^{2+0} z_{00} + \right. \\ &\frac{2(x - x_0)(y - y_0)}{hk}\Delta^{1+1} z_{00} +\end{aligned}$$

$$\left.\frac{(y-y_0)(y-y_1)}{k^2}\Delta^{0+2}z_{00}\right]+\cdots+$$

$$\frac{1}{m!}\left[\frac{(x-x_0)(x-x_1)\cdots(x-x_{m-1})}{h^m}\Delta^{m+0}z_{00}+\right.$$

$$\frac{m(x-x_0)(x-x_1)\cdots(x-x_{m-2})(y-y_0)}{h^{m-1}k}\Delta^{(m-1)+1}z_{00}+$$

$$\frac{m(m-1)}{2}\cdot$$

$$\frac{(x-x_0)(x-x_1)\cdots(x-x_{m-3})(y-y_0)(y-y_1)}{h^{m-2}k^2}\cdot$$

$$\Delta^{(m-2)+2}z_{00}+\cdots+$$

$$\left.\frac{(y-y_0)(y-y_1)\cdots(y-y_{m-1})}{k^m}\Delta^{0+m}z_{00}\right]+$$

$$R(x_0,y_0) \tag{17}$$

这里 h 和 k 分别表示 x 和 y 的等间距值的间隔大小，而 $R(x_0,y_0)$ 表示余项.

更换变数，把 x 和 y 变换成 u 和 v，可以简化这个公式如下：

令

$$u=\frac{x-x_0}{h}$$

或

$$x=x_0+hu$$

于是

$$\frac{x-x_1}{h}=\frac{x-(x_0+h)}{h}=$$

$$\frac{x-x_0}{h}-\frac{h}{h}=$$

$$u-1$$

而

$$\frac{x-x_2}{h}=\frac{x-(x_0+2h)}{h}=$$

$$\frac{x-x_0}{h}-\frac{2h}{h}=$$

$$u-2$$

$$\vdots$$

$$\frac{x-x_{m-1}}{h}=u-(m-1)$$

又命

$$v=\frac{y-y_0}{k}$$

或

$$y=y_0+kv$$

于是

$$\frac{y-y_1}{k}=\frac{y-(y_0+k)}{k}=$$

$$\frac{y-y_0}{k}-\frac{k}{k}=$$

$$v-1$$

$$\frac{y-y_2}{k}=v-2$$

$$\vdots$$

把这些$\frac{(x-x_0)}{h}$，$\frac{(y-y_0)}{k}$等各值代入式(17)，便得

$$z=f(x,y)=f(x_0+hu,y_0+kv)=$$

$$z_{00}+u\Delta^{1+0}z_{00}+v\Delta^{0+1}z_{00}+$$

$$\frac{1}{2!}[u(u-1)\Delta^{2+0}z_{00}+$$

$$2uv\Delta^{1+1}z_{00}+v(v-1)\Delta^{0+2}z_{00}]+$$

$$
\frac{1}{3!}[u(u-1)(u-2)\Delta^{3+0}z_{00}+
3u(u-1)v\Delta^{2+1}z_{00}+
3uv(v-1)\Delta^{1+2}z_{00}+
v(v-1)(v-2)\Delta^{0+3}z_{00}]+
\frac{1}{4!}[u(u-1)(u-2)(u-3)\Delta^{4+0}z_{00}+
4u(u-1)(u-2)v\Delta^{3+1}z_{00}+
6u(u-1)v(v-1)\Delta^{2+2}z_{00}+
4uv(v-1)(v-2)\Delta^{1+3}z_{00}+
v(v-1)(v-2)(v-3)\Delta^{0+4}z_{00}]+
R_n(x_0,y_0) \tag{18}
$$

其中

$$
R_n(x_0,y_0)=\frac{1}{(n+1)!}[u(u-1)(u-2)\cdots
(u-n)\Delta^{(n+1)+0}z_{00}+
(n+1)u(u-1)(u-2)\cdots
[u-(n-1)]v\Delta^{n+1}z_{00}+
\frac{(n+1)n}{2!}u(u-1)\cdots
[u-(n-2)]v(v-1)\Delta^{(n-1)+2}z_{00}+\cdots+
v(v-1)(v-2)\cdots(v-n)\Delta^{0+(n+1)}z_{00}]
$$

公式(18)与 Newton 公式相对应，倘若我们命任一个 $u=0$ 或 $v=0$，那么它就简化成 Newton 公式.

在数学的某些应用上，特别在航行技术上，几个自变量的线性插值是很重要的. 例如在各种航行技术的表上，列有数以千计的天文三角形的全解. 其中有一两个需要的部分是三个自变量的函数.

通过一般公式(17)并加以引申，就立刻可以求得

几个自变量的线性插值公式. 譬如对两个自变量来说,略去所有高于一阶的差分后便得

$$z = z_{00} + \frac{x - x_0}{h}(\Delta_x z_{00}) + \frac{y - y_0}{k}(\Delta_y z_{00}) \tag{19}$$

对三个自变量的函数来说,如 $u = f(x, y, z)$ 便有

$$u = u_{000} + \frac{x - x_0}{h}(\Delta_x u_{000}) + \frac{y - y_0}{k}(\Delta_y u_{000}) + \frac{z - z_0}{l}(\Delta_z u_{000}) \tag{20}$$

依此类推,以至于任意多个自变量.

1.2.4 差分方程

把各个导数代以相应的各个差商,便可求得与一个给定的微分方程相对应的差分方程. 在差分方程中出现的 $u(x, y)$ 与 $u(x, y, z)$ 各函数只在格点处界定,但是把 h 减小,就可以使这些点接近到我们需要的程度. 为了要得到一种解差分方程的简单程序,我们将假设这个给定的微分方程恰好为差商所满足. 与几种著称的偏微分方程相应的差分方程给出如下:

(1) 二维的 Laplace 方程

$$\frac{\partial^2 V}{\partial x^2} + \frac{\partial^2 V}{\partial y^2} = 0$$

$\frac{\partial^2 V}{\partial x^2}$ 与 $\frac{\partial^2 V}{\partial y^2}$ 各以 $u_{\bar{x}x}$ 与 $u_{\bar{y}y}$ 代替,得到

$$\frac{u(x+h, y) - 2u(x, y) + u(x-h, y)}{h^2} +$$

$$\frac{u(x,y+h)-2u(x,y)+u(x,y-h)}{h^2}=0$$

由此有

$$u(x,y)=\frac{1}{4}[u(x+h,y)+u(x,y+h)+u(x-h,y)+u(x,y-h)] \tag{21}$$

这方程表明,u 在任何内部格点的值是和该点最接近的四个格点的值的算术平均值.

(2) 三维的 Laplace 方程

$$\frac{\partial^2 V}{\partial x^2}+\frac{\partial^2 V}{\partial y^2}+\frac{\partial^2 V}{\partial z^2}=0$$

用二阶差商代替二阶导数并解 $u(x,y,z)$,就得

$$u(x,y,z)=\frac{1}{6}[u(x+h,y,z)+u(x,y+h,z)+u(x,y,z+h)+u(x-h,y,z)+u(x,y-h,z)+u(x,y,z-h)] \tag{22}$$

方程(22)表明 u 的空间中任何内部格点的值是和这点最接近的六个格点的值的算术平均值.

(3) 二维的 Poison 方程

$$\frac{\partial^2 V}{\partial x^2}+\frac{\partial^2 V}{\partial y^2}=-4\pi\rho(x,y)$$

$\frac{\partial V^2}{\partial x^2}$ 与 $\frac{\partial^2 V}{\partial y^2}$ 分别代以 $u_{\bar{x}x}$ 与 $u_{\bar{y}y}$,得到

$$u(x,y)=\frac{1}{4}[u(x+h,y)+u(x,y+h)+u(x-h,y)+u(x,y-h)+4\pi h^2\rho(x,y)]=$$

$$\frac{1}{4}[u(x+h,y)+u(x,y+h)+u(x-h,y)+u(x,y-h)]+$$

$$\pi h^2 \rho(x,y) \tag{23}$$

这里 u 在一个内部格点的值不只是与各邻近点的各个 u 值有关，也显然与 h 及函数 $\rho(x,y)$ 的值有关.

（4）平面的热传导方程

$$\frac{\partial T}{\partial t}=a^2\left(\frac{\partial^2 T}{\partial x^2}+\frac{\partial^2 T}{\partial y^2}\right)$$

在此，t 表时间，T 表在任何时刻与任何地点的温度，即 $T=T(x,y,t)$，而 a^2 是常数. 如果一块平面区域上的温度达到稳定状态，致使 $\frac{\partial T}{\partial t}=0$，那么，上面的方程即化为 Laplace 方程.

如果没有达到稳定状态，则在任何点的温度与时刻有关. 故在时刻 t，任何格点处的差商是

$$T_t=\frac{T(x,y,t+\Delta t)-T(x,y,t)}{\Delta t}$$

在任何瞬间（t 值固定）的二阶差商 T_{xx} 与 T_{yy}，可由 T 代 u 而给出. 故在热方程中代导数以相应的微商，即有

$$\frac{T(x,y,t+\Delta t)-T(x,y,t)}{\Delta t}=$$

$$a^2\left[\frac{T(x+h,y,t)-2T(x,y,t)+T(x-h,y,t)}{h^2}+\right.$$

$$\left.\frac{T(x,y+h,t)-2T(x,y,t)+T(x,y-h,t)}{h^2}\right]$$

由此得

$$\begin{aligned}T(x,y,t+\Delta t)=&T(x,y,t)+\\&\frac{a^2}{h^2}\Delta t[T(x+h,y,t)+\\&T(x,y+h,t)+T(x-h,y,t)+\\&T(x,y-h,t)-4T(x,y,t)]\end{aligned}$$

因 Δt 是时间的任意增量,我们可令 $\Delta t=\frac{h^2}{4a^2}$. 那么,上面的方程化为

$$T(x,y,t+\Delta t)=\frac{1}{4}[T(x+h,y,t)+T(x,y+h,t)+T(x-h,y,t)+T(x,y-h,t)] \tag{24}$$

这方程给出,在任何内部格点且在时刻 $t+\Delta t$,温度是在时刻 t 的四个邻近格点的算术平均值. 如果温度达到稳定状态,便有

$$T(x,y,t)=\frac{1}{4}[T(x+h,y,t)+T(x,y+h,t)+T(x-h,y,t)+T(x,y-h,t)] \tag{25}$$

仿照上面各例进行,便可把其他类型的偏微分方程代以偏差分方程.

经验函数的调和分析

第2章

2.1 引　　言

任何周期函数可用形如

$$y = a_0 + a_1 \cos x + a_2 \cos 2x + \cdots + a_n \cos nx + b_1 \sin x + b_2 \sin 2x + \cdots + b_n \sin nx \qquad (1)$$

的三角级数来表示.这个函数有周期性,以 2π 为周期.周期异于 2π 的周期函数,用一个适当的自变数转换,便可化成形式(1).

如我们要找一个经验公式来表达已知有周期性的现象——譬如潮汐、交流电流与电压、每月平均温度等,我们常用(1)型的公式.如在自变数等距值处的各函数值已知——从仪器的读数、圆形的量度或其他方法求出的,那么求未知

常数 $a_0, a_1, \cdots, a_n; b_1, b_2, \cdots, b_n$ 是一易事. 在本章内当等距纵标有 12 个或 24 个时, 我们将给出一个显示公式来计算这些系数. 我们也将给出各种表格, 使数值计算的工作减少到最低限度.

2.2　12 个纵标的情形

假设未知函数的周期是 2π, 且对于自变量的 12 个等距值的函数值为已知. 那么适当的公式便是

$$\begin{aligned} y = {} & a_0 + a_1\cos x + a_2\cos 2x + a_3\cos 3x + \\ & a_4\cos 4x + a_5\cos 5x + a_6\cos 6x + \\ & b_1\sin x + b_2\sin 2x + b_3\sin 3x + \\ & b_4\sin 4x + b_5\sin 5x \end{aligned} \tag{2}$$

设 x 和 y 的对应值给出如表 1.

表 1

x	0°	30°	60°	90°	120°	150°	180°	210°	240°	270°	300°	330°
y	y_0	y_1	y_2	y_3	y_4	y_5	y_6	y_7	y_8	y_9	y_{10}	y_{11}

因此, 把各组对应值代入式(2)中, 便得到下列各条件方程

$$\begin{aligned} y_0 = {} & a_0 + a_1 + a_2 + a_3 + a_4 + a_5 + a_6 + \\ & 0\cdot b_1 + 0\cdot b_2 + 0\cdot b_3 + 0\cdot b_4 + 0\cdot b_5 \end{aligned}$$

$$\begin{aligned} y_1 = {} & a_0 + \frac{\sqrt{3}}{2}a_1 + \frac{1}{2}a_2 + 0\cdot a_3 - \frac{1}{2}a_4 - \\ & \frac{\sqrt{3}}{2}a_5 - a_6 + \frac{1}{2}b_1 + \frac{\sqrt{3}}{2}b_2 + \\ & b_3 + \frac{\sqrt{3}}{2}b_4 + \frac{1}{2}b_5 \end{aligned}$$

$$y_2=a_0+\frac{1}{2}a_1-\frac{1}{2}a_2-a_3-\frac{1}{2}a_4+\frac{1}{2}a_5+a_6+\frac{\sqrt{3}}{2}b_1+\frac{\sqrt{3}}{2}b_2+0\cdot b_3-\frac{\sqrt{3}}{2}b_4-\frac{\sqrt{3}}{2}b_5$$

$$y_3=a_0+0\cdot a_1-a_2+0\cdot a_3+a_4+0\cdot a_5-a_6+b_1+0\cdot b_2-b_3+0\cdot b_4+b_5$$

$$y_4=a_0-\frac{1}{2}a_1-\frac{1}{2}a_2+a_3-\frac{1}{2}a_4-\frac{1}{2}a_5+a_6+\frac{\sqrt{3}}{2}b_1-\frac{\sqrt{3}}{2}b_2+0\cdot b_3+\frac{\sqrt{3}}{2}b_4-\frac{\sqrt{3}}{2}b_5$$

$$y_5=a_0-\frac{\sqrt{3}}{2}a_1+\frac{1}{2}a_2+0\cdot a_3-\frac{1}{2}a_4+\frac{\sqrt{3}}{2}a_5-a_6+\frac{1}{2}b_1-\frac{\sqrt{3}}{2}b_2+b_3-\frac{\sqrt{3}}{2}b_4+\frac{1}{2}b_5$$

$$y_6=a_0-a_1+a_2-a_3+a_4-a_5+a_6+0\cdot b_1+0\cdot b_2+0\cdot b_3+0\cdot b_4+0\cdot b_5$$

$$y_7=a_0-\frac{\sqrt{3}}{2}a_1+\frac{1}{2}a_2+0\cdot a_3-\frac{1}{2}a_4+\frac{\sqrt{3}}{2}a_5-a_6-\frac{1}{2}b_1+\frac{\sqrt{3}}{2}b_2-b_3+\frac{\sqrt{3}}{2}b_4-\frac{1}{2}b_5$$

$$y_8=a_0-\frac{1}{2}a_1-\frac{1}{2}a_2+a_3-\frac{1}{2}a_4-\frac{1}{2}a_5+$$

$$a_6-\frac{\sqrt{3}}{2}b_1+\frac{\sqrt{3}}{2}b_2+0\cdot b_3-$$

$$\frac{\sqrt{3}}{2}b_4+\frac{\sqrt{3}}{2}b_3$$

$$y_9=a_0+0\cdot a_1-a_2+0\cdot a_3+a_4+0\cdot a_5-a_6-$$

$$b_1+0\cdot b_2+b_3+0\cdot b_4-b_5$$

$$y_{10}=a_0+\frac{1}{2}a_1-\frac{1}{2}a_2-a_3-\frac{1}{2}a_4+\frac{1}{2}a_5+$$

$$a_6-\frac{\sqrt{3}}{2}b_1-\frac{\sqrt{3}}{2}b_2+0\cdot b_3+$$

$$\frac{\sqrt{3}}{2}b_4+\frac{\sqrt{3}}{2}b_5$$

$$y_{11}=a_0+\frac{\sqrt{3}}{2}a_1+\frac{1}{2}a_2+0\cdot a_3-\frac{1}{2}a_4-$$

$$\frac{\sqrt{3}}{2}a_5-a_6-\frac{1}{2}b_1-\frac{\sqrt{3}}{2}b_2-$$

$$b_3-\frac{\sqrt{3}}{2}b_4-\frac{1}{2}b_5$$

要解这些方程以求各个 a 与 b 的值，可写出各正态方程. 譬如求 a_0 时，可用每个方程中 a_0 的系数乘那个方程，再把结果加起来. 我们由此得到

$$12a_0=y_0+y_1+y_2+y_3+y_4+y_5+y_6+$$

$$y_7+y_8+y_9+y_{10}+y_{11}$$

这就是用 $y_0,y_1,\cdots,y_{11}$ 各已知量给出了 a_0.

要想求出 a_1，可用每个方程中 a_1 的系数乘那个方

程而把各结果加起来，这就得到①

$$6a_1 = y_0 + \frac{\sqrt{3}}{2}y_1 + \frac{1}{2}y_2 - \frac{1}{2}y_4 - \frac{\sqrt{3}}{2}y_5 - y_6 - \frac{\sqrt{3}}{2}y_7 - \frac{1}{2}y_8 + \frac{1}{2}y_{10} + \frac{\sqrt{3}}{2}y_{11}$$

照这方式继续进行，得到求其余各个 a 与 b 的方程如下

① 在各正态方程中，除一个 a 或 b 外，其余所有的 a 或 b 都消失，理由如下：

因求正态方程时的乘数是正弦和余弦，故在结果的各正态方程中，a 与 b 的系数皆为下列形式之一：

$$\sum_r \sin px_r, \sum_r \cos qx_r, \sum_r \sin px_r \sin qx_r,$$

$$\sum_r \sin px_r \cos qx_r, \sum_r \cos px_r \cos qx_r,$$

$$\sum_r \sin^2 px_r, \sum_r \cos^2 qx_r$$

在此，r 取 $0,1,2,\cdots,m-1$ 各值，而 m 是等距纵坐标的个数，但

$$\sum_r \sin px_r = 0, \sum_r \cos qx_r = 0$$

$$\sum_r \sin px_r \cos qx_r = 0$$

$$\left.\begin{aligned}\sum_r \sin px_r \sin qx_r = 0\\ \sum_r \cos px_r \cos qx_r = 0\end{aligned}\right\}, p \neq q$$

$$\sum_r \sin^2 px_r = \frac{m}{2}, \sum_r \cos^2 qx_r = \frac{m}{2}$$

但在每个正态方程中，只有一个 a 或 b 系数具有 $\sum_r \sin^2 px_r$ 或 $\sum_r \cos^2 qx_r$ 的形式，故显见一切系数除了一个以外都必消失.

上面给出的各关系，有一简单而巧妙的证法，见：Runge and König 的《数值计算》(*Numerisches Rechnen*)，212 页.

$$6a_2=y_0+\frac{1}{2}y_1-\frac{1}{2}y_2-y_3-\frac{1}{2}y_4+\frac{1}{2}y_5+y_6+\frac{1}{2}y_7-\frac{1}{2}y_8-y_9-\frac{1}{2}y_{10}+\frac{1}{2}y_{11}$$

$$6a_3=y_0-y_2+y_4-y_6+y_8-y_{10}$$

$$6a_4=y_0-\frac{1}{2}y_1-\frac{1}{2}y_2+y_3-\frac{1}{2}y_4-\frac{1}{2}y_5+y_6-\frac{1}{2}y_7-\frac{1}{2}y_8+y_9-\frac{1}{2}y_{10}-\frac{1}{2}y_{11}$$

$$6a_5=y_0-\frac{\sqrt{3}}{2}y_1+\frac{1}{2}y_2-\frac{1}{2}y_4+\frac{\sqrt{3}}{2}y_5-y_6+\frac{\sqrt{3}}{2}y_7-\frac{1}{2}y_8+\frac{1}{2}y_{10}-\frac{\sqrt{3}}{2}y_{11}$$

$$12a_6=y_0-y_1+y_2-y_3+y_4-y_5+y_6-y_7-y_8-y_9+y_{10}-y_{11}$$

$$6b_1=\frac{1}{2}y_1+\frac{\sqrt{3}}{2}y_2+y_3+\frac{\sqrt{3}}{2}y_4+\frac{1}{2}y_5-\frac{1}{2}y_7-\frac{\sqrt{3}}{2}y_8-y_9-\frac{\sqrt{3}}{2}y_{10}-\frac{1}{2}y_{11}$$

$$6b_2=\frac{\sqrt{3}}{2}(y_1+y_2-y_4-y_5+y_7+y_8-y_{10}-y_{11})$$

$$6b_3=y_1-y_3+y_5-y_7+y_9-y_{11}$$

$$6b_4=\frac{\sqrt{3}}{2}(y_1-y_2+y_4-y_5+y_7-y_8+y_{10}-y_{11})$$

$$6b_5=\frac{1}{2}y_1-\frac{\sqrt{3}}{2}y_2+y_3-\frac{\sqrt{3}}{2}y_4+\frac{1}{2}y_5-$$
$$\frac{1}{2}y_7+\frac{\sqrt{3}}{2}y_8-y_9+\frac{\sqrt{3}}{2}y_{10}-\frac{1}{2}y_{11}$$

注[①] 《数值计算》这本书中所述的证法如下：在取$m=4n$ 个纵坐标时，须求下面两项的和与乘积的和

$$\cos qx_r, q=1,2,\cdots,2n$$
$$\sin px_r, p=1,2,\cdots,2n-1$$

在此

$$x_r=\frac{2\pi r}{m}, r=0,1,2,\cdots,m-1$$

显见当 $p=0$ 时，$\sum_r \cos px_r=\sum_r 1=m$，$\sum_r \sin px_r=\sum_r 0$.

当p是正整数时，令$\rho=e^{\frac{2\pi ip}{n}}$，则由 Euler 公式 $e^{iu}=\cos u+i\sin u$ 得

$$\rho^n=e^{2\pi ip}=(\cos 2\pi+i\sin 2\pi)^p=1^p=1$$

故

$$\sum_r \cos px_r+i\sum_r \sin px_r=$$
$$\sum_r (\cos px_r+i\sin px_r)=$$
$$\sum_r e^{ipx_r}$$

这里r的值是从 0,1,2 到 $m-1$，因此上式等于

$$1+\rho+\rho^2+\cdots+\rho^{m-1}=\frac{1-\rho^m}{1-\rho}=\frac{1-1}{1-\rho}=0$$

---

① 此注是译者加的，为了与本书记号一致起见，故把记号做了适当的变更 —— 注.

故得

$$\sum_r \cos px_r = 0$$

$$\sum_r \sin px_r = 0$$

$$\sum_r \left.\begin{matrix}\sin px_r \sin qx_r \\ \cos px_r \cos qx_r\end{matrix}\right\} =$$

$$\sum_r \frac{1}{2}[\cos (p-q)x_r \mp \cos (p+q)x_r] =$$

$$\frac{1}{2}[\sum_r \cos (p-q)x_r \mp \sum_r \cos (p+q)x_r] =$$

$$0, p \neq q$$

$$\sum_r \left.\begin{matrix}\sin^2 px_r \\ \cos^2 px_r\end{matrix}\right\} =$$

$$\sum_r \frac{1}{2}[\cos (p-p)x_r \mp \cos (p+p)x_r] =$$

$$\frac{1}{2}[\sum_r \cos 0 \cdot x_r \mp \sum_r \cos 2px_r] =$$

$$\frac{1}{2}[m \mp 0] = \frac{1}{2}m$$

我们可以直接从这些方程求出各个a和b的值，但因右边的项数太多，因而是一个麻烦的过程．故我们将各项合组，且以新变数代替各组以减少右边的项数①．第一次合组给出

$$12a_0 = (y_0 + y_6) + (y_1 + y_{11}) + (y_2 + y_{10}) + (y_3 + y_9) + (y_4 + y_8) + (y_5 + y_7)$$

$$6a_1 = (y_0 - y_6) + \frac{\sqrt{3}}{2}(y_1 + y_{11}) +$$

① 还有一种方法非常简便，特附本章之末．—— 译注

$$\frac{1}{2}(y_2+y_{10})-\frac{1}{2}(y_4+y_8)-$$

$$\frac{\sqrt{3}}{2}(y_5+y_7)$$

$$6a_2=(y_0+y_6)+\frac{1}{2}(y_1+y_{11})-$$

$$\frac{1}{2}(y_2+y_{10})-(y_3+y_9)-$$

$$\frac{1}{2}(y_4+y_8)+\frac{1}{2}(y_5+y_7)$$

$$6a_3=(y_0-y_6)-(y_2+y_{10})+(y_4+y_8)$$

$$6a_4=(y_0+y_6)-\frac{1}{2}(y_1+y_{11})-$$

$$\frac{1}{2}(y_2+y_{10})+(y_3+y_9)-$$

$$\frac{1}{2}(y_4+y_8)-\frac{1}{2}(y_5+y_7)$$

$$6a_5=(y_0-y_6)-\frac{\sqrt{3}}{2}(y_1-y_{11})+$$

$$\frac{1}{2}(y_2+y_{10})-\frac{1}{2}(y_4+y_8)+$$

$$\frac{\sqrt{3}}{2}(y_5+y_7)$$

$$12a_6=(y_0+y_6)-(y_1+y_{11})+(y_2+y_{10})-$$

$$(y_3+y_9)+(y_4+y_8)-(y_5+y_7)$$

$$6b_1=\frac{1}{2}(y_1-y_{11})+\frac{\sqrt{3}}{2}(y_2-y_{10})+$$

$$(y_3-y_9)+\frac{\sqrt{3}}{2}(y_4-y_8)+$$

$$\frac{1}{2}(y_5-y_7)$$

$$6b_2=\frac{\sqrt{3}}{2}[(y_1-y_{11})+(y_2-y_{10})-(y_4-y_8)-(y_5-y_7)]$$

$$6b_3=(y_1-y_{11})-(y_3-y_9)+(y_5-y_7)$$

$$6b_4=\frac{\sqrt{3}}{2}[(y_1-y_{11})-(y_2-y_{10})+(y_4-y_6)-(y_5-y_7)]$$

$$6b_5=\frac{1}{2}(y_1-y_{11})-\frac{\sqrt{3}}{2}(y_2-y_{10})+(y_3-y_9)-\frac{\sqrt{3}}{2}(y_4-y_8)+\frac{1}{2}(y_5-y_7)$$

现在令

$$y_0+y_6=u_0, y_0-y_6=v_0$$
$$y_1+y_{11}=u_1, y_1-y_{11}=v_1$$
$$y_2+y_{10}=u_2, y_2-y_{10}=v_2$$
$$y_3+y_9=u_3, y_3-y_9=v_3$$
$$y_4+y_3=u_4, y_4-y_8=v_4$$
$$y_5+y_7=u_5, y_5-y_7=v_5$$

由此，正态方程就化为

$$12a_0=u_0+u_1+u_2+u_3+u_4+u_5=(u_0+u_3)+(u_1+u_5)+(u_2+u_4)$$

$$6a_1=v_0+\frac{\sqrt{3}}{2}u_1+\frac{1}{2}u_2-\frac{1}{2}u_4-\frac{\sqrt{3}}{2}u_5=v_0+\frac{\sqrt{3}}{2}(u_1-u_5)+\frac{1}{2}(u_2-u_4)$$

$$6a_2=u_0+\frac{1}{2}u_1-\frac{1}{2}u_2-u_3-\frac{1}{2}u_4+\frac{1}{2}u_5=$$

$$(u_0 - u_3) + \frac{1}{2}(u_1 + u_5) - \frac{1}{2}(u_2 + u_4)$$

$$6a_3 = v_0 - u_2 + u_4 = v_0 - (u_2 - u_4)$$

$$6a_4 = u_0 - \frac{1}{2}u_1 - \frac{1}{2}u_2 + u_3 - \frac{1}{2}u_4 - \frac{1}{2}u_5 =$$

$$(u_0 + u_3) - \frac{1}{2}(u_1 + u_5) - \frac{1}{2}(u_2 + u_4)$$

$$6a_5 = v_0 - \frac{\sqrt{3}}{2}u_1 + \frac{1}{2}u_2 - \frac{1}{2}u_4 + \frac{\sqrt{3}}{2}u_5 =$$

$$v_0 - \frac{\sqrt{3}}{2}(u_1 - u_5) + \frac{1}{2}(u_2 - u_4)$$

$$12a_6 = u_0 - u_1 + u_2 - u_3 + u_4 - u_5 =$$

$$(u_0 - u_3) - (u_1 + u_5) + (u_2 + u_4)$$

$$6b_1 = \frac{1}{2}v_1 + \frac{\sqrt{3}}{2}v_2 + v_3 + \frac{\sqrt{3}}{2}v_4 + \frac{1}{2}v_5 =$$

$$\frac{1}{2}(v_1 + v_5) + \frac{\sqrt{3}}{2}(v_2 + v_4) + v_3$$

$$6b_2 = \frac{\sqrt{3}}{2}(v_1 + v_2 - v_4 - v_5) =$$

$$\frac{\sqrt{3}}{2}[(v_1 - v_5) + (v_2 - v_4)]$$

$$6b_3 = v_1 - v_3 + v_5 = (v_1 + v_5) - v_3$$

$$6b_4 = \frac{\sqrt{3}}{2}(v_1 - v_2 + v_4 - v_5) =$$

$$\frac{\sqrt{3}}{2}[(v_1 - v_5) - (v_2 - v_4)]$$

$$6b_5 = \frac{1}{2}v_1 - \frac{\sqrt{3}}{2}v_2 + v_3 - \frac{\sqrt{3}}{2}v_4 + \frac{1}{2}v_5 =$$

$$\frac{1}{2}(v_1 + v_5) - \frac{\sqrt{3}}{2}(v_2 + v_4) + v_3$$

如再作置换

$$u_0+u_3=r_0,u_0-u_3=s_0$$

$$v_1+v_5=p_1,v_1-v_5=q_1$$

$$u_1+u_5=r_1,u_1-u_5=s_1$$

$$v_2+v_4=p_2,v_2-v_4=q_2$$

$$u_2+u_4=r_2,u_2-u_4=s_2$$

正态方程便取更简的形式

$$12a_0=r_0+r_1+r_2=r_0+(r_1+r_2)$$

$$6a_1=v_0+\frac{\sqrt{3}}{2}s_1+\frac{1}{2}s_2$$

$$6a_2=s_0+\frac{1}{2}r_1-\frac{1}{2}r_2=$$

$$s_0+\frac{1}{2}(r_1-r_2)$$

$$6a_3=v_0-s_2$$

$$6a_4=r_0-\frac{1}{2}r_1-\frac{1}{2}r_2=$$

$$r_0-\frac{1}{2}(r_1+r_2)$$

$$6a_5=v_0-\frac{\sqrt{3}}{2}s_1+\frac{1}{2}s_2$$

$$12a_6=s_0-r_1+r_2=s_0-(r_1-r_2)$$

$$6b_1=\frac{1}{2}p_1+\frac{\sqrt{3}}{2}p_2+v_3=$$

$$v_3+\frac{1}{2}p_1+\frac{\sqrt{3}}{2}p_2$$

$$6b_2=\frac{\sqrt{3}}{2}(q_1+q_2)$$

$$6b_3=p_1-v_3$$

$$6b_4 = \frac{\sqrt{3}}{2}(q_1 - q_2)$$

$$6b_5 = \frac{1}{2}p_1 - \frac{\sqrt{3}}{2}p_2 + v_3 = v_3 + \frac{1}{2}p_1 - \frac{\sqrt{3}}{2}p_2$$

最后写出

$$r_1 + r_2 = l, q_1 + q_2 = g, r_1 - r_2 = m, q_1 - q_2 = h$$

由此,求三角级数中各系数的方程便是

$$\left.\begin{aligned}
a_0 &= \frac{1}{12}(r_0 + l) \\
a_1 &= \frac{1}{6}\left(v_0 + \frac{\sqrt{3}}{2}s_1 + \frac{1}{2}s_2\right) \\
a_2 &= \frac{1}{6}\left(s_0 + \frac{1}{2}m\right) \\
a_3 &= \frac{1}{6}(v_0 - s_2) \\
a_4 &= \frac{1}{6}\left(r_0 - \frac{1}{2}l\right) \\
a_5 &= \frac{1}{6}\left(v_0 - \frac{\sqrt{3}}{2}s_1 + \frac{1}{2}s_2\right) \\
a_6 &= \frac{1}{12}(s_0 - m) \\
b_1 &= \frac{1}{6}\left(v_3 + \frac{1}{2}p_1 + \frac{\sqrt{3}}{2}p_2\right) \\
b_2 &= \frac{\sqrt{3}}{12}g \\
b_3 &= \frac{1}{6}(p_1 - v_3) \\
b_4 &= \frac{\sqrt{3}}{12}h \\
b_5 &= \frac{1}{6}\left(v_3 + \frac{1}{2}p_1 - \frac{\sqrt{3}}{2}p_2\right)
\end{aligned}\right\} \tag{3}$$

上面几个置换用下文给出的加减表格[1]，从各个给定的 y 值做起，便能很简单地完成.

$$
\begin{array}{c|cccccc}
 & y_0 & y_1 & y_2 & y_3 & y_4 & y_5 \\
 & y_6 & y_{11} & y_{10} & y_9 & y_8 & y_7 \\
\hline
\text{和} & u_0 & u_1 & u_2 & u_3 & u_4 & u_5 \\
\text{差} & \boldsymbol{v}_0 & v_1 & v_2 & \boldsymbol{v}_3 & v_4 & v_5
\end{array}
$$

[2]

$$
\begin{array}{cccccccccc}
 & u_0 & u_1 & u_2 & & v_1 & v_2 & & r_1 & q_1 \\
 & u_3 & u_5 & u_4 & & v_5 & v_4 & & r_2 & q_2 \\
\hline
\text{和} & \boldsymbol{r}_0 & r_1 & r_2 & & p_1 & p_2 & & l & h \\
\text{差} & s_0 & s_1 & s_2 & & q_1 & q_2 & & m & g
\end{array}
$$

[3]

量 v_0，v_3 和 r_0 用黑体字印出，因为在系数的最后公式里出现时它们和其他各量是原不在一处的[4].

验算公式. 因为加减中发生误差的机会不可忽视，故对于算出的各个 a 与 b 值，应有一种可靠的验算，这是重要的. 作为对各个 a 的一个验算，可用第一个条件方程

$$y_0 = a_0 + a_1 + a_2 + a_3 + a_4 + a_5 + a_6$$

要找对各个 b 的一个验算，可以从第二个条件方程减去第十二个，给出

$$y_1 - y_{11} = b_1 + \sqrt{3}\, b_2 + 2b_3 + \sqrt{3}\, b_4 + b_5$$

或者，由于

$$v_1 = y_1 - y_{11}$$

---

① 这个计算 a 与 b 的表格约在 1903 年由伦及提出，见《数学物理杂志》(*Zeitschrift fur Math. und Physik*) XLVIII(1903)，443 页和 LII(1905)，117 页.

② 注意这一排的下标的顺序，除 6 以外，是从右至左的. —— 注

③ 注意这一排的下标的顺序，除 3 以外，是从右至左的. —— 注

④ 指它们不与其他各量同排，例如在 a_1 中 v_0 不与 s_1，s_2 同排，还有一特点，即在求和差时，不再出现. —— 注

$$v_1 = b_1 + b_5 + 2b_3 + \sqrt{3}(b_2 + b_4)$$

故验算公式是

$$\left.\begin{aligned} &\sum a = y_0 \\ &(b_1 + b_5) + 2b_3 + \sqrt{3}(b_2 + b_4) = v_1 \end{aligned}\right\} \tag{4}$$

论任意阶微分系数

第3章

插值公式中所含误差的检查，就一般情况而论，是以关于某阶微分系数的知识为基础的. 直接计算微分系数一般是可能的，不过即使是初等函数，有时也会碰到使人厌烦的计算，虽然这些问题的研究并不属于插值理论，而是一个数学分析的论题，但是我们觉得，把某些已知的任意阶微分系数的表达式汇集在这里，并使我们对于用以计算或估计这些微分系数的方法引起注意，是有实用意义的.

我们假定，读者对于初等函数

$$x^a, \log x, a^x, \sin x, \cos x$$

中任一个函数求微分 n 次的结果是很熟悉的；我们还假定已有两个函数 u 和 v 的乘积求 n 阶微分系数的 Leibniz 公式

$$D^n uv = \sum_{v=0}^{n} \binom{n}{v} D^v u \cdot D^{n-v} v \text{①} \tag{1}$$

顺便提醒读者,任何一个 n 阶微分系数的公式都可以使用变量的线性变换来推广,如

$$D^n f(a+bx) = b^n f^{(n)}(a+bx) \text{②} \tag{2}$$

大家都知道,凡是 x 的有理函数都可以写成多项式与有限个形如 $\frac{a}{(x-b)^m}$ 的各项之和,式中 m 为正整数;a 和 b 为任何常数,或是实数,或是复数.所以,我们可以求得 n 阶微分系数的表达式.这个结果最后可以化成实数形式;对我们的目的来说,导入极坐标是最有利的.

为了有效地应用这个方法,分母的多项式分解成因子是必要的,而且也是很容易做到的.当所有根均不相等时,结果特别简单.设

$$P(x) = (x-a_1)(x-a_2)\cdots(x-a_p) \tag{3}$$

并令 $F(x)$ 表示一个次数低于 $P(x)$ 的多项式.于是我们可得

$$\frac{F(x)}{P(x)} = \sum_{v=1}^{p} \frac{F(a_v)}{P'(a_v)} \frac{1}{x-a_v} \tag{4}$$

因为我们如果在两端乘以 $P(x)$,右端显然表示一个多项式,它至多是 $p-1$ 次的,并且在 $x=a_v (v=1,2,\cdots,p)$ 时,它的值是 $F(a_v) (v=1,2,\cdots,p)$.所以,这个多项式必定与 $F(x)$ 恒等,因为后者的次数不超过

---

① $\binom{n}{v} = D_n C_v = \frac{n!}{(n-v)!\ v!}$.——译注

② 这里 $D^n f(a+bx)$ 表示此函数对 x 的 n 阶导数,$f^{(n)}(a+bx)$ 表示此函数对中间变量 $a+bx$ 的 n 阶导数.——译注

$p-1$.

$P'(a_v)$ 或由微分 $P(x)$ 求得. 这样它便可用多项式的系数表达出来,或者用各根表出,如

$$\left.\begin{aligned}P'(a_v)=\lim_{x\to a_v}\frac{P(x)}{x-a_v}=\\(a_v-a_1)\cdots(a_v-a_{v-1})\cdot\\(a_v-a_{v+1})\cdots(a_v-a_p)\end{aligned}\right\}\tag{5}$$

现在我们从式(4) 就可以得到想求的公式为

$$D^n\frac{F(x)}{P(x)}=(-1)^n n!\sum_{v=1}^{p}\frac{F(a_v)}{P'(a_v)}\frac{1}{(x-a_v)^{n+1}}\tag{6}$$

现在来处理 $P(x)$ 为二次式,$F(x)$ 为一次式的情况,作为例题.

如果 $P(x)$ 有不等的两个实根 a 和 b,那么从式(6)可得

$$D^n=\frac{\alpha+\beta x}{(x-a)(x-b)}=$$

$$\frac{(-1)^n n!}{a-b}\left(\frac{\alpha+\beta a}{(x-a)^{n+1}}-\frac{\alpha+\beta b}{(x-b)^{n+1}}\right)\tag{7}$$

如果根是实数且相等,就有

$$\frac{\alpha+\beta x}{(x-a)^2}=\frac{\beta}{x-a}+\frac{\alpha+\beta a}{(x-a)^2}$$

因而

$$D^n\frac{\alpha+\beta x}{(x-a)^2}=$$

$$\frac{(-1)^n n!}{(x-a)^{n+2}[\beta(x-a)+(n+1)(\alpha+\beta a)]}\tag{8}$$

最后,如果根是复数 $a\pm \mathrm{i}b$—— 这是我们最感兴趣的情况,那么从式(6) 可得

$$D^n\frac{\alpha+\beta x}{(x-a)^2+b^2}=$$

$$\frac{(-1)^n n!}{2\mathrm{i}b}\left[\frac{\alpha+\beta(a+\mathrm{i}b)}{(x-a-\mathrm{i}b)^{n+1}}-\frac{\alpha+\beta(a-\mathrm{i}b)}{(x-a+\mathrm{i}b)^{n+1}}\right] \quad (9)$$

如果在上式中,命

$$\left.\begin{array}{l} x-a+\mathrm{i}b=\rho\mathrm{e}^{\mathrm{i}\theta} \\ x-a-\mathrm{i}b=\rho\mathrm{e}^{-\mathrm{i}\theta} \end{array}\right\} \Rightarrow \left.\begin{array}{l} \rho=\sqrt{(x-a)^2+b^2} \\ \theta=\arctan\dfrac{b}{x-a} \end{array}\right\} \quad (10)$$

即得实数形式如

$$D^n \frac{\alpha+\beta x}{(x-a)^2+b^2}=\frac{(-1)^n n!}{b\rho^{n+1}}[\beta b\cos(n+1)\theta+(\alpha+\beta a)\sin(n+1)\theta] \quad (11)$$

取一特例来看,令

$$\alpha=1,\beta=0,a=0,b=1$$

并回忆

$$\frac{1}{1+x^2}=D\arctan x$$

那么,当 $n>0$ 时,可得

$$D^n\arctan x=(-1)^{n-1}\frac{(n-1)!\ \sin(n\operatorname{arccot} x)}{(1+x^2)^{\frac{n}{2}}} \quad (12)$$

另一方面,如命

$$\alpha=0,\beta=1,a=0,b=1$$

并回忆

$$\frac{2x}{1+x^2}=D\log(1+x^2)$$

那么,当 $n>0$ 时可得

$$D^n\log(1+x^2)=(-1)^{n-1}\frac{2(n-1)!\ \cos(n\operatorname{arccot} x)}{(1+x^2)^{\frac{n}{2}}} \quad (13)$$

我们显然也可以把式(9)表达成代数的实数形式,但这对于我们的目的来说并没有什么好处.

我们来回忆这一事实,即在任一情况下,只要我们把 $f(x+h)$ 展成 h 的幂级数,则因 h^n 的系数是 $\frac{1}{n!}D^n f(x)$,故我们同时就也求得了 $D^n f(x)$ 的一个表达式,即使微分系数的存在,只达到用于余项的那一阶为止,这个关系还是成立的.虽然在事实上我们并不假定展开式可以无穷地继续下去,但是把和的上限写成 ∞ 还是方便的.

上述说法在某些情况下可以引出实际应用中很重要的 $D^n f(y_x)$ 的简单表达式,其中 y_x 为 x 的函数.这个方法如下:如 $f(y_{x+h})$ 可以展成 h 的幂级数,则 h^n 的系数为 $\frac{1}{n!}D^n f(y_x)$,这里的 D 指对 x 微分.现在我们命

$$f(y_{x+h})=f[y_x+(y_{x+h}-y_x)]=$$

$$\sum_{n=0}^{\infty}\frac{1}{n!}f^{(n)}(y_x)(y_{x+h}-y_x)^n=$$

$$\sum_{n=0}^{\infty}\frac{1}{n!}f^{(n)}(y_x)(A_0^{(n)}h^n+A_1^{(n)}h^{n+1}+A_2^{(n)}h^{n+2}+\cdots)$$

于是

$$\frac{1}{n!}D^n f(y_x)=\frac{A_0^{(n)}}{n!}f^{(n)}(y_x)+\frac{A_1^{(n-1)}}{(n-1)!}f^{(n-1)}(y_x)+\frac{A_2^{(n-2)}}{(n-2)!}f^{(n-2)}(y_x)+\cdots$$

所以,结果可写为

$$\left.\begin{aligned} D^n f(y_x) &= \sum_{v=0}^{n} A_v^{(n-v)} n^{(v)} f^{(n-v)}(y_x) \\ (y_{x+h} - y_x)^r &= h^r \sum_{v=0}^{\infty} A_v^{(r)} h^v \end{aligned}\right\} \tag{14}$$

例如，y_x 是下列实际应用中重要的四种形式

$$a + bx + cx^2, \frac{ax+b}{cx+d}, \mathrm{e}^{a+bx}, \log(a+bx) \tag{15}$$

之一时，上面就可导出所需结果. 现在我们把它们逐一处理如下：

如 $y_x = a + bx + cx^2$，那么

$$(y_{x+h} - y_x)^r = h^r(b + 2cx + ch)^r$$

将右边按二项式定理展开，可得

$$A_v^{(r)} = \binom{r}{v} c^v (b + 2cx)^{r-v}$$

故结果是

$$\left.\begin{aligned} D^n f(y_x) &= \sum_{v=0}^{\frac{n}{2}} \frac{n^{(2v)}}{v!} c^v (b+2cx)^{n-2v} f^{(n-v)}(y_x) \\ y_x &= a + bx + cx^2 \end{aligned}\right\} \tag{16}$$

特别在 $a = b = 0, c = 1$ 时，我们可得

$$D^n f(x^2) = \sum_{v=0}^{\frac{n}{2}} \frac{n^{(2v)}}{v!} (2x)^{n-2v} f^{(n-v)}(x^2) \tag{17}$$

作为这个公式的一个特例是

$$\left.\begin{aligned} D^n \mathrm{e}^{\frac{x^2}{2}} &= \mathrm{e}^{\frac{x^2}{2}} H_n(x) \\ H_n(x) &= \sum_{v=0}^{\frac{n}{2}} (-1)^{n-v} \frac{n^{(2v)}}{v!\ 2^v} x^{n-2v} \end{aligned}\right\} \tag{18}$$

多项式 $H_n(x)$ 虽然由 Chebyshev 第一个发现，但

是通常叫作 Hermite 多项式[①].

另一应用是

$$D^n \frac{1}{\sqrt{1-x^2}} = \frac{1}{\sqrt{1-x^2}} \sum_{v=0}^{\frac{n}{2}} \frac{n^{(2v)} \cdot 1 \cdot 3 \cdot \cdots \cdot (2n-2v-1)}{v!\ 2^v} \frac{x^{n-2v}}{(1-x^2)^{n-v}} \tag{19}$$

因

$$\frac{1}{\sqrt{1-x^2}} = D\arcsin x$$

故由式(19)可得下列在 $n > 0$ 时成立的公式

$$D^n \arcsin x = \frac{1}{\sqrt{1-x^2}} \sum_{v=0}^{\frac{n-1}{2}} \frac{(n-1)^{(2v)} \cdot 1 \cdot 3 \cdot \cdots \cdot (2n-2v-3)}{v!\ 2^v} \cdot \frac{x^{n-2v-1}}{(1-x^2)^{n-v-1}} \tag{20}$$

其次,若命

$$y_x = \frac{ax+b}{cx+d}$$

就有

$$(y_{x+h} - y_x)^r = h^r \left(1 + \frac{ch}{cx+d}\right)^{-r} \frac{(ad-cb)^r}{(cx+d)^{2r}}$$

故得

---

① $H_1(x) = -x, H_2(x) = x^2 - 1, H_3(x) = -x^3 + 3x, H_4(x) = x^2 - 6x^2 + 3, H_5(x) = -x^5 + 10x^3 - 15x, H_6(x) = x^6 - 15x^4 + 45x^2 - 15, \cdots$. —— 译注

$$A_v^{(r)}=(-1)^v\binom{r+v-1}{v}\left(\frac{c}{cx+d}\right)^v\frac{(ad-cb)^r}{(cx+d)^{2r}}$$

因此我们可得下列形式的结果

$$\left.\begin{aligned}D^n f(y_x)=&\frac{(ad-cb)^n}{(cx+d)^{2n}}\sum_{v=0}^{n-1}(-1)^v\binom{n}{v}(n-1)^{(v)}\cdot\\&\left(c\frac{cx+d}{ad-cb}\right)^v f^{(n-v)}(y_x)\\y_x=&\frac{ax+b}{cx+d}\end{aligned}\right\}\tag{21}$$

特别是当 $b=c=1,a=d=0$ 时，可得

$$D^n f\left(\frac{1}{x}\right)=\frac{(-1)^n}{x^{2n}}\sum_{v=0}^{n-1}\binom{n}{v}(n-1)^{(v)}x^v f^{(n-v)}\left(\frac{1}{x}\right)\tag{22}$$

由此

$$D^n e^{\frac{1}{x}}=\frac{(-1)^n}{x^{2n}}e^{\frac{1}{x}}\sum_{v=0}^{n-1}\binom{n}{v}(n-1)^{(v)}x^v\tag{23}$$

如 $y_x=e^{a+bx}$，就有

$$(y_{x+h}-y_x)^r=e^{r(a+bx)}(e^{bh}-1)^r=$$
$$e^{r(c+bx)}\sum_{s=r}^{\infty}\frac{\Delta^r O^s}{s!}{}^{①}b^s h^s$$

在上式中我们首先将 $(e^{bh}-1)^r$ 展开成为 e^{bh} 的幂级数，然后展成 h 的幂级数. 所以

$$A_v^{(r)}=e^{r(a+bx)}\frac{\Delta^r O^{r+v}}{(r+v)!}b^{r+v}$$

最后，对于 $n>0$

① $\Delta^r O^s=\sum_{v=0}^{r}(-1)^v\binom{r}{v}(r-v)$. —— 注

$$\left.\begin{aligned} &D^n f(y_x)=b^n\sum_{v=1}^{n}\frac{\Delta^v O^n}{v!}\mathrm{e}^{v(a+bx)}f^{(v)}(y_x)\\ &y_x=\mathrm{e}^{a+bx}\end{aligned}\right\}\tag{24}$$

例如,我们可由此求得

$$D^n f(\mathrm{e}^x)=\sum_{v=1}^{n}\frac{\Delta^v O^n}{v!}\mathrm{e}^{vx}f^{(v)}(\mathrm{e}^x)\tag{25}$$

特别是

$$D^n\frac{1}{\mathrm{e}^x-1}=\frac{1}{\mathrm{e}^x-1}\sum_{v=1}^{n}(-1)^v\frac{\Delta^v O^n}{(1-\mathrm{e}^{-x})^v}\tag{26}$$

$$D^n\mathrm{e}^{\mathrm{e}^x}=\mathrm{e}^{\mathrm{e}^x}\sum_{v=1}^{n}\frac{\Delta^v O^n}{v!}\mathrm{e}^{vx}\tag{27}$$

$$D^n\log(\mathrm{e}^x-1)=\sum_{v=1}^{n}\frac{(-1)^{v+1}}{v}\frac{\Delta^v O^n}{(1-\mathrm{e}^{-x})^v}\tag{28}$$

$\sin x$ 和 $\cos x$ 的函数,可以用式(24)处理.譬如,写出

$$\cot x=\mathrm{i}\frac{\mathrm{e}^{x\mathrm{i}}+\mathrm{e}^{-x\mathrm{i}}}{\mathrm{e}^{x\mathrm{i}}-\mathrm{e}^{-x\mathrm{i}}}=\mathrm{i}+\frac{2\mathrm{i}}{\mathrm{e}^{2x\mathrm{i}}-1}$$

用式(24),在 $n>0$ 时便得

$$\begin{aligned} D^n\cot x&=D^n\frac{2\mathrm{i}}{\mathrm{e}^{2x\mathrm{i}}-1}=\\ &\frac{(2\mathrm{i})^{n+1}}{\mathrm{e}^{2x\mathrm{i}}-1}\sum_{v=1}^{n}(-1)^v\frac{\Delta^v O^n}{(1-\mathrm{e}^{-2x\mathrm{i}})^v}=\\ &\sum_{v=1}^{n}(-1)^v\frac{\Delta^v O^n}{\sin^{v+1}x}(2\mathrm{i})^{n-v}\mathrm{e}^{(v-1)x\mathrm{i}}\end{aligned}$$

如在式中命 $\mathrm{i}=\mathrm{e}^{\frac{\pi\mathrm{i}}{2}}$,便得

$$D^n\cot x=\sum_{v=1}^{n}(-1)^v\frac{2^{n-v}\Delta^v O^n}{\sin^{v+1}x}\mathrm{e}^{[(v-1)x+(n-v)\frac{\pi}{2}]\mathrm{i}}$$

但因 x 取实数值时,$D^n\cot x$ 恒为实数,故虚数部分必须恒等于零,所以最后得到

$$D^n \cot x = \sum_{v=1}^{n} (-1)^v 2^{n-v} \Delta^v O^n \frac{\cos\left[(v-1)x+(n-v)\frac{\pi}{2}\right]}{\sin^{v+1} x} \tag{29}$$

因为

$$\cot\left(x+\frac{\pi}{2}\right) = -\tan x$$

故由式(29)便有

$$D^n \tan x = \sum_{v=1}^{n} (-1)^{v+1} 2^{n-v} \Delta^v O^n \frac{\sin\left[(v-1)x+\frac{n\pi}{2}\right]}{\cos^{v+1} x} \tag{30}$$

应该进一步地注意：由于

$$\cot x = D\log \sin x$$

$$\tan x = -D\log \cos x$$

所以我们由式(29)和式(30)得下列在 $n>1$ 时有效的公式

$$D^n \log \sin x = \sum_{v=1}^{n-1} (-1)^v 2^{n-v-1} \Delta^v O^{n-1} \frac{\sin\left[(v-1)x+(n-v)\frac{\pi}{2}\right]}{\sin^{v+1} x} \tag{31}$$

$$D^n \log \cos x = \sum_{v=1}^{n-1} (-1)^{v+1} 2^{n-v-1} \Delta^v O^{n-1} \frac{\cos\left[(v-1)x+\frac{n\pi}{2}\right]}{\cos^{v+1} x} \tag{32}$$

把这两个公式相减，便可由此导出 $D^n \log \tan x$ 和 $D^n \log \cot x$ 的一般表达式；再由后面两个公式并注意

$$\operatorname{cosec} x = D\log \tan \frac{x}{2}$$

$$\sec x = D\log \cot\left(\frac{x}{2} - \frac{\pi}{4}\right)$$

还可导出 $D^n\operatorname{cosec} x$ 和 $D^n\sec x$ 的一般表达式.

最后,如果取 $y_x = \log(a+bx)$,便有

$$(y_{x+h} - y_x)^r = \log^r\left(1 + \frac{bh}{a+bx}\right) =$$

$$D_{t=0}^r\left(1 + \frac{bh}{a+bx}\right)^t =$$

$$D_{t=0}^r\sum_{s=0}^{\infty}\frac{t^{(s)}}{s!}\left(\frac{b}{a+bx}\right)^s h^s =$$

$$\sum_{s=r}^{\infty}\frac{D^rO^{(s)}}{s!}\left(\frac{b}{a+bx}\right)^s h^s$$

因此

$$A_v^{(r)} = \frac{D^rO^{(r+v)}}{(r+v)!}\left(\frac{b}{a+bx}\right)^{r+v}$$

所以,对 $n>0$ 便有

$$\left.\begin{aligned} &D^n f(y_x) = \left(\frac{b}{a+bx}\right)^n\sum_{v=1}^{n}(-1)^{n+v}\frac{D^vO^{(-n)}}{v!}f^{(v)}(y_x) \\ &y_x = \log(a+bx) \end{aligned}\right\} \tag{33}$$

由特例有

$$D^n f(\log x) = \frac{1}{x^n}\sum_{v=1}^{n}\frac{(-1)^{n+v}}{v!}D^vO^{(-n)}f^{(v)}(\log x) \tag{34}$$

譬如,由此可得

$$D^n\frac{1}{\log x} = \frac{(-1)^n}{x^n}\sum_{v=1}^{n}\frac{D^vO^{(-n)}}{\log^{v+1}x} \tag{35}$$

因为对数－积分函数的定义是[①]

$$\mathrm{Li}(x)=\lim_{h\to 0}\left(\int_0^{1-h}\frac{\mathrm{d}t}{\log t}+\int_{1+h}^{x}\frac{\mathrm{d}t}{\log t}\right)$$

我们有

$$D\mathrm{Li}(x)=\frac{1}{\log x}$$

因此，由式(35)在 $n>1$ 时可得

$$D^n\mathrm{Li}(x)=\frac{(-1)^{n-1}}{x^{n-1}}\sum_{v=1}^{n-1}\frac{D^vO^{(-n+1)}}{\log^{v+1}x} \qquad (36)$$

不去直接推导(16)，(21)，(24)和(33)各式，我们当然也能直接导出更特殊的(17)，(22)，(25)和(34)各式；根据这些式子，使用变数的线性变换就可以得到更为普遍的公式.

① 见 Landau 著《质数分布理论手册》(*Handbuch der Lehre von der Verteilung der Primzahlen*)，卷1，27页.

第三编

逼近论中的插值法

引论

第1章

1.1　函数的逼近表示概念

给定了一个函数 $f(x)$，它属于某一个(相当宽的) 函数类($\mathfrak{F}$)，而在另一方面则指定了某一个(相当窄的) 函数类($\mathfrak{P}$). 今需要选取函数类($\mathfrak{P}$) 中的函数 $P(x)$，使它在某种意义下(这种意义为何是必须加以指明的) 与所给函数 $f(x)$ 相差尽可能地小. 和每个数学课题一样，在解决时要回答以下的问题：(1) 在函数类($\mathfrak{P}$) 中，是否存在满足所提出的要求的函数 $P(x)$；(2) 如果这样的函数存在，那么是只有一个还是有几个？同时，有一个解而且只有一个解的问题，才认为它是确定的.

所考虑的问题视所涉及的函数（给定的以及所求的）是否要它们具有周期性而属于两种类型之一.

在第一型的问题中，函数类$(\mathfrak{F})$包含定义于基本区间(a,b)上的连续的实函数$f(x)$，其中a和$b(a<b)$是两个有限实数，函数类$(\mathfrak{P})$包含通常的实多项式，即形式为

$$P(x)=\sum_{m=0}^{n}c_m x^m \tag{1}$$

的变数x的有理整函数，其系数都是实数，并且在某些情况下次数n可以是预先指定的（n是非负的整数）；也可以再加上其他的限制.

在第二型的问题中，函数类$(\mathfrak{F})$包含定义于全实轴$-\infty<x<+\infty$上的连续的实函数$f(x)$，它们具有周期Ω，此后将总是把它当作2π

$$f(x+2\pi)=f(x)$$

而这并不丧失普遍性；函数类$(\mathfrak{P})$系由实三角多项式所组成，它们是形式为

$$T(x)=\sum_{m=0}^{n}(a_m\cos mx+b_m\sin mx) \tag{2}$$

的和，其中系数a_m与b_m都是实数，次数n可以是预先指定的或者有另外的限制.

所述类型的问题也可以搬到复数域中去，而且这时函数类$(\mathfrak{F})$包含全平面上或其某一部分内的（正则）解析函数；所求的有理多项式或三角多项式的系数也都假定是复数.

现在我们转到最重要的问题上来，这问题就是在

前面概括的叙述中所说的:"函数 $P(x)$[1] 在某种意义下与所给函数 $f(x)$ 相差很小"应当如何来理解的问题.

数学理论所取的发展道路视选择表示函数的基本原则而有所不同.在本章中我们打算收集一些著名的表示函数的理论.与此有关的有内插法、平方逼近、乘方平均逼近与一致(最佳)逼近.

作为内插法理论基础的原则,便是所求多项式 $P(x)$ 应当在一列指定的点处具有和所给函数 $f(x)$ 相同的值,即差

$$P(x)-f(x) \tag{3}$$

在所给的点处应当等于0.

作为乘方逼近理论基础的原则是在基本区间上的积分

$$\int |P(x)-f(x)|^{s}\mathrm{d}x, s>0 \tag{4}$$

应当具有和零相差很小的值.$s=2$ 这种情形特别重要.

作为一致逼近理论基础的原则是 $P(x)$ 与 $f(x)$ 的差的绝对值,其极大值

$$\max |P(x)-f(x)| \tag{5}$$

应当具有与零相差很小的值.

这些原则中的每一个都允许做不同的推广并能应用于前面所述每一类型的问题.

在什么条件下才能使表示函数的问题是确定的呢?

---

① 引用的记号是通常对于第一型问题所采用的,但是我们在这里是对前述两种类型的问题而言的.

在内插理论中通常要限制所求多项式的次数使得未定的系数与指定的内插点数相等.应当说明,这时所得方程组(系数就是其中的未知数)是否恰恰具有唯一的一组解.

在逼近理论中(乘方逼近或一致逼近),要按照限制所求多项式的次数,同时要求表达式(4)或者(5)具有可能最小的值.这样就发生了极性问题(以系数作为变数),并且还要来阐明它是有而且也只有一组解.

以后还可能有这样的问题.设

$$P_0(x), P_1(x), P_2(x), \cdots, P_n(x), \cdots$$

是一个多项式序列,其次数为 $n=0,1,2,\cdots$,它们给出了某一个函数的确定的内插(或逼近)问题的解.能不能断定这个多项式序列在某种意义下以原来的函数 $f(x)$ 为极限?对于特例,能否断定它的收敛性是一致的,即不论 ε 如何小,总存在这样一个足够大的 n_ε,使得对于所有 $n > n_\varepsilon$,并对于所考虑区间的所有 x 值不等式

$$|P_n(x) - f(x)| < \varepsilon \tag{6}$$

都成立?换句话说,函数 $f(x)$ 是否可以展成一致收敛的多项式级数

$$\begin{aligned} f(x) = P_0(x) + [P_1(x) - P_0(x)] + \\ [P_2(x) - P_1(x)] + \cdots + \\ [P_n(x) - P_{n-1}(x)] + \cdots \end{aligned} \tag{7}$$

如果我们想知道能不能用多项式表示所给的连续函数(根据所取的原则)到任意的精确度,就应当回答这些问题.在以后我们便要仔细来研究这些问题.

下面这些简单的例题都可以直接加以考虑;它们十分令人信服地和明晰地证明逼近函数的问题可以用

不同的方式来提出.

例 1 假设要在区间 $-1 \leqslant x \leqslant 1$ 上把指数函数 $f(x)=2^x$ 用一次多项式 $P(x)=Ax+B$ 近似地表示出来,使得在点 $x=\pm 1$ 处是正确的(图 1).

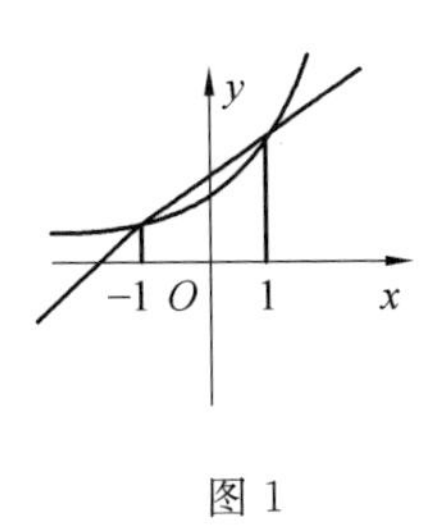

图 1

解 我们可得

$$A+B=2$$

$$-A+B=\frac{1}{2}$$

从而得 $A=\frac{3}{4}, B=\frac{5}{4}$,所以可以写成近似的等式

$$2^x \approx \frac{1}{4}(3x+5)$$

所得到的近似式是颇有缺点的,因为在考虑的区间上,曲线 $y=2^x$ 与直线相差甚大. 如果取二次多项式 $P(x)=Ax^2+Bx+C$ 来代替一次多项式(即用抛物线来代替直线),则可以得到比较满意的结果(图 2);这时我们再添上一点,使等式在该点是正确的,例如添上 $x=0$ 这一点,由方程式

$$A+B+C=2$$

$$A-B+C=\frac{1}{2}$$

$$C=1$$

便得 $A=\frac{1}{4}$, $B=\frac{3}{4}$, $C=1$,所以

$$2^x \approx \frac{1}{4}(x^2+3x+4)$$

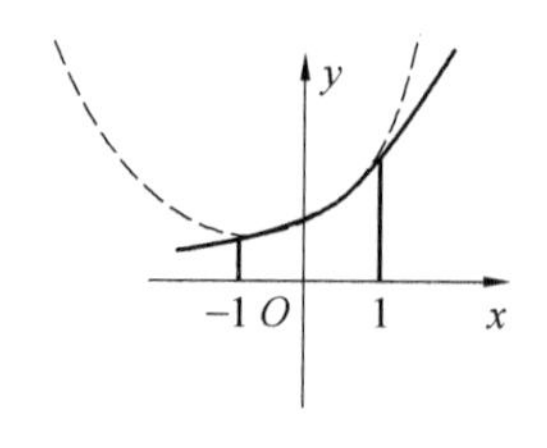

图 2

例 2 要想在区间 $-\frac{\pi}{2}\leqslant x\leqslant\frac{\pi}{2}$ 上用通常的多项式来逼近(偶)函数 $f(x)=\cos x$,此多项式自然只包含变数的偶次项.

解 设 $P(x)=Ax^2+B$,并要求在 $x=0$ 与 $x=\frac{\pi}{2}$ 时等式是正确的,我们便得

$$\cos x \approx 1-\frac{4}{\pi^2}x^2 \approx 1-0.405x^2$$

仿此,用四次多项式 $P(x)=Ax^4+Bx^2+C$ 并添上点 $x=\frac{\pi}{3}$,便得到近似等式

$$\cos x \approx \frac{1}{10}\left(36\frac{x^4}{\pi^4}-49\frac{x^2}{\pi^2}+10\right)$$

例 3 要用三角多项式 $T(x)=A\cos x+B$ 来逼近函数 $f(x)=2^{\cos x}$,我们要求在点 $x=0$ 及 $x=\pi$ 处等式是正确的.

解 这就得到

$$2^{\cos x} \approx \frac{1}{4}(3\cos x+5)$$

仿此,令 $T(x)=A\cos 2x+B\cos x+C$ 并添上点 $x=\frac{\pi}{2}$,我们就得到

$$2^{\cos x}\approx\frac{1}{8}(\cos 2x+6\cos x+9)$$

例 4 试选线性函数 $P(x)=Ax+B$,使积分

$$I=\int_0^1 |x^2-P(x)|\,\mathrm{d}x$$

(在图 3 中加斜线条的那一块面积)尽可能地小.

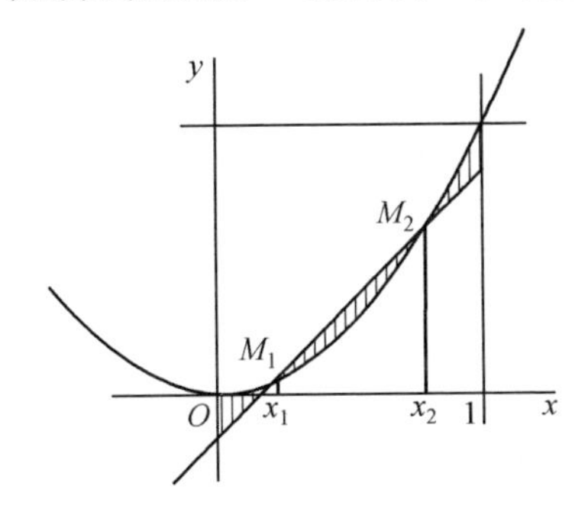

图 3

解 直线 $y=Ax+B$ 与抛物线 $y=x^2$ 交点的横坐标 x_1 与 x_2 应满足不等式 $0<x_1<x_2<1$,从而便得:$B<0,A+B<1,B>-\frac{A^2}{4}$;此外,显然应当有 $A>0,B>-1$. 这些不等式在变数 A 和 B 的平面上确定了位于封闭周界内部的有限域. 由计算得

$$I=\int_0^{x_1}(x^2-Ax-B)\mathrm{d}x=$$

$$\int_{x_1}^{x_2}(x^2-Ax-B)\mathrm{d}x+$$

$$\int_{x_2}^{1}(x^2-Ax-B)\mathrm{d}x=$$
$$\frac{1}{3}-\frac{1}{2}A-B+$$
$$\frac{1}{3}(A^2+4B)^{\frac{3}{2}}$$

从而

$$\frac{\partial I}{\partial A}=-\frac{1}{2}+A\sqrt{A^2+4B}$$
$$\frac{\partial I}{\partial B}=-1+2\sqrt{A^2+4B}$$

令导数$\frac{\partial I}{\partial A}$与$\frac{\partial I}{\partial B}$等于零，我们便求得 A 与 B 的值：$A=1$，$B=-\frac{3}{16}$. 只有对这些值，I 才可能为极小.

从而便得

$$P(x)=x-\frac{3}{16}$$

例 5 试选线性函数 $P(x)=Ax+B$，使积分

$$I=\int_0^1[x^2-P(x)]^2\mathrm{d}x$$

成为极小.

解 在这一次

$$I=\int_0^1(x^2-Ax-B)^2\mathrm{d}x=$$
$$\frac{1}{3}A^2+AB+B^2-$$
$$\frac{1}{2}A-\frac{2}{3}B+\frac{1}{5}$$

令导数

$$\frac{\partial I}{\partial A}=\frac{2}{3}A+B-\frac{1}{2}$$

$$\frac{\partial I}{\partial B}=A+2B-\frac{2}{3}$$

等于零，便得 $A=1,B=-\frac{1}{6}$，从而

$$P(x)=x-\frac{1}{6}$$

例 6　试选线性函数 $P(x)=Ax+B$，使表达式

$$E=\max_{0\leqslant x\leqslant 1}|x^2-P(x)|$$

（抛物线与直线纵坐标的差的最大绝对值）尽可能地小.

解　因为 $|x^2-P(x)|$ 在区间的端点具有值 $-B$ 和 $1-A-B$，而在区间内部具有极大值 $\frac{A^2}{4}+B$，故，E 等于三个数

$$-B,1-A-B\text{ 和 }\frac{A^2}{4}+B$$

中的最大者. 不难证实，只有在这三个数相等的时候

$$-B=1-A-B=\frac{A^2}{4}+B$$

其中的最大者才具有最小值，而这就给出：$A=1$，$B=-\frac{1}{8}$，因此

$$P(x)=x-\frac{1}{8}$$

例 7　用一次多项式 $P(x)$ 逼近函数 $f(x)=2^x$，使积分

$$\int_{-1}^{1}[P(x)-f(x)]^2\mathrm{d}x$$

具有最小值.

答案:$2^x \approx \frac{3}{4}\left[\left(\frac{5}{\lg 2}-\frac{3}{\lg^2 2}\right)x+\frac{1}{\lg 2}\right] \approx 0.727x+1.082$.

例 8 用一次多项式 $P(x)$ 逼近同一个函数使 $\max\limits_{|x|\leqslant 1}|P(x)-f(x)|$ 尽可能地小.

答案:$2^x \approx \frac{3}{4}\left(x+\frac{1+\frac{11}{3}\lg 2-\lg 3+\lg\lg 2}{2\lg 2}\right) \approx 0.75x+1.123$.

例 9 用多项式 $P(x)=Ax^2+B$ 逼近函数 $f(x)=\cos x$,使积分

$$\int_{-\frac{\pi}{2}}^{\frac{\pi}{2}}[P(x)-f(x)]^2\mathrm{d}x$$

尽可能地小.

答案:$\cos x \approx \frac{180}{\pi^3}\left[-\left(\frac{4}{\pi^2}-\frac{1}{3}\right)x^2+\left(\frac{1}{3}-\frac{1}{15}\frac{\pi^2}{4}\right)\right] \approx -0.418x^2+0.980$.

例 10 用三角多项式 $T(x)=A\cos x+B$ 逼近函数 $f(x)=2^{\cos x}$ 使偏差 $|T(x)-f(x)|$(在全轴上)的极大值尽可能地小.

解 令 $\cos x=X$ 后我们便得出结论,表达式 $|A\cos x+B-2^{\cos x}|$(在全轴上)的极大值与(在 $|X|\leqslant 1$ 时)表达式 $|AX+B-2^X|$ 的极大值相同.而在这种情形下,我们便恢复了例 8 的条件,并且 A 与 B 的值和例 8 中的值一样.

在下一节中我们认为必须向读者提出一些代数上、三角学上以及函数上熟知的东西并引出一些术语

和记号.

1.2　函数论方面的必要知识

当需要以公式的形式把经验的函数关系固定下来时,就自然会出现表达函数的课题;而经验的函数关系可以用表的形式或者用图形来给出.但是要说只在这些情形下才会出现表达函数的课题却是错误的.实际上,要求适于使用的公式不仅仅在没有公式的时候会发生,而且在公式相当复杂,使用起来由于某种缘故有一些困难的时候也会发生这种需要.我们来回想一下关于积分的问题.对于由未解出因变数的方程式定义的隐函数或者由带有保证解的存在性与唯一性的初始条件的微分方程所定义的函数是无法求它的积分的.

我们有充分的根据限制所考虑的函数在基本区间上是连续的.如果不论 $\varepsilon(\varepsilon>0)$ 如何小,总能指定这样的 $\delta(\delta>0,\delta=\delta(\varepsilon,x_0))$,使得由 $|x-x_0|<\delta$ 便可以推出 $|f(x)-f(x_0)|<\varepsilon$,那么,我们便说函数 $f(x)$ 在点 $x=x_0$ 处是连续的.(Cauchy 定理)如果函数 $f(x)$ 在一个区间内的每一点都连续,便说它在这个区间内连续.在封闭的有限区间上连续的函数是有界的,此外它在这个区间上一致连续(Cantor 定理).一致连续的意思便是:不论 $\varepsilon(\varepsilon>0)$ 如何小,总能指定这样一个 $\delta(\delta>0,\delta=\delta(\varepsilon))$,使得对于在区间中满足不等式 $|x'-x''|<\delta$ 的所有值 x' 与 x'' 也都满足不等式 $|f(x')-f(x'')|<\varepsilon$.

在基本区间 I 上一致连续的每一个函数 $f(x)$,都

可以赋予它一个连续性模 $\omega(\delta)$，后者系定义为当 x' 和 x'' 彼此无关地在区间 I 上取满足不等式 $|x'-x''|\leqslant\delta$ 的各种可能的值时表达式 $|f(x')-f(x'')|$ 的上确界. 连续性模 $\omega(\delta)$ 是 $\delta(\delta>0)$ 的连续的不减函数，此外它还具有性质

$$\lim_{\delta\to0}\omega(\delta)=0 \tag{8}$$

我们把注意力集中到在基本区间 I 上一致连续且连续性模 $\omega(\delta)$ 满足不等式

$$\omega(\delta)\leqslant\omega^*(\delta) \tag{9}$$

的所有的函数上来，其中 $\omega^*(\delta)$ 是 $\delta(\delta>0,\omega^*(\delta)>0)$ 的给定的固定函数；所有这些函数构成一个函数类，它是在 I 上一致连续函数的一部分. 我们指出下面一些重要情形：

(1) $\omega^*(\delta)=K\delta$，其中的 K 是以适当方式选取的正数. 所得的不等式

$$\omega(\delta)\leqslant K\delta \tag{10}$$

便叫作 Lipschitz 条件. 于特例，如果函数 $f(x)$ 在区间 I 内具有绝对值不超过 K 的导数，这个条件便得到了满足.

(2) 不等式

$$\omega(\delta)\leqslant K\delta^{\alpha},0<\alpha<1,K>0 \tag{11}$$

便是 α 阶的广义 Lipschitz 条件. α 变得愈小，由不等式 (11) 所选出的函数类便愈广. 具有有界导数的函数（可是，它满足通常的 Lipschitz 条件）都属于这个函数类，但是也可能有这样的情形

$$\lim_{h\to0}\left|\frac{f(x_0+h)-f(x_0)}{h}\right|=\infty \tag{12}$$

(3) 关系式

$$\lim_{\delta \to 0} \omega(\delta) \lg \frac{1}{\delta} = 0 \tag{13}$$

叫作 Dini 条件. 它确定了极为普遍的连续函数类，其中包括了满足任何阶的广义 Lipschitz 条件的函数.

在基本区间上可微的函数类较连续函数类是狭窄的. 这可以如下推出：若函数 $f(x)$ 在一点有导数

$$f'(x) = \lim_{h \to 0} \frac{f(x+h) - f(x)}{h} \tag{14}$$

它在这点就一定是连续的，同时，若函数在所给点连续，却可能在这点没有导数.

如果所要考虑的函数的导数是连续的或者满足某一阶的 Lipschitz 条件等，便得到更为狭窄的函数类. 若导数在基本(有限的而且是封闭的) 区间中连续，则函数满足一阶的 Lipschitz 条件；可以进一步假定二阶导数，三阶导数等的存在以及对最末一阶的导数附加补充限制.

现在我们设想无限可微的函数类，即具有所有各阶导数的函数类. 任何阶的导数都是连续的，而在有限与封闭的区间的情形它满足一阶的 Lipschitz 条件；由于在这种情形它是有界的，在某一点它可以达到它的极大模 M_n

$$M_n = \max \mid f^{(n)}(x) \mid$$

所有各阶导数的存在使得对于基本区间的任一点 x_0 都可以写出形式上的 Taylor 级数展开式

$$f(x) \sim f(x_0) + \sum_{m=1}^{\infty} f^{(m)}(x_0) \frac{(x - x_0)^m}{m!} \tag{15}$$

然而到这里为止，所作的假定根本就不保证级数(15) 对任一 x 值($\neq x_0$) 的收敛性. 级数(15) 是一个幂级

数,和所有幂级数(依 $x-x_0$ 的升幂排列)一样,若它对于 $x=x^*(\neq x_0)$ 收敛,则在

$$|x-x_0|<|x^*-x_0|$$

时绝对收敛,并且,不论 $\rho<|x^*-x_0|$ 如何,它在 $|x-x_0|\leqslant\rho$ 时一致收敛. 如果可以求得数 $\rho\equiv\rho(x_0)(>0)$ 使得级数(15)在 $|x-x_0|<\rho$ 时收敛并具有等于 $f(x)$ 的和,就说函数 $f(x)$ 在点 $x=x_0$ 处是解析的或正则的;如果 $f(x)$ 在一个区间(有限的或无限的,封闭的或不封闭的)的每一点都是解析的,就说它在这个区间是解析的或正则的.

若(15)右端的幂级数对于 $x=x^*$ 收敛,则它不仅对于满足不等式 $|x-x_0|<|x^*-x_0|$ 的 x 的实数值收敛,而且对于满足这个不等式的虚值也收敛,并且,若 $0<\rho<|x^*-x_0|$,它在任一个圆 $|x-x_0|\leqslant\rho$ 内都一致收敛,这就使得可以把定义在某一实区间的实解析函数"扩张"到包含这个区间的复数域上去;对于非解析的函数这样的扩张是不可能的. 因此,逐渐缩小所考虑的实变函数类,自然就导入了复变函数.

如果对复数域中的每一个 z 值都有一个确定的值 $f(z)$ 与之对应,就说在这个域中给定了复数 z 的一个函数 $f(z)$. 同时,所谓复数域,便是具有下述两种性质的复数的所有值的总体("域")D:(1) 围绕域 D 的每一点都可以画一个圆,它内部的所有点也都属于 D(二维性);(2)D 的任意两点都可以用一条所有点都属于 D 的简单曲线(即所谓 Jordan 曲线)连接起来(连通性). 例如,位于简单闭曲线内部的点的总体就具有所述的性质. 一个定义在域 D 内的复变函数,如果可以指出来这样一个幂级数

$$c_0+\sum_{m=1}^{\infty}c_m(z-z_0)^m \tag{16}$$

其中的 $c_m(m=0,1,2,\cdots)$ 是实数或虚数，和这样一个正数 ρ，使得级数(16) 对于 D 中满足不等式 $|z-z_0|<\rho$ 的所有 z 值都收敛并且其和为 $f(z)$，即，如果函数 $f(z)$ 在点 $z=z_0$ 近旁可以展成幂级数(16)，就说函数 $f(z)$ 在点 $z=z_0$ 处是解析的或正则的，如果在域 D 内的每一点处函数 $f(z)$ 都是解析的，就说 $f(z)$ 在域 D 内是解析的或正则的. 这个定义和前面所述的并不矛盾，只需指出域 D 的性质：(1) 的定义中起着重要的作用，并且，如果我们谈到定义在不具有这种性质的域(例如，在前面所述实轴的区间上) 内的解析函数 $f(z)$ 时，则完全可以把这函数用幂级数展开式扩张到具有性质(1) 的域中去. 于是，若函数 $f(z)$ 在实轴的区间 $a\leqslant z\leqslant b$ 上是正则的，则它在包围这个区间的某一个二维域 D 内(图 4) 是正则的；如果函数 $f(z)$ 在圆 $|z-z_0|\leqslant\rho(\rho>0)$ 上是正则的，则它在某一个圆 $|z-z_0|<\rho'(\rho'>\rho$[①]) 内是正则的.

---

① 对于后者需要做一些说明. 根据函数 $f(z)$ 在圆周(即在 $|z-z_0|=\rho$ 的那些点处) 上的正则性，只能直接推出以圆周上的每一点作圆心都可以画一个圆，在这个圆内函数是正则的. 要想断定 $f(z)$ 在某一个半径为 $\rho'>\rho$ 的圆内是正则的，尚需证明，对应于原来那个圆周上的点所有圆的最大半径具有下确界 $\sigma>0$. 而由于圆周是闭集(参看以下的注)，在这个圆周上的某一点 z' 处确实可以达到所求的下确界 σ，即存在这样的点 z'，$|z'-z_0|=\rho$，使得 $f(z)$ 在圆 $|z-z'|<\sigma$ 的内部是正则的而在圆 $|z-z'|<\sigma'(\sigma'>\sigma)$ 的内部已经不是正则的了. 从而可知，σ 确实大于 0，否则，$f(z)$ 在点 z' 处便非正则的了，这与假设矛盾.

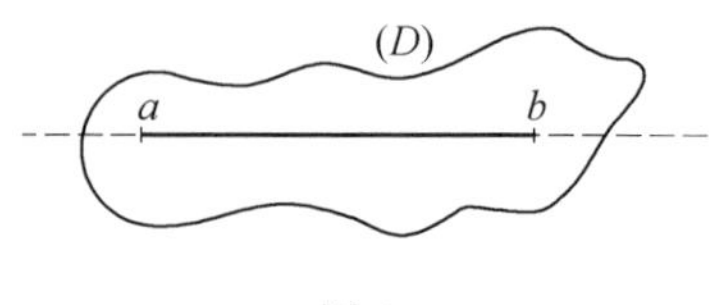

图 4

如果具任意系数 c_m 的(16) 型的幂级数对于某一值 $z=z^*$ $(z^* \neq z_0)$ 是收敛的,并非对 z 的所有值都收敛,那么便存在一个正数 R,我们称之为级数(16) 的收敛半径,它具有这些性质:(1) 级数(16) 在以 z_0 为圆心而以 R 为半径的收敛圆内,即当 $|z-z_0|<R$ 时收敛;(2) 在这个圆外,即当 $|z-z_0|>R$ 时发散.如果级数(16) 对 z 的所有值都收敛,则令 $R=\infty$.在收敛圆内部的每一个闭域上[①],级数(16) 都一致收敛.收敛半径可以由幂级数的系数用公式

$$\frac{1}{R}\ \overline{\lim_{n\to\infty}}\sqrt[n]{|c_n|}$$

表示出来.以后可以断定,在收敛圆的内部,级数(16) 可以逐项微分.对于特例,逐项微分恒等式

$$f(z)=c_0+\sum_{m=1}^{\infty}c_m(z-z_0)^m,\ |z-z_0|<R \tag{17}$$

然后令 $z=z_0$,我们便得

$$c_0=f(z_0),c_m=\frac{f^{(m)}(z_0)}{m!},m=1,2,\cdots$$

即,幂级数便是它的和函数的 Taylor 级数.从而,便推得:如果幂级数的和在某一个圆的内部恒等于零,那么,它的所有系数便都等于零,而一般说来,如果在某一个圆内,依 $z-z_0$ 的乘幂排列的两个幂级数具有同

① 若一平面点集包含它所有的聚点,便称之为闭集.

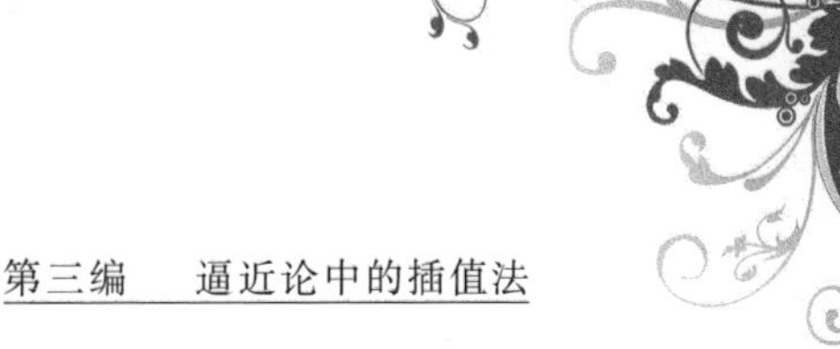

一个和,则它们对应项的系数恒相等.

若 $f(z_0)=0$,则点 $z=z_0$(D 中的点)便叫作在 D 内正则函数 $f(z)$ 的零点.若 z_0 是 $f(z)$ 的零点,而 $f'(z_0)\neq 0$,便称之为单零点(一重零点);一般说来,若 $f'(z_0)=\cdots=f^{(s-1)}(z_0)=0,f^{(s)}(z_0)\neq 0$,便称之为 s 重零点(s 为正整数).设 z_0 是一个 s 重零点,则可以写成

$$f(z)=(z-z_0)^s\varphi(z)$$

其中的 $\varphi(z)$ 在点 $z=z_0$ 处正则且在这点不等于零.

我们再指出正则函数与其幂级数展开式有关的下述性质:在函数 $f(z)$ 正则的域 D 内,它的零点都是孤点;这就是说,若 $f(z_0)=0$(z_0 在域 D 内),但 $f(z)\neq 0$,则存在这样一个数 $\rho(\rho>0)$,使得在 $|z-z_0|<\rho,z\neq z_0$ 时,$f(z)\neq 0$.

在任一点都不正则的函数,其意义甚小.若谈到解析函数时而没有指出正则域,那么,这样的域我们是当作存在的.在全平面上正则的函数,叫作整函数;整函数可以展成收敛半径为无穷大的幂级数.解析函数不正则的点叫作奇点;奇点的分布可以是孤立的或者可以填满一条线甚至于填满整个的域:在每一种情形,奇点的总体都是闭集.奇点最简单的类型便是极点,如果函数 $f(z)$ 可以写成

$$f(z)=(z-z_0)^{-s}\varphi(z)$$

的形式,而 $\varphi(z)$ 在点 z_0 处是正则的,并且在这点它不等于零,则称 z_0 是函数 $f(z)$ 的 s 重极点(s 为正整数).把 $\varphi(z)$ 展成 $z-z_0$ 的幂级数以后,我们还可以得到函数 $f(z)$ 的下述表达式

$$f(z)=\sum_{m=1}^{s}\frac{c_{-m}}{(z-z_0)^m}+$$

$$\sum_{m=0}^{m} c_m (z - z_0)^m, c_{-s} \neq 0$$

这里的第一个和叫作函数 $f(z)$ 在点 z_0 近旁的主部，而第二个和则叫作正则部；系数 c_{-1} 叫作残数. 在某一域内除极点外不具有其他奇点的函数称它在这个域内是半纯的.

设复变函数 $f(z)$ 在某一域 (D) 内是连续的，并设在域 D 内给定了联结 a, b 两点的曲线 C（图 5），则函数 $f(z)$ 沿曲线 C 的积分可以定义为和的极限

$$\left.\begin{array}{l} \int_C f(z)\,\mathrm{d}z = \lim \sum_{m=0}^{n-1} f(z_m)\Delta z_m \\ \Delta z_m = z_{m+1} - z_m, z_0 = a, z_n = b \end{array}\right\} \quad (18)$$

其中点 z_m 系按照数的次序在曲线 C 上依确定的方向排列，并且，极限过程指的是所有的差 Δz_m 的模一致地趋于零.

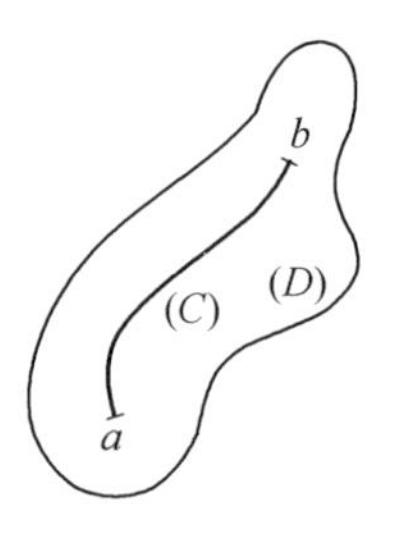

图 5

下列不等式指明用怎样的方式来确定积分的模的上界

$$\left|\int_C f(z)\,\mathrm{d}z\right| \leqslant \lim \left|\sum_{m=0}^{n-1} f(z_m)\Delta z_m\right| \leqslant$$

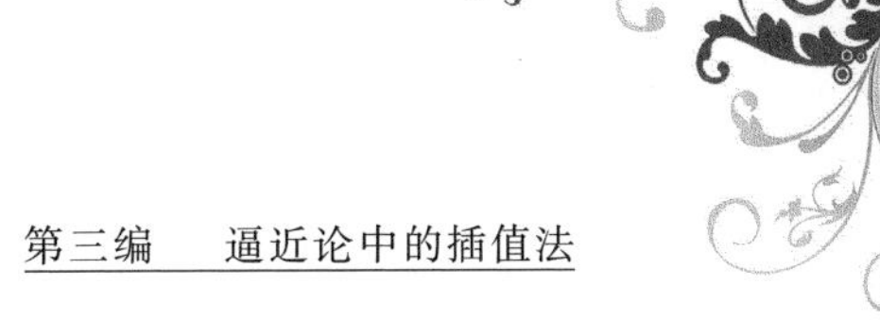

$$\lim\sum_{m=0}^{n-1}|f(z_m)|\cdot|\Delta z_m|=$$

$$\int_C|f(z)|\mathrm{d}s\leqslant LM$$

在这里积分元素 $\mathrm{d}s$ 指的是沿弧积分，L 为弧 C 的长度，而 M 为函数 $f(z)$ 在这条弧上的最大模．指出了这一点并引进（像在实数域中那样）函数 $f(z)$ 的连续性模 $\omega(\delta)$ 的概念，就可以容易估计积分(18)以其和逼近时所产生的误差

$$\left|\int_C f(z)\mathrm{d}z-\sum_{m=0}^{n-1}f(z_m)\Delta z_m\right|=$$

$$\left|\sum_{m=0}^{n-1}\int_{z_m}^{z_{m+1}}[f(z)-f(z_m)\mathrm{d}z]\right|\leqslant$$

$$\omega(\delta)\sum_{m=0}^{n-1}|z_{m+1}-z_m|\leqslant$$

$$\omega(\delta)L \tag{19}$$

其中的 δ 是诸数 $|\Delta z_m|$ $(m=0,1,\cdots,n-1)$ 中的最大者．

我们假定域 D 具有性质(1)和(2)以及另外的性质(3)：如果某一条简单闭曲线属于 D，则位于 C 内部的所有点也都属于 D（单连通性）．于是，若函数 $f(z)$ 在 D 内正则，那么，沿属于 D 的每一条闭曲线 C 的积分都等于零

$$\int_C f(z)\mathrm{d}z=0$$

（Cauchy 定理）：换句话说，沿属于域 D 的任一条曲线 C 的积分，只依赖于积分路线的始点和终点；而在另一方面，沿闭曲线 C_1 的积分等于沿包围曲线 C_1 或被 C_1

包围的闭曲线 C_2 的积分，只要被积函数在曲线 C_1 与 C_2 之间的域(包括这两条曲线在内)正则即可.

注意到沿闭曲线 C 的积分

$$\frac{1}{2\pi i}\int_C \frac{dz}{(z-z_0)^s}, s \text{ 为正整数}$$

当 $s=1$ 并且曲线 C 包围点 z_0 时其值为 1，在其余的情形则等于零，指出广义的 Cauchy 定理：设函数 $f(z)$ 在域 D 内是半纯的，则沿闭曲线的积分

$$\frac{1}{2\pi i}\int_C f(z)dz$$

等于函数 $f(z)$ 的包含在积分路线 C 内部的所有极点的残数和. 对于特例，设 $f(z)$ 在域 D 内是半纯的，则可以对它的对数导数 $\frac{f'(z)}{f(z)}$ 做同样论断，于是便得到公式

$$\frac{1}{2\pi i}\int_C \frac{f'(z)}{f(z)}dz = N - P \tag{20}$$

其中 N 和 P 是函数 $f(z)$ 在 C 内部的零点数与极点数(重数要计算在内，即 s 重零点算 s 个零点，对极点也一样计算).

设已知 $f(z)$ 在域 D 内是正则的，则 $P=0$，而(20)左端的积分便等于 $f(z)$ 在周界 C 内部的零点的个数 N(重点也要计算).

我们假定函数 $f(z)$ 在由简单闭曲线 C 围成的域 D 内以及在周界上都是正则的；则(解析函数最重要的性质就在于此)在域 D 内 $f(z)$ 的值可以借助于 Cauchy 积分用 $f(z)$ 在周界 C 上的值来表示

$$f(z) = \frac{1}{2\pi i}\int_C \frac{f(\zeta)d\zeta}{\zeta - z} \tag{21}$$

这个公式能够把最简单的有理函数 $\frac{1}{\zeta - z}$ 的各种性质

推广到任意正则函数的情形上来.例如,由这个公式便可以推得定理:设函数 $f(z)$ 在一个以 z_0 为圆心,以 R 为半径的圆内是正则的,那么在这个圆的内部它可以展成以 $z-z_0$ 的乘幂排列的 Taylor 级数.于是,函数 $f(z)$ 在点 z_0 近旁的 Taylor 展式的收敛半径便等于从这函数最近奇点到这点的距离.于特例,整函数的 Taylor 级数展开式的收敛半径是无穷大,即展式对变数的所有值都收敛.

Taylor 展式的推广便是依 $z-z_0$ 整幂(正的和负的)的 Laurent 展式:设函数 $f(z)$ 在以 z_0 为圆心并分别以 R 和 r 为半径($0<r<R<\infty$)的两个同心圆 C 和 c 之间的环 D 内是正则的,那么,在这个环内它可以展成形式为

$$f(z)=\sum_{m=-\infty}^{+\infty} c_m(z-z_0)^m \tag{22}$$

的 Laurent 级数.此级数在环 D 内部的每一个闭域上都一致收敛.顺便指出三角级数

$$\sum_{m=0}^{\infty}(a_m\cos mz+b_m\sin mz)=\sum_{m=-\infty}^{+\infty} c_m \mathrm{e}^{\mathrm{i}mz}$$

$$c_0=a_0,c_m=\frac{a_m-\mathrm{i}b_m}{2}$$

$$c_{-m}=\frac{a_m+\mathrm{i}b_m}{2},m=1,2,\cdots$$

和 Laurent 级数之间的关系:置换 $\mathrm{e}^{\mathrm{i}z}=Z$,把三角级数变成了 Laurent 级数.因为一般来说,Laurent 级数的收敛域是某一个环 $r<|Z|<R$,其中的 r 和 R 是由公式

$$\frac{1}{R}=\varlimsup_{n\to\infty}\sqrt[n]{|c_n|}$$

$$r=\overline{\lim_{n\to\infty}}\sqrt[n]{|c_{-n}|}$$

所确定(而在圆周 $|Z|=r$ 和 $|Z|=R$ 上可能是收敛的),一般类型的三角级数便在平行实轴的直线构成的某一带 $\alpha<\mathfrak{J}z<\beta$①内($\alpha=-\lg R,\beta=-\lg r$)是收敛的(并且在直线 $\mathfrak{R}z=\alpha$ 和 $\mathfrak{J}z=\beta$ 上也收敛).在带的范围内的每一个闭域上是一致收敛的.当系数 a_m 和 b_m 都是实数时这种情形尤为重要:这时 c_m 和 c_{-m} 是互相共轭的,从而便知,$rR=1,\beta=-\alpha$,又三角级数收敛的带是关于实轴为对称的;在 $r=R=1$ 和 $\alpha=\beta=0$ 这种极限情形下也不例外,所以三角级数只可能对于变数的实数值收敛.

作为 Cauchy 积分的推论,还可以推出 Weierstrass 定理:设在域 D 内正则的函数列

$$f_1(z),f_2(z),\cdots,f_n(z),\cdots$$

在这个域内一致收敛,则极限函数

$$f(z)=\lim_{n\to\infty}f_n(z)$$

在 D 内是正则的.换句话说:正则函数的一致收敛的级数,其和也是一个正则函数.在复数域内(在这里二维性(1)是重要的)一致收敛的级数可以逐项微分和积分.

用不同的方法(借助于 Cauchy 积分或者不利用它)都能够证明所谓"最大模原理":设 $f(z)$ 是一个不为常数的函数,它在某一个具有以前举出的性质(1)~(3)的域 D 内是正则的,并且(我们假定稍大一

---

① 我们将用 $\mathfrak{R}z$ 与 $\mathfrak{J}z$ 表示复数 z 的实部和虚部,所以 $z=\mathfrak{R}z+\mathrm{i}\mathfrak{J}z$.

些）它由周界C所围成，在C上函数$f(z)$也是正则的，则使模$|f(z)|$不小于在闭域$D+C$中的任一点z处的模的点z_0

$$|f(z_0)|\geqslant|f(z)|$$

都必然要在周界C上.

最大模原理还可以推广：代替$f(z)$在周界C上的正则性只需要求$f(z)$在闭集$D+C$上连续就足够了.

1.3　多项式的零点的个数及其分布

通常的多项式

$$P(z)=\sum_{m=0}^{n}c_m z^m \tag{23}$$

和三角多项式

$$T(z)=\sum_{m=0}^{n}(a_m\cos mz+b_m\sin mz)=\sum_{m=-n}^{n}c_m\mathrm{e}^{\mathrm{i}mz}$$

$$c_m=\frac{a_m-\mathrm{i}b_m}{2},c_{-m}=\frac{a_m+\mathrm{i}b_m}{2},m=1,2,3,\cdots \tag{24}$$

都是最简单的整函数，即在全平面上正则的函数，并且最便于用它们来表示其他函数. 应当把它们的性质讲得稍微详细一些，尤其是关于他们的零点个数及其分布.

引用公式(20)，在其中令$f(z)=P(z)$. 于是我们便得

$$\frac{1}{2\pi\mathrm{i}}\int_C\frac{P'(z)}{P(z)}\mathrm{d}z=\frac{1}{2\pi\mathrm{i}}\int_C\frac{nc_nz^{n-1}+\cdots}{c_nz^n+\cdots}\mathrm{d}z=$$

$$\frac{1}{2\pi\mathrm{i}}\int_C\left(\frac{z}{n}+\cdots\right)\mathrm{d}z \tag{25}$$

如果我们设想C是以坐标原点为圆心而半径R无限增大的圆，那么由前面的公式就看出（在$c_n \neq 0$的条件下）通常的n次多项式$P(z)$的零点个数恰好等于n（代数学基本定理）．实际上，在等式(25)最末一个积分号下的和中写出的项的积分等于n，而未写出的各项乃是分母较分子的次数至少多两个单位的分数，因而它们的积分当R无限增大时都趋于零．但是，由于这个积分只能有整数值，所以它从某一个时候起就要等于零．

以完全类似的方式可以确定，任一个(24)型的n次三角多项式$T(z)$，在$a_n + \mathrm{i}b_n \neq 0$和$a_n - \mathrm{i}b_n \neq 0$的条件下，在一个周期间隔$\xi \leqslant \Re z < \xi + 2\pi$[①]内正好有$2n$个零点．要证明这一点，我们来考虑沿以$A(\xi + \mathrm{i}\eta)$，$B(\xi - \mathrm{i}\eta)$，$C(\xi + 2\pi - \mathrm{i}\eta)$和$D(\xi + 2\pi + \mathrm{i}\eta)$为顶点的矩形周界$C$（图6）的积分

$$I = \frac{1}{2\pi \mathrm{i}} \int_C \frac{T'(z)}{T(z)} \mathrm{d}z$$

由于$T(z)$的周期性，沿平等虚轴的直线AB和CD的积分互相抵消．关于沿线段DA的积分，在计算它时注意到积分号下的函数可以写成

$$\frac{T'(z)}{T(z)} = n \cdot \frac{-a_n \tan nz + b_n + \cdots}{a_n + b_n \tan nz + \cdots}$$

$$z = x + \mathrm{i}\eta$$

的形式，因而，在$a_n + \mathrm{i}b_n \neq 0$的假定下，当$\eta \to \infty$时这函数一致（关于$x$）趋于极限

① ξ是任意的，它只受唯一的限制：在直线$\Re z = \xi$上没有多项式$T(z)$的零点．

$$\lim_{\eta\to\infty}\frac{T'(z)}{T(z)}=-\mathrm{i}n$$ [①]

从而得

$$\lim_{\eta\to\infty}\frac{1}{2\pi\mathrm{i}}\int_{DA}\frac{T'(z)}{T(z)}\mathrm{d}z=n$$

当 $a_n-\mathrm{i}b_n\neq 0$ 时，依完全类似的方式可得

$$\lim_{\eta\to\infty}\frac{1}{2\pi\mathrm{i}}\int_{BC}\frac{T'(z)}{T(z)}\mathrm{d}z=n$$

因此所求的零点个数等于

$$\lim_{\eta\to\infty}I=2n$$

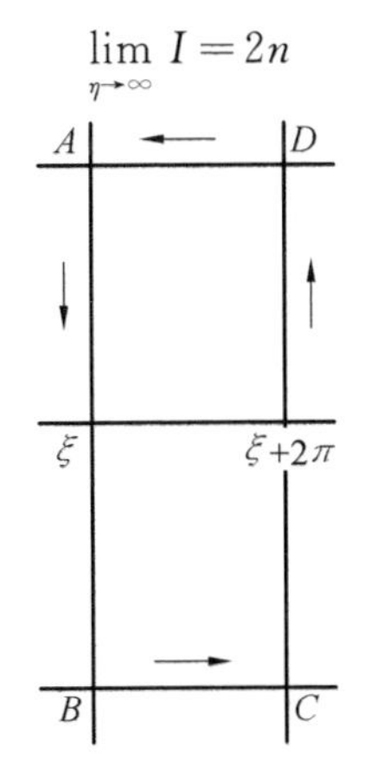

图 6

前述论断也可以当作代数学基本定理的推论. 因为，置 $\mathrm{e}^{\mathrm{i}z}=Z$，由公式(24) 便得

① 实际上只需指出，当 $\mathfrak{I}Z\to\infty$ 时 $\tan Z$ 关于 $\mathfrak{R}z$ 一致趋于 i，并且当 $0<m<n$ 时

$$\lim_{\mathfrak{I}z\to\infty}\frac{\sin mZ}{\cos nZ}=\lim_{\mathfrak{I}z\to\infty}\frac{\cos mZ}{\cos nZ}=0$$

后者对 $\mathfrak{R}z$ 也是一致的.

$$T(z)=\sum_{m=-n}^{+n}c_mZ^m=Z^{-n}P(Z) \tag{26}$$

其中的 $P(Z)$ 是关于 Z 的通常的 $2n$ 次多项式，根据假定，它的最高次系数和最低次系数（C_n 和 C_{-n}）都不等于零. 设 $Z_k(k=1,2,\cdots,2n)$ 是方程式 $P(Z)=0$ 的根，于是 $T(z)$ 的零点便是方程式

$$\mathrm{e}^{\mathrm{i}z}=Z_k,k=1,2,\cdots,2n$$

的根. 由于诸数 Z_k 中无一等于零，这些方程式的每一个在域 $\xi\leqslant\Re z<\xi+2\pi$ 中都有且只有一个根.

我们指出，$a_n\pm\mathrm{i}b_n\neq 0$ 的假定是至关重要的：如果不满足这个条件，三角多项式的零点数就要减少. 例如，一次的三角多项式

$$T(z)=\cos z+t\sin z\ (=\mathrm{e}^{\mathrm{i}z})$$

根本就没有零点[①].

然而，每一个 n 次的实三角多项式，在周期间隔内有 $2n$ 个零点. 实际上，若数 a_n 与 b_n 之中有一个异于零，这时 $a_n+\mathrm{i}b_n$ 与 $a_n-\mathrm{i}b_n$ 都异于零.

指出以下的结果是有益的：若通常的（或三角的）n 次多项式有 $n+1$ 个（或 $2n+1$ 个）零点，则它必恒等于零. 对于通常的多项式，据前面所述，这是显而易见的，对于三角多项式的情形则可由公式(26) 推得. 换另外一种方式来讲便是：若两个通常的（或三角的）n 次多项式在 $n+1$ 个点（或 $2n+1$ 个点）处相等，则它们恒等.

① 零点个数减少的现象叫作“Picard 的例外情形”. 顺便我们指出，当两个三角多项式相乘时，它们的次数并非总能相加. 例如

$$(1-\cos z-\mathrm{i}\sin z)(1+\cos z-\mathrm{i}\sin z)=-z\mathrm{i}\sin z$$

故提出用零点来表示多项式的问题.如所知,通常的 n 次多项式 $P(z)$,可以由它的零点 $z_k(k=1,2,\cdots,n)$ 来确定到只相差一个常数因子的程度

$$P(z)=A(z-z_1)(z-z_2)\cdots(z-z_n)$$

这里的因子 A 实际上就是多项式 $P(z)$ 的最高次项的系数,现在我们转到 n 次的三角多项式 $T(z)$ 上来,如果已知它在周期间隔 $\xi \leqslant \Re z < \xi + 2\pi$ 的范围内的零点,我们设法求出它的最一般的形式.设这些零点是 $z_k(k=1,2,\cdots,m;0\leqslant m\leqslant 2)$.恒等式

$$T(z)=Z^{-n}P(Z),Z=\mathrm{e}^{\mathrm{i}z}$$

便证明,$2n$ 次的多项式 $P(Z)$(它的最高次系数 c_n 与最低次系数 c_{-n} 至少有一个异于零),当 $Z=\mathrm{e}^{\mathrm{i}z_k}(k=1,2,\cdots,m)$ 时等于零,而对于其他的 Z(Z 等于零是例外)值则不等于零,因为若 $P(Z)=0$ 便会有

$$P\left(\frac{1}{\mathrm{i}}\lg Z\right)=0$$

从而知 $P(Z)$ 之形式为

$$P(Z)=C\prod_{k=1}^{m}(Z-\mathrm{e}^{\mathrm{i}z_k})$$

或

$$P(Z)=CZ^{2n-m}\prod_{k=1}^{m}(Z-\mathrm{e}^{\mathrm{i}z_k})$$

其中的 C 是异于零的任意常系数.于是三角多项式 $T(Z)$ 便可以由下述两个公式之一来给出

$$T(z)=C\mathrm{e}^{-\mathrm{i}nz}\prod_{k=1}^{m}(\mathrm{e}^{\mathrm{i}z}-\mathrm{e}^{\mathrm{i}z_k}) \tag{27}$$

或

$$T(z)=C\mathrm{e}^{\mathrm{i}(n-m)z}\prod_{k=1}^{m}(\mathrm{e}^{\mathrm{i}z}-\mathrm{e}^{\mathrm{i}z_k}) \tag{28}$$

对于$m=2n$这种情形我们尤其感到有兴趣；这时，两个公式合并成一个

$$T(z)=Ce^{inz}\prod_{k=1}^{2n}(e^{iz}-e^{iz_k})$$

引用三角函数，后一公式能够很便利地写成

$$T(z)=A\prod_{k=1}^{2n}\sin\frac{z-z_k}{2} \tag{29}$$

这里的 A 是一个新常数.

我们来看一看常数 A 与三角多项式 $T(z)$ 的系数之间的关系是怎样的. 为了这个目的，我们用下述方法来改变公式(29) 右端的乘积：把每两个因子并为一组，我们得到

$$\sin\frac{z-z_h}{2}\sin\frac{z-z_{n+h}}{2}=$$

$$-\frac{1}{2}\left[\cos\left(z-\frac{z_h+z_{n+h}}{2}\right)-\cos\frac{z_h-z_{n+h}}{2}\right]$$

总计起来，乘积就变成

$$\frac{(-1)^n}{2^n}\prod_{k=1}^{n}(\cos-z\zeta_h-\cos\zeta'_h)$$

$$\zeta_h=\frac{z_h+z_{n+h}}{2},\zeta'_h=\frac{z_h-z_{n+h}}{2}$$

在进一步连乘时，我们集中注意力到组成被减数的那些项上. 可以赋予它以下的形式

$$\prod_{h=1}^{n}\cos(z-\zeta_h)=\frac{1}{2^{n-1}}\cos\left(nz-\sum_{h=1}^{n}\zeta_h\right)+\cdots$$

其中未写出来的项是次数小于 n 的三角多项式. 在这以后恒等式(29) 便呈下列形式

$$T(z)=A\cdot\frac{(-1)^n}{2^{2n-1}}[\cos(nz-\zeta)+\cdots]$$

$$\zeta=\sum_{h=1}^{n}\zeta_h=\frac{1}{2}\sum_{h=1}^{2n}z_k \tag{30}$$

比较公式(24)与(30)中 $\cos nz$ 和 $\sin nz$ 的系数,我们便得到方程式

$$A\cos\zeta=(-1)^n\cdot 2^{2n-1}\cdot a_n$$
$$A\sin\zeta=(-1)^n\cdot 2^{2n-1}\cdot b_n$$

由此便得

$$A=\pm 2^{2n-1}\sqrt{a_n^2+b_n^2} \tag{31}$$

以及

$$\tan\zeta=\frac{b_n}{a_n} \tag{32}$$

在公式(31)中的开方自然是双值的,而这是十分自然的事,因为公式(29)中有半角,乘积的符号与零点 z_k 在哪一个周期带内有关.

因子 A 的值也可以用另外的推理来确定.令恒等式(24)和(29)的右端相等,我们假定 z 是一个纯虚数($z=\mathrm{i}y$),并假定 y 无限制地增大($y\to\infty$),我们来比较左右两端的渐近值①;改变并约去 e^{ny} 以后,我们便得(仍然令 $\zeta=\sum\limits_{k=1}^{2n}z_k$)

$$A\mathrm{e}^{\mathrm{i}\zeta}=(-1)^n\cdot 2^{2n-1}\cdot(a_n+\mathrm{i}b_n)$$

依同样的方式,令 $y\to-\infty$,便有

① 显然,例如在 $y\to\infty$ 时

$$\sin\frac{\mathrm{i}y-z_k}{2}\sim\frac{\mathrm{i}}{2}\mathrm{e}^{\frac{y+\mathrm{i}z_k}{2}}$$

$$\cos miy\sim\frac{1}{2}\mathrm{e}^{my}$$

$$\sin miy\sim\frac{\mathrm{i}}{2}\mathrm{e}^{my}$$

$$Ae^{-i\zeta}=(-1)^{n}\cdot 2^{2n-1}(a_{n}-ib_{n})$$

同上最后的关系式就又得出等式(31)和(32).

回到公式(29),我们指出它的两个重要特例:

(1)多项式零点的分布是关于原点 $z=0$ 为对称的情形.设这些零点是

$$\pm z_{1},\pm z_{2},\cdots,\pm z_{n}$$

于是,把因子两个两个地组合起来便得

$$T(z)=A\prod_{k=1}^{n}\frac{\cos z_{k}-\cos z}{2}$$

或

$$T(z)=B\prod_{k=1}^{n}(\cos z-\cos z_{k}) \tag{33}$$

其中

$$B=2^{n-1}\cdot a_{n}\text{①} \tag{34}$$

而在这种情形下 $\zeta=0,b_{n}=0$.

(2)多项式零点的分布是关于点 $z=\pi$ 为对称的情形.设这些零点是 $z_{1},z_{2},\cdots,z_{n}$ 和 $\pi-z_{1},\pi-z_{2},\cdots,\pi-z_{n}$.这时我们得

$$T(z)=A\prod_{k=1}^{n}\frac{\sin z_{k}-\sin z}{2}$$

或

$$T(z)=C\prod_{k=1}^{n}(\sin z-\sin z_{k})$$

且 $\zeta=\frac{n\pi}{2}$,当 n 为偶数时 $b_{n}=0$ 且

① Теория механизмов, известных под названием параллелограмов. 切比雪夫专集卷二,23 ~ 51 页.(可参看《切比雪夫选集》611 ~ 648 页(译者注)).

$$C=(-1)^{\frac{n}{2}}\cdot 2^{n-1}\cdot a_n \tag{35}$$

而当 n 为奇数时 $a_n=0$ 且

$$C=(-1)^{\frac{n-1}{2}}\cdot 2^{n-1}\cdot b_n \tag{36}$$

注　前面的全部叙述与证明都容易推广到多项式有一些多重点的情形上来.

由前述显然可知,多项式零点的分布(通常的多项式在全平面上的零点,三角多项式在周期带内的零点),一般说来是不受任何限制的.我们来谈一谈实多项式,即具实系数的多项式的情形.在这种情形可以断定虚零点成对(共轭)存在(多重性计算在内).我们来回想一下这个初等定理的证明.我们约定用 $\overline{z}$ 表示与 z 共轭的数;这时,$\overline{P(z)}$ 就表示可以把 $P(z)$ 中的 z 换成 $\overline{z}$ 同时把多项式 $P(z)$ 的所有系数换成它们的共轭数而得到.如果所有系数都是实的,则显然

$$\overline{P(z)}=P(\overline{z}) \tag{37}$$

故假定 z_0 是多项式 $P(z)$ 的一个零点,于是

$$P(z_0)=0$$

这时 $\overline{P(z_0)}=0$,在等式(37)中换成 $z=z_0$ 就得到

$$P(\overline{z_0})=0$$

这就是所需要证明的.如果注意到

$$\overline{\cos z}=\cos\overline{z}$$

$$\overline{\sin z}=\sin\overline{z}$$

这种推理也可以用于三角多项式.

1.4　Chebyshev 多项式

卓越的俄国数学家 Chebyshev 所引进的多项式

组,在函数的逼近理论中起着重要的作用,我们认为应当立即向读者介绍这些多项式以及它们的某一些重要性质.

Chebyshev 多项式的形式是

$$T_n(x)=\cos\arccos x, n=0,1,2,\cdots \tag{38}$$

出乎意义地可以证明刚才所写出的式子对于任何正整数 n 都可以表示成通常的 n 次多项式,不难验证这是正确的. 事实上,直接利用倍角余弦的三角公式便得到

$$T_0(x)=1$$

$$T_1(x)=\cos\arccos x=x$$

$$T_2(x)=\cos 2\arccos x=2x^2-1$$

$$T_3(x)=\cos 3\arccos x=4x^3-3x$$

$$T_4(x)=\cos 4\arccos x=8x^4-8x^2+1$$

$$T_5(x)=\cos 5\arccos x=16x^5-20x^3+5x \tag{39}$$

如此,等等.

在 n 是任意的情形,我们作代换

$$x=\cos\theta$$

$$\sqrt{1-x^2}=\sin\theta$$

这时我们便得到

$$\cos n\theta=\frac{1}{2}(\mathrm{e}^{in\theta}+\mathrm{e}^{-in\theta})=$$

$$\frac{1}{2}[(\cos\theta+\mathrm{i}\sin\theta)^n+$$

$$(\cos\theta-\mathrm{i}\sin\theta)^n]$$

所以(换成变数 x)

$$T_n(x)=\frac{1}{2}[(x+\sqrt{x^2-1})^n+$$

$$(x-\sqrt{x^2-1})^n] \tag{40}$$

根据二项公式把乘方展开,根号就消失了,而我们便得到

$$T_n(x)=x^n+C_n^2x^{n-2}(x^2-1)+ C_n^4x^{n-4}(x^2-1)^2+\cdots$$

因此,知函数 $T_n(x)$ 确实是 n 次的多项式.借助于公式(40)求 x^n 的系数最为适宜

$$\lim_{x\to\infty}\frac{T_n(x)}{x^n}=2^{n-1} \tag{41}$$

由恒等式

$$\cos(n+1)\theta=2\cos\theta\cos n\theta-\cos(n-1)\theta$$

便导出了递推关系

$$T_{n+1}(x)=2xT_n(x)-T_{n-1}(x),\quad n=1,2,3,\cdots \tag{42}$$

借助于这个公式就非常便利地把 Chebyshev 多项式一个跟着一个算出来.

Chebyshev 多项式的全部零点都是实的,单重的,并且位于区间 $-1<x<1$ 之内.这些零点,显然可以根据公式

$$x_m^{(n)}=\cos\frac{(2m-1)\pi}{2n},\quad m=1,2,\cdots,n \tag{43}$$

而算出.

要想在图上画出 $T_n(x)$ 的零点,只需把以区间$(-1,1)$为直径的半圆分成 $2n$ 份,从右到左定分点的号数,然后把奇数号的分点向基本区间投影.容易了解多项式 $T_n(x)$ 的零点在区间$(-1,1)$上不均匀地分布

着而凝聚于它的端点(图 7).

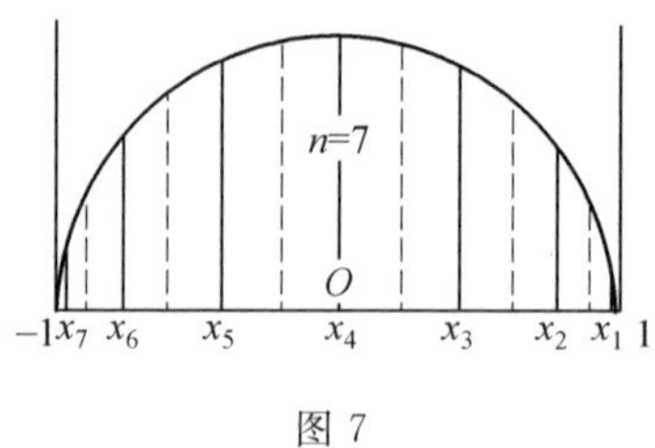

图 7

为了更加清楚起见,借用了概率论中的观念,我们引出当 n 无限增大时多项式 $T_n(x)$ 的零点的分布律.设 $N_n(\alpha,\beta)$ 是 $T_n(x)$ 在区间 $\alpha\leqslant x<\beta(-1\leqslant\alpha<\beta\leqslant 1)$ 内的零点个数.于是,便自然称二重极限

$$\psi(x)=\lim_{\Delta x\to 0}\frac{1}{\Delta x}\lim_{n\to\infty}\frac{N_n(x,x+\Delta x)}{n}$$

为 $T_n(x)$ 的零点在点 $x(-1<x<1)$ 处的分布密度,而方程式 $y=\psi(x)$ 便是分布曲线.由于 $N_n(\alpha,\beta)$ 显然等于满足不等式

$$\alpha\leqslant\cos\frac{(2m-1)\pi}{2n}<\beta$$

的整数 m 的个数,我们便得到

$$N_n(\alpha,\beta)-\frac{n}{\pi}(\arccos\alpha-\arccos\beta)=0\text{ 或 }-1$$

所以

$$\lim_{n\to\infty}\frac{N_n(\alpha,\beta)}{n}=\frac{\arccos\alpha-\arccos\beta}{\pi}$$

从而便立刻推出

$$\psi(x)=\lim_{\Delta x\to 0}\frac{1}{\pi}\frac{\arccos x-\arccos(x+\Delta x)}{\Delta x}=$$

$$\frac{1}{\pi}\frac{1}{\sqrt{1-x^2}}$$

图 8 便是所得的分布曲线.

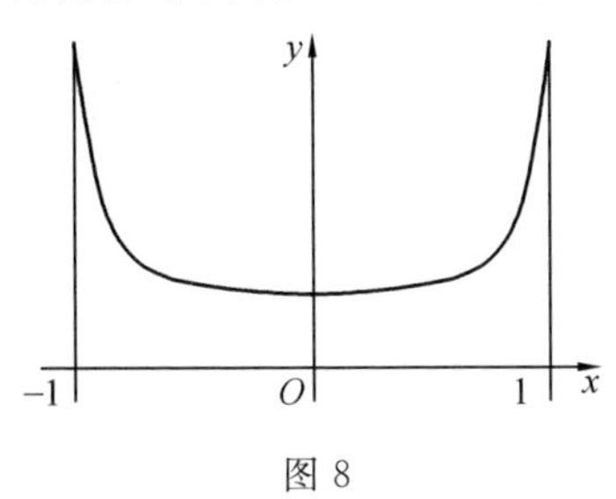

图 8

我们来看一看多项式 $T_n(x)$ 的极大值与极小值在基本区间上是如何分布的. 它们的位置可以由方程式 $T'_n(x)=0$，即

$$\frac{\sin n\arccos x}{\sqrt{1-x^2}}=0$$

来确定，从而得

$$x=\cos\frac{m\pi}{n}, m=1,2,\cdots,n-1$$

这些 x 值便和图 7 中虚线的垂足相应. 显而易见

$$T_n(\cos\frac{m\pi}{n})=\cos m\pi=(-1)^m$$

于是我们便得到有名的结果：多项式 $T_n(x)$ 的零点是这样分布着，使得 $T_n(x)$ 的极大值和极小值是严格均衡的，即：所有的极大值都等于 1，所有的极小值都等于 -1. 对这一点应当补充说在区间 $(-1,1)$ 的端点处，Chebyshev 多项式也具有同样的值

$$T_n(+1)=1, T_n(-1)=(-1)^n \tag{44}$$

于是，曲线 —— Chebyshev 多项式的图形 —— 在基本区间内于 1 和 -1 之间振动；在这区间边界之外，显然超出了这个范围，单调地递增或递减. 这一点可以用图 9 中各图来说明.

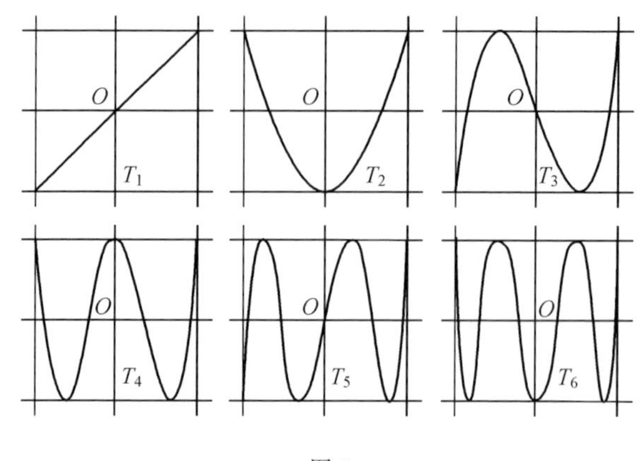

图 9

指出来

$$
\begin{aligned}
T'_n(1) = \lim_{x\to 1} T'_n(x) = \\
\lim_{x\to 1} \frac{n\sin n\arccos x}{\sqrt{1-x^2}} = \\
\lim_{\theta\to 0} \frac{n\sin n\theta}{\sin\theta} = n^2 \qquad (44')
\end{aligned}
$$

倒是很有趣的.

练习 试绘出多项式 $T_{12}(x)$ 的图形.

要想了解 Chebyshev 多项式在复数域中的性态，我们用 $z=x+\mathrm{i}y$ 来表示自变数,并按照公式

$$
x = \frac{1}{2}\left(\rho + \frac{1}{\rho}\right)\cos\varphi
$$

$$
y = \frac{1}{2}\left(\rho - \frac{1}{\rho}\right)\sin\varphi \qquad (45)
$$

引用椭圆坐标.

显然,对于常数 $\rho(\rho>1)$,我们在平面 XOY 内得到椭圆(E_ρ)

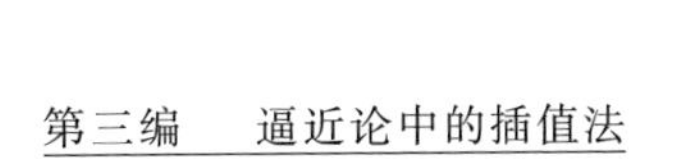

$$\left(\frac{x}{a}\right)^2+\left(\frac{y}{b}\right)^2=1$$

它的对称轴与坐标轴重合,而半轴的长度可以由公式

$$a=\frac{1}{2}\left(\rho+\frac{1}{\rho}\right)$$

$$b=\frac{1}{2}\left(\rho-\frac{1}{\rho}\right) \tag{46}$$

来求得.由于 $a^2-b^2=1$,所以这些椭圆全体都是共焦点的,并且焦点是基本区间 $(-1,1)$ 的端点.

由公式(46)得

$$\rho=a+b$$

即,正是以 $-1,1$ 为焦点而经过所考虑点的椭圆的半轴.

同理,当 φ 为常数时我们便得到一组双曲线

$$\left(\frac{x}{\cos\varphi}\right)^2-\left(\frac{y}{\sin\varphi}\right)^2=1$$

它和前一组椭圆直交并具有共同的焦点.

在 $T_n(z)$ 中把 z 换成椭圆坐标

$$z=\frac{1}{2}\left(\rho e^{i\varphi}+\frac{1}{\rho}e^{-i\varphi}\right) \tag{47}$$

便有

$$\sqrt{z^2-1}=\frac{1}{2}\left(\rho e^{i\varphi}-\frac{1}{\rho}e^{-i\varphi}\right)$$

$$z+\sqrt{z^2-1}=\rho e^{i\varphi}$$

$$z-\sqrt{z^2-1}=\frac{1}{\rho}e^{-i\varphi} \tag{47'}$$

所以

$$T_n(z)=\frac{1}{2}[(z+\sqrt{z^2-1})^n+(z-\sqrt{z^2-1})^n]=$$

$$\frac{1}{2}(\rho^n e^{in\varphi} + \frac{1}{\rho^n} e^{-in\varphi}) \tag{48}$$

进而

$$\Re T_n(z) = \frac{1}{2}\left(\rho^n + \frac{1}{\rho^n}\right)\cos n\varphi$$

$$\Im T_n(z) = \frac{1}{2}\left(\rho^n - \frac{1}{\rho^n}\right)\sin n\varphi$$

$$|T_n(z)| = \frac{1}{2}\sqrt{\rho^{2n} + 2\cos 2n\varphi + \frac{1}{\rho^{2n}}} \tag{49}$$

假定所指的是某一个固定的不属于基本区间 $(-1,1)$ 的 z 值,则 ρ 和 φ 都是常数,且 $\rho > 1$. 可以断定,尽管多项式 $T_n(z)$ 在基本区间上的所有零点当 n 增大时无限稠密,然而,对于固定的 z 值不论它与基本区间如何接近,多项式 $T_n(z)(n=1,2,3,\cdots)$ 的模,像某一个几何级数的项那样无限增大,即

$$\lim_{n\to\infty}\sqrt[n]{|T_n(z)|} = \rho \tag{50}$$

直接从公式(49)中就可以明白这一点. 从而,顺便就可推出,$|T_n(z)|$ 在以基本区间$(-1,1)$的端点为焦点的椭圆上递增的阶相同.

其次,Chebyshev 多项式还具有直交性,它可以表示成等式

$$\int_{-1}^{1}\frac{T_k(x)T_l(x)}{\sqrt{1-x^2}}\mathrm{d}x = 0 \tag{51}$$

$$k,l = 0,1,2,\cdots; k \neq l$$

实际上,由置换 $x = \cos\theta$ 可得

$$\int_{-1}^{1}\frac{T_k(x)T_l(x)}{\sqrt{1-x^2}}\mathrm{d}x = \int_{0}^{\pi}\cos k\theta\cos l\theta\,\mathrm{d}\theta = 0$$

若 $k = l$,则得

$$\int_{-1}^{1} \frac{T_0^2(x)}{\sqrt{1-x^2}} \mathrm{d}x = \pi$$

$$\int_{-1}^{1} \frac{T_k^2(x)}{\sqrt{1-x^2}} \mathrm{d}x = \int_0^{\pi} \cos^2 k\theta \, \mathrm{d}\theta = \frac{\pi}{2} \tag{52}$$

$$k = 1, 2, \cdots$$

$$\hat{T}_0(x) = \frac{1}{\sqrt{\pi}} T_0(x)$$

$$\hat{T}_n(x) = \sqrt{\frac{2}{\pi}} T_n(x)$$

$$n = 1, 2, \cdots$$

最后的关系式便可以写成下面的形式

$$\int_{-1}^{1} \hat{T}_k^2(x) \frac{\mathrm{d}x}{\sqrt{1-x^2}} = 1 \tag{53}$$

$$k = 0, 1, 2, \cdots$$

最后，应当指出 Chebyshev 多项式下列著名的极性，它们是有趣的并列提出来的.

(1) 在所有的最高次系数等于1的 $n \geqslant 1$ 次多项式 $P(x)$ 之中，多项式

$$\dot{T}_n(x) = \frac{1}{2^{n-1}} T_n(x)$$

使

$$\max_{-1 \leqslant x \leqslant 1} |P(x)| \tag{54}$$

为最小，也就是，在区间$(-1,1)$上与零的偏差最小. 实际上，对于多项式 $\dot{T}_n(x)$，表达式(54)等于$\frac{1}{2^{n-1}}$，即有等式

$$T_n\left(\cos \frac{m\pi}{n}\right) = \frac{(-1)^m}{2^{n-1}}, m = 0, 1, 2, \cdots, n$$

若存在有所述类的多项式 $P(x)$，它不恒等于 $\dot{T}_n(x)$ 而满足条件

$$|P(x)| < \frac{1}{2^{n-1}}, -1 \leqslant x \leqslant 1$$

则差 $R(x) \equiv \dot{T}_n(x) - P(x)$ 便是 $n-1$ 次的多项式且满足条件

$$(-1)^m R\left(\cos \frac{m\pi}{n}\right) > 0, m = 0,1,2,\cdots,n$$

从上面这些不等式就可以看出，多项式 $R(x)$ 在区间 $(-1,1)$ 内至少等于零 n 次，而这是不可能的，因为 $R(x)$ 的次数等于 $n-1$.

(2) 在所有最高次项系数为 1 的 $n(n \geqslant 1)$ 次多项式 $P(x)$ 之中，多项式 $\dot{T}_n(x) \equiv \frac{1}{2^{n-1}} T_n(x)$ 使积分

$$\int_{-1}^{1} \frac{P^2(x)}{\sqrt{1-x^2}} \mathrm{d}x \tag{55}$$

为最小.

我们设想把多项式 $P(x)$ 分解成多项式 $\hat{T}_m(x)$

$$P(x) = \sum_{m=0}^{n} c_m \hat{T}_m(x)$$

由于

$$\hat{T}_n(x) = \sqrt{\frac{2}{n}} \cdot 2^{n-1} \cdot \dot{T}_n(x), n \geqslant 1$$

比较前面恒等式中 x^n 的系数，我们便得到

$$c_n = \sqrt{\frac{\pi}{2}} \cdot \frac{1}{2^{n-1}}$$

在另一方面，注意到直交性的条件(51) 以及公式(53)，便可以证实积分(55) 等于和

$$\sum_{m=0}^{n} c_m^2$$

显然积分(55)在假定

$$c_0 = c_1 = \cdots = c_{n-1} = 0$$

时,即当

$$P(x) = c_n \hat{T}_n(x) = \dot{T}_n(x)$$

时达到其最小值.

这个最小值等于

$$c_n^2 = \frac{\pi}{2^{n-1}}$$

1.5　线性代数方程组的解

由于在以后常常要遇到线性方程组,回忆一下有关的基本定理以及一些推论并非是多余的事.

设 A 表示 n 阶行列式,它的普通元素是 a_{rs}

$$A = \begin{vmatrix} a_{11} & a_{12} & \cdots & a_{1n} \\ a_{21} & a_{22} & \cdots & a_{2n} \\ \vdots & \vdots & & \vdots \\ a_{n1} & a_{n2} & \cdots & a_{nn} \end{vmatrix} \tag{56}$$

用 A_{rs} 表元素 a_{rs} 的余因式,即,去掉 r 列 s 行后所得子式与 $(-1)^{r+s}$ 的乘积.

据 Laplace 定理我们有

$$\begin{cases} \sum\limits_{r=1}^{n} a_{rs} A_{rs} = \begin{cases} 0, 当\ s \neq t\ 时 \\ A, 当\ s = t\ 时 \end{cases} \\ \sum\limits_{s=1}^{n} a_{rs} A_{rs} = \begin{cases} 0, 当\ r \neq t\ 时 \\ A, 当\ r = t\ 时 \end{cases} \end{cases} \tag{57}$$

由此就可以推出基本的定理(Krama 法则):含 n 个未知数的 n 个线性方程

$$\left.\begin{array}{l}a_{11}x_1+a_{12}x_2+\cdots+a_{1n}x_n=b_1\\a_{21}x_1+a_{22}x_2+\cdots+a_{2n}x_n=b_2\\\vdots\\a_{n1}x_1+a_{n2}x_2+\cdots+a_{nn}x_n=b_n\end{array}\right\}\qquad(58)$$

或简写成

$$\sum_{s=1}^{n}a_{rs}x_s=b_r,r=1,2,\cdots,n\qquad(59)$$

若其行列式异于零

$$A\neq 0\qquad(60)$$

则此方程组必有且只有一组解,即:此组解可以由公式

$$x_s=\frac{\sum_{r=1}^{n}b_rA_{rs}}{A},s=1,2,\cdots,n\qquad(61)$$

给出,即每一个未知数的值等于以这个方程组的行列式为分母而以把行列中该未知数所在的行换成常数项那一行作为分子的分数.

实际上,用 A_{rs} 乘方程式(59)并对 r 求和,在右端便得到

$$\sum_{r=1}^{n}b_rA_{rt}$$

而在左端,先对 r 求和,然后再对 s 求和并注意到关系式(57),便得到 Ax_t,所以结果便是

$$Ax_t=\sum_{r=1}^{n}b_rA_{rt},t=1,2,\cdots,n$$

而这和(61)是同等的.因此,方程组(59)除了(61)外不能有其他的解.

反之,用 a_{ts} 乘(61)并对 s 求和,便得

$$\sum_{s=1}^{n} a_{ts} x_s = \frac{\sum_{r=1}^{n} \sum_{s=1}^{n} b_r a_{ts} A_{rs}}{A}$$

由(57)知

$$\sum_{s=1}^{n} a_{ts} x_s = b_t, t = 1, 2, \cdots, n$$

从而便知公式(61)确实给出了(59)的解.

我们来谈一谈含 n 个未知数的 n 个齐次方程的情形($b_r = 0; r = 1, 2, \cdots, n$)

$$\left.\begin{array}{c} a_{11}x_1 + a_{12}x_2 + \cdots + a_{1n}x_n = 0 \\ a_{21}x_1 + a_{22}x_2 + \cdots + a_{2n}x_n = 0 \\ \vdots \\ a_{n1}x_1 + a_{n2}x_2 + \cdots + a_{nn}x_n = 0 \end{array}\right\} \quad (62)$$

这样的方程组有很明显的解 $x_1 = x_2 = \cdots = x_n = 0$,为简便计,称此解为零解. 对方程组(62)引用基本定理,我们可以断言:如果含 n 个未知数的 n 个齐次方程式组的行列式异于零,则此方程组除零解外不能有其他的解.

反之,若含 n 个未知数的 n 个齐次方程组具有异于零解的解,则它的行列式必等于零.

现在假定我们来考虑形式如

$$\left.\begin{array}{c} a_{11}x_1 + a_{12}x_2 + \cdots + a_{1n}x_n = b_1 \\ a_{21}x_1 + a_{22}x_2 + \cdots + a_{2n}x_n = b_2 \\ \vdots \\ a_{n1}x_1 + a_{n2}x_2 + \cdots + a_{nn}x_n = b_n \\ a_{n+1,1}x_1 + a_{n+1,2}x_2 + \cdots + a_{n+1,n}x_n = b_{n+1} \end{array}\right\} \quad (63)$$

的含 n 个未知数的 $n+1$ 个方程式组.

因为方程式的个数超过未知数的个数,这个方程

组可能是相容的,即,仅在系数之间具有特殊关系时才有解.设(63) 的解是由公式

$$x_k = x_k^0, k = 1, 2, \cdots, n$$

给出的,因而当把 x_k 换成

$$x_k^0, k = 1, 2, \cdots, n$$

时,(63) 中所有的方程式都满足了.

现在我们来考虑含 $n+1$ 个未知数的 $n+1$ 个齐次方程式组

$$\left.\begin{array}{r} a_{11}x_1 + a_{12}x_2 + \cdots + a_{1n}x_n + b_1x_{n+1} = 0 \\ a_{21}x_1 + a_{22}x_2 + \cdots + a_{2n}x_n + b_2x_{n+1} = 0 \\ \vdots \\ a_{n1}x_1 + a_{n2}x_2 + \cdots + a_{nn}x_n + b_nx_{n+1} = 0 \\ a_{n+1,1}x_1 + a_{n+1,2}x_2 + \cdots + a_{n+1,n}x_n + b_{n+1}x_{n+1} = 0 \end{array}\right\} \tag{64}$$

由前述可知这个方程组有解

$$x_1 = x_1^0, x_2 = x_2^0, \cdots, x_n = x_n^0, x_{n+1} = -1$$

它显然不是零解.但是在这种情形中方程组(64) 的行列式等于零,即

$$\begin{vmatrix} a_{11} & a_{12} & \cdots & a_{1n} & b_1 \\ a_{21} & a_{22} & \cdots & a_{2n} & b_2 \\ \vdots & \vdots & & \vdots & \vdots \\ a_{n1} & a_{n2} & \cdots & a_{nn} & b_n \\ a_{n+1,1} & a_{n+1,2} & \cdots & a_{n+1,n} & b_{n+1} \end{vmatrix} \tag{65}$$

我们约定称这个行列式是“扩张”行列式.我们已经得到了结论:若存在满足含 n 个未知数的 $n+1$ 个线性方程式组(64) 的数 $x_k(k=1,2,\cdots,n)$,则这个方程组的“扩张”行列式(65) 必等于零.

换句话说,要由含 n 个未知数的 $n+1$ 个线性方程

式组(64)中消去未知数 x_k,可以令方程组(65)的"扩张"行列式等于零来完成.

1.6 Stieltjes 积分

以后常常要遇到或使用Stieltjes积分①,它是通常(Riemann积分)积分的推广,在这里指出这种积分的定义和它的重要性质我们认为是有益的.

设 $f(x)$ 在区间 $a\leqslant x\leqslant b$ 上是连续函数,$\psi(x)$ 是在这个区间上单调递增的一个函数.我们考虑和

$$S=\sum_{i=1}^{n}f(\xi_i)[\psi(x_i)-\psi(x_{i-1})] \tag{66}$$

其中 x_i 是满足不等式

$$a_0=x_0<x_1<x_2<\cdots<x_{n-1}<x_n=b \tag{67}$$

的数,而 ξ_i 是满足不等式

$$x_{i-1}\leqslant\xi_i\leqslant x_i,i=1,2,\cdots,n$$

的数.

设 Δ 表示差 $x_i-x_{i-1}(i=1,2,\cdots,n)$ 中的最大者.

我们设想分点 x_i 无限增多,同时 Δ 趋于零.则极限

$$\lim_{\Delta\to 0}\sum_{i=1}^{n}f(\xi_i)[\psi(x_i)-\psi(x_{i-1})]=\int_a^b f(x)\mathrm{d}\psi(x) \tag{68}$$

便叫作Stieltjes积分.应当证明这个极限在前述假定

① T. J. Stieltjes "Ann. de Toulouse"(1894—1895).

下是存在的.

我们用记号 M 和 m 表示函数 $f(x)$ 在区间 $a \leqslant x \leqslant b$ 上的最大值和最小值,用 M_i 和 m_i 表示这同一个函数在区间 $x_{i-1} \leqslant x \leqslant x_i(i=1,2,\cdots,n)$ 上的最大值与最小值.我们称和

$$\overline{S}=\sum_{i=1}^{n} M_i[\psi(x_i)-\psi(x_{i-1})]$$

和

$$\underline{S}=\sum_{i=1}^{n} m_i[\psi(x_i)-\psi(x_{i-1})]$$

为对应于基本区间的“分法”的“大”和与“小”和,而称 S 为“中间”和.由于 $\psi(x)$ 是不减函数,故所有的差 $\psi(x_i)-\psi(x_{i-1})$ 都是非负的,因而

$$\underline{S} \leqslant S \leqslant \overline{S} \tag{69}$$

此外,由不等式 $m \leqslant m_i \leqslant M_i \leqslant M(i=1,2,\cdots,n)$ 便知

$$\overline{S} \leqslant MV, \underline{S} \geqslant V \tag{70}$$

其中

$$V=\psi(b)-\psi(a)$$

(函数 $\psi(x)$ 在基本区间上的“总改变量”).

不难理解到,当基本区间的分法更“细”时,即把每一个子区间 $x_{i-1} \leqslant x \leqslant x_i$ 分成一些新的区间而仍保留以前的分点时,则小和不减,大和不增.

于是,若有一列愈来愈细的分法,则用 $\overline{S}_k$ 与 $\underline{S}_k(k=1,2,3,\cdots)$ 分别表示与其对应的大和与小和,我们便得到不等式

$$\underline{S_1} \leqslant \underline{S_2} \leqslant \cdots \leqslant \underline{S_k} \leqslant \cdots \leqslant \overline{S_k} \leqslant \cdots \leqslant \overline{S_2} \leqslant \overline{S_1}$$

同时

$$mV \leqslant \underline{S_k} \leqslant \overline{S_k} \leqslant MV$$

可以证明,和$\underline{S_k}$与$\overline{S_k}$趋于同一个极限

$$\lim \overline{S_k} = \lim \underline{S_k} = I \tag{71}$$

实际上,由于函数 $f(x)$ 是连续的,对每一个任意小的$\varepsilon(\varepsilon > 0)$,都能取得这样的$\delta(>0)$使得当不等式

$$|x' - x''| \leqslant \delta, a \leqslant x', x'' \leqslant b$$

成立时,便有不等式

$$|f(x') - f(x'')| \leqslant \frac{\varepsilon}{V}$$

所以,如果 $\Delta < \delta$,则

$$\overline{S} - \underline{S} = \sum_{i=1}^{n} (M_i - m_i)[\psi(x_i) - \psi(x_{i-1})] \leqslant$$

$$\sum_{i=1}^{n} \frac{\varepsilon}{V}[\psi(x_i) - \psi(x_{i-1})] = \varepsilon$$

从(69)与(71)便知中间和 S(点 ξ_i 是任意选的)趋于同一个极限 I

$$\lim S = I \tag{72}$$

尚需证明无论如何选择分法序列,所得到的都是这同一个极限 I. 如此我们考虑对应于两种分法的两个中间和

$$S' = \sum_{i=1}^{n'} f(\xi'_i)[\psi(x'_i) - \psi(x'_{i-1})]$$

$$S'' = \sum_{i=1}^{n''} f(\xi''_i)[\psi(x''_i) - \psi(x''_{i-1})]$$

并假定这两种分法都是如此的细,其中每一个的 Δ 都不超过 δ. 把 S', S'' 与对应于全部分点 x'_i, x''_j 所构成的分法的和S相比较. 显然 S' 与S之差不大于ε;和 S'' 与 S 之差亦然;所以

$$|S' - S''| \leqslant 2\varepsilon$$

从而便知，对于不同的分法序列，和的极限都是同样的，即都是 I.

极限 I 便是 Stieltjes 积分

$$I=\int_a^b f(x)\mathrm{d}\psi(x)$$

应当指出 Stieltjes 积分的下列性质

(1)

$$\int_a^b f(x)\mathrm{d}\psi(x)=\int_a^c f(x)\mathrm{d}\psi(x)+\int_c^b f(x)\mathrm{d}\psi(x)$$

$$a<c<b \tag{73}$$

因为我们总可以取 c 作为分法中的一个分点.

(2)

$$\int_a^b [f(x)+g(x)]\mathrm{d}\psi(x)=\int_a^b f(x)\mathrm{d}\psi(x)+\int_a^b g(x)\mathrm{d}\psi(x) \tag{74}$$

实际上，只需对等式

$$\sum_{i=1}^n [f(\xi_i)+g(\xi_i)][\psi(x_i)-\psi(x_{i-1})]=\sum_{i=1}^n f(\xi_i)[\psi(x_i)-\psi(x_{i-1})]+\sum_{i=1}^n g(\xi_i)[\psi(x_i)-\psi(x_{i-1})]$$

取极限即可.

“积分的中值定理”可以表示成公式

于特例

$$\Omega_2=-2,\Omega_3=-3\mathrm{i}\sqrt{3},\Omega_4=-16\mathrm{i}$$

例3　试计算

$$W(\mathrm{e}^{\mathrm{i}x_1},\mathrm{e}^{\mathrm{i}x_2},\cdots,\mathrm{e}^{\mathrm{i}x_n})$$

这个行列式等于

$$(2\mathrm{i})^{\frac{1}{2}n(n-1)}\mathrm{e}^{\frac{\mathrm{i}}{2}(n-1)\sum_{m=1}^{n}x_m}\prod_{p<q}^{1\cdots n}\sin\frac{x_q-x_p}{2}$$

解　我们计算下面两个与Vandermonde行列式相似的行列式

$$W_C(x_0,x_1,\cdots,x_n)=\begin{vmatrix}1 & 1 & \cdots & 1\\ \cos x_0 & \cos x_1 & \cdots & \cos x_n\\ \cos 2x_0 & \cos 2x_1 & \cdots & \cos 2x_n\\ \vdots & \vdots & & \vdots\\ \cos nx_0 & \cos nx_1 & \cdots & \cos nx_n\end{vmatrix}$$

与

$$W_S(x_1,x_2,\cdots,x_n)=\begin{vmatrix}\sin x_1 & \sin x_2 & \cdots & \sin x_n\\ \sin 2x_1 & \sin 2x_2 & \cdots & \sin 2x_n\\ \vdots & \vdots & & \vdots\\ \sin nx_1 & \sin nx_2 & \cdots & \sin nx_n\end{vmatrix}\tag{6}$$

我们设想在第一个行列式中把 x_n 换成变数记号 x；显然 $W_C(x_0,x_1,\cdots,x_{n-1},x)$ 是一个 n 次的偶性三角多项式，立刻可以看出它的零点是 $\pm x_0,\pm x_1,\cdots,\pm x_{n-1}$ 诸数. 因此，可以写成

$$W_C(x_0,x_1,\cdots,x_{n-1},x)=$$

$$B\prod_{m=0}^{n-1}(\cos x-\cos x_m)$$

其中 B 等于 $\cos nx$ 的系数与 2^{n-1} 的乘积；而 $\cos x$ 的系数显然等于 $W_C(x_0,x_1,\cdots,x_{n-1})$，于是(再把 x 换成 x_n) 便得到

$$W_C(x_0,x_1,\cdots,x_n)=2^{n-1}\cdot W_C(x_0,x_1,\cdots,x_{n-1})\cdot\prod_{m=0}^{n-1}(\cos x-\cos x_m)$$

把这样的一串递推等式连乘起来，最后便得到

$$W_C(x_0,x_1,\cdots,x_n)=2^{\frac{1}{2}(n-1)n}\cdot\prod_{p<q}^{0\cdots n}(\cos x_q-\cos x_p)\tag{7}$$

依同样的方式，我们可以计算行列式 $W_S(x_1,x_2,\cdots,x_n)$. 把 x_n 换成 x 以后，我们便得到一个 n 次的奇性三角多项式，它的零点是 $0,\pi,\pm x_1,\pm x_2,\cdots,\pm x_{n-1}$ 诸数.

由此容易断定，$\dfrac{W_S(x_1,x_2,\cdots,x_{n-1},x)}{\sin x}$ 是一个 $n-1$ 次的偶性多项式，其零点是 $\pm x_1,\pm x_2,\cdots,\pm x_{n-1}$，因而

$$\frac{W_S(x_1,x_2,\cdots,x_{n-1},x)}{\sin x}=B\cdot\prod_{m=1}^{n-1}(\cos x-\cos x_m)$$

其中 B 等于 2^{n-2} 与 $\cos(n-1)x$ 的系数的乘积；$\cos(n-1)x$ 的系数等于 $2W_S(x_1,x_2,\cdots,x_{n-1})$①.

① 必须注意到 $\dfrac{\sin nx}{\sin x}=\cos(n-1)x+\cdots,n\geqslant 2$.

于是(仍引进 x_n)我们便得到

$$W_S(x_1,x_2,\cdots,x_n)=$$

$$2^{n-1}W_S(x_1,x_2,\cdots,x_{n-1})\sin x_n\prod_{m=1}^{n-1}(\cos x_n-\cos x_m)$$

把这样的一列等式连乘起来,最后便有

$$W_S(x_1,x_2,\cdots,x_n)=2^{\frac{1}{2}(n-1)n}\sin x_1\sin x_2\cdots\sin x_n\cdot\prod_{p<q}^{1\cdots n}(\cos x_q-\cos x_p)\tag{8}$$

最后我们来研究行列式

$$W_{CS}(x_0,x_1,\cdots,x_{2n})=\begin{vmatrix}1 & 1 & \cdots & 1\\ \cos x_0 & \cos x_1 & \cdots & \cos x_{2n}\\ \sin x_0 & \sin x_1 & \cdots & \sin x_{2n}\\ \cos 2x_0 & \cos 2x_1 & \cdots & \cos 2x_{2n}\\ \sin 2x_0 & \sin 2x_1 & \cdots & \sin 2x_{2n}\\ \vdots & \vdots & & \vdots\\ \cos nx_0 & \cos nx_1 & \cdots & \cos nx_{2n}\\ \sin nx_0 & \sin nx_1 & \cdots & \sin nx_{2n}\end{vmatrix}\tag{9}$$

现在应用递推方法便不方便了,我们采用别的方法,在行列式中把列换成行,并且为了简单起见我们约定只写出一列,而去掉 x 的指标;这样便写成

$$W_{CS}=|\,1\cos x\sin x\cos 2x\sin 2x\cdots\cos nx\sin nx\,|$$

用 i 去乘第 $3,5,\cdots,2n+1$ 诸行并把它们分别加到第 $2,4,\cdots,2n$ 诸行上去,便得到

$$W_{CS}=|\,1\mathrm{e}^{\mathrm{i}x}\sin x\mathrm{e}^{2\mathrm{i}x}\sin 2x\cdots\mathrm{e}^{n\mathrm{i}x}\sin nx\,|$$

用 $-2\mathrm{i}$ 去乘第 $3,5,\cdots,2n+1$ 诸行

$$(-2\mathrm{i})^nW_{CS}=$$

$$|\,1\mathrm{e}^{\mathrm{i}x}-2\mathrm{i}\sin x\mathrm{e}^{2\mathrm{i}x}-2\mathrm{i}\sin 2x\cdots\mathrm{e}^{n\mathrm{i}x}-2\mathrm{i}\sin nx\,|$$

并且把第 2,4,…,2n 诸行分别加到第 3,5,…,2n+1 行上去

$$(-2\mathrm{i})^n W_{CS}=|\ 1\mathrm{e}^{\mathrm{i}x}\mathrm{e}^{-\mathrm{i}x}\mathrm{e}^{2\mathrm{i}x}\mathrm{e}^{-2\mathrm{i}x}\cdots\mathrm{e}^{\mathrm{i}nx}\mathrm{e}^{-\mathrm{i}nx}\ |$$

行列式的第一列乘上 $\mathrm{e}^{n\mathrm{i}x_0}$，第二列乘上 $\mathrm{e}^{n\mathrm{i}x_1}$，如此等等

$$\mathrm{e}^{n\mathrm{i}}\sum_{m=0}^{2n}x_m\cdot(-1)^{n(n+1)}\cdot(-2t)^n W_{CS}=$$
$$|\ 1\mathrm{e}^{\mathrm{i}x}\mathrm{e}^{2\mathrm{i}x}\cdots\mathrm{e}^{2n\mathrm{i}x}\ |$$

上式等式右端的行列式是通常的 $2n+1$ 阶 Vandermonde 行列式(参看例 3)

$$W(\mathrm{e}^{\mathrm{i}x_0},\mathrm{e}^{\mathrm{i}x_1},\cdots,\mathrm{e}^{\mathrm{i}x_n})=$$
$$(2\mathrm{i})^{n(2n+1)}\cdot\mathrm{e}^{\mathrm{i}n}\sum_{m=0}^{n}x_m\prod_{p<q}^{0\cdots 2n}\sin\frac{x_q-x_p}{2}$$

于是化简后便得

$$W_{CS}(x_0,x_1,\cdots,x_{2n})=2^{2n^2}\prod_{p<q}^{0\cdots n}\sin\frac{x_q-x_p}{2}\quad(10)$$

2.2 Lagrange 内插多项式

现在转到我们最感兴趣的问题中的一个上来.需要作出一个 n 次多项式 $P(x)$，它在给定的 $n+1$ 个点

$$x_0,x_1,x_2,\cdots,x_n$$

处分别取给定的值

$$y_0,y_1,y_2,\cdots,y_n$$

对这个问题我们可以给予几何的叙述:试作出一个多项式 $P(x)$，它的图形要经过$(n+1)$个给定的点 $M_k(x_k,y_k)(k=0,1,2,\cdots,n)$.

必须去确定多项式 $P(x)$ 的系数 c_m

$$P(x)=c_0+c_1x+c_2x^2+\cdots+c_nx^n \tag{11}$$

它们必须这样选取，使得关系式

$$P(x_m)=y_m, m=0,1,2,\cdots,n \tag{12}$$

都满足，或者更详细些是

$$\left.\begin{aligned} c_0+c_1x_0+c_2x_0^2+\cdots+c_nx_0^n=y_0 \\ c_0+c_1x_1+c_2x_1^2+\cdots+c_nx_1^n=y_1 \\ \vdots \\ c_0+c_1x_n+c_2x_n^2+\cdots+c_nx_n^n=y_n \end{aligned}\right\} \tag{13}$$

我们看出，得到的是一组含 $n+1$ 个未知量 $c_m(m=0,1,\cdots,n)$ 的 $n+1$ 个线性方程. 它的行列式显然便是

$$W(x_0,x_1,\cdots,x_n)$$

因为按照问题的含义，诸数 x_k 当中并没有相等的，所以这个行列式异于零. 于是方程组(13)，而同时也就是我们以上所提出的问题，具有而且只有一组解. 要求出这组解就应当由方程组(13)中去确定诸系数 c_m，然后代入(11)中去，但是这等同于由(11)与(13)中消去诸系数 c_m. 让“扩张”行列式(为了方便起见已经把行交换了)等于零立刻就完成了消去法

$$\begin{vmatrix} P(x) & 1 & x & x^2 & \cdots & x^n \\ y_0 & 1 & x_0 & x_0^2 & \cdots & x_0^n \\ y_1 & 1 & x_1 & x_1^2 & \cdots & x_1^n \\ \vdots & \vdots & \vdots & \vdots & & \vdots \\ y_n & 1 & x_n & x_n^2 & \cdots & x_n^n \end{vmatrix}$$

如果按照第一行的元素展开这个行列式，并注意到代数余因式都是 Vandermonde 行列式时，我们便得

$P(x)W(x_0,x_1,\cdots,x_n)=$

$$\sum_{m=0}^{n}(-1)^{m}y_{m}W(x,x_0,x_1,\cdots,x_{m-1},x_{m+1},\cdots,x_n)$$

把求和号中的行列式的行互换，就给出

$$P(x)W(x_0,x_1,\cdots,x_n)=$$

$$\sum_{m=0}^{n}y_{m}W(x_0,x_1,\cdots,x_{m-1},x,x_{m+1},\cdots,x_n)$$

从而便得

$$P(x)=\sum_{m=0}^{n}y_{m}\frac{W(x_0,x_1,\cdots,x_{m-1},x_{m+1},\cdots,x_n)}{W(x_0,x_1,\cdots,x_n)} \tag{14}$$

当注意到 Vandermonde 行列式(5) 的值时，我们便能断言，在化简后上列的公式可以具有如下的形式

$$P(x)=$$

$$\sum_{m=0}^{n}y_{m}\frac{(x-x_0)\cdots(x-x_{m-1})(x-x_{m+1})\cdots(x-x_n)}{(x_m-x_0)\cdots(x_m-x_{m-1})(x_m-x_{m+1})\cdots(x_m-x_n)}$$

于是，多项式 $P(x)$ 便作出来了，我们把它叫作 Lagrange 内插多项式[①].

例 4 当 $n=1$ 时，Lagrange 公式解答了解析几何中过两点作一直线的问题.

例 5 当 $n=2$ 时，这个公式解答了经过三点作一条具有垂直轴线的抛物线的问题，在这种情形下，如用 a,b 与 c 表示诸点的横坐标，而用 A,B 与 C 表示诸点的纵坐标，则 Lagrange 公式具有如下的形式

$$P(x)=A\frac{(x-b)(x-c)}{(a-b)(a-c)}+$$

---

① J. L. Lagrange, Lecons élémentaires sur les mathématiques (1795)(Oeuvres 7 第 286 页).

$$B\frac{(x-c)(x-a)}{(b-c)(b-a)}+$$

$$C\frac{(x-a)(x-b)}{(c-a)(c-b)}$$

例6　作一个二次多项式,它在点0,4与6处分别取值1,3与2.

解　我们得到

$$P(x)=1\cdot\frac{(x-4)(x-6)}{(0-4)(0-6)}+$$

$$3\cdot\frac{(x-6)(x-0)}{(4-6)(4-0)}+$$

$$2\cdot\frac{(x-0)(x-4)}{(6-0)(6-4)}=$$

$$1+\frac{7}{6}x-\frac{1}{6}x^2$$

例7　作一个三次多项式,它在点1,2,3与4处分别取值0,-5,-6与3.

答案:$P(x)=3-4x^2+x^3$.

Lagrange内插公式也可以硬造出来,而不利用Vandermonde行列式,即,不去解上面所述求多项式$P(x)$那个基本问题,而去试着解$(n+1)$个同一类型而较简的问题,要求得一个n次多项式$P_m(x)$,它们除掉在点x_m处外,在所有给定的点x处都等于零,而在点x_m $(0\leqslant m\leqslant n)$处其值为1.于是,诸多项式$P_m(x)$应满足条件

$$P_i(x_k)=\begin{cases}0 & 当k\neq i时\\1 & 当k=i时\end{cases}\quad(i,k=0,1,\cdots,n)\tag{15}$$

如果能作出这样的多项式$P_m(x)$,那么也就容易作出解决普遍问题的多项式$P(x)$:由关系式(15)便知,由公式

$$P(x) = y_0 P_0(x) + y_1 P_1(x) + \cdots + y_n P_n(x) \tag{16}$$

所规定的多项式 $P(x)$ 满足关系式(12). 但是要求出多项式 $P_m(x)$ 是很容易求得的:因为 $x_0, x_1, \cdots, x_{m-1}, x_{m+1}, \cdots, x_n$ 是它的零点,所以它便应当具有如下的形式

$$P_m(x) = A(x - x_0)\cdots(x - x_{m-1})(x - x_{m+1})\cdots(x - x_n)$$

选取因子 A 使得多项式 $P_m(x)$ 在点 x_m 处的值为 1,最后我们便得到

$$P_m(x) = \frac{(x - x_0)\cdots(x - x_{m-1})(x - x_{m+1})\cdots(x - x_n)}{(x_m - x_0)\cdots(x_m - x_{m-1})(x_m - x_{m+1})\cdots(x_m - x_n)}$$

把 $P_m(x)$ 的表达式代入(16),便仍得到 Lagrange 公式. 以上的讨论确立了多项式 $P(x)$ 的存在性,而 $P(x)$ 的唯一性是早已知道的,因为如果两个多项式在 $(n+1)$ 个点处具有相同的值,它们一定是彼此恒等的.

Lagrange 公式(12) 可以写成比较简练的形式. 引进 $(n+1)$ 次多项式

$$A(x) = (x - x_0)(x - x_1)\cdots(x - x_n)$$

容易看出

$$A'(x_m) = (x_m - x_0)\cdots(x_m - x_{m-1})(x_m - x_{m+1})\cdots(x_m - x_n)$$

从而便得

$$P(x) = \sum_{m=0}^{n} y_m \cdot \frac{A(x)}{(x - x_m)A'(x_m)} \tag{17}$$

例 8 作一个 $n-1$ 次多项式 $P(x)$,使它在

Chebyshev 多项式 $T_n(x)$ 的零点

$$x_m = \cos \frac{(2m-1)\pi}{2n}, m = 1, 2, \cdots, n$$

处的值是已知数 y_m.

解　令

$$A(x) = \dot{T}_n(x) = \frac{1}{2^{n-1}} \cos n\arccos x$$

我们便得到

$$A'(x) = \frac{n}{2^{n-1}} \cdot \frac{(-1)^{m-1}}{\sin \frac{(2m-1)\pi}{2n}}$$

于是

$$P(x) = \frac{1}{n} \cos n\arccos x \cdot \sum_{m=0}^{n} y_m \cdot \frac{(-1)^{m-1} \sin \frac{(2m-1)\pi}{2n}}{x - \cos \frac{(2m-1)\pi}{2n}}$$

2.3　三角内插法

要作一个 n 次的三角多项式 $T(x)$，使它在 $2n+1$ 个给定的点 $x_0, x_1, \cdots, x_{2n}$（$x_i - x_k \neq 2\lambda\pi$，当 $i \neq k$ 时）处分别取值

$$y_0, y_1, \cdots, y_{2n}$$

圆形上的解释是与通常 Lagrange 内插法相同的.

我们需要这样来选取多项式

$$T(x) = a_0 + (a_1 \cos x + b_1 \sin x) + \cdots + (a_n \cos nx + b_n \sin nx) \tag{18}$$

的系数,使得等式

$$T(x_m)=y_m,m=0,1,\cdots,2n$$

都成立.

所得的一组含 $2n+1$ 个未知量的 $2n+1$ 个方程

$$\begin{aligned}&a+(a_1\cos x_m+b_1\sin x_m)+\cdots+\\&(a_n\cos nx_m+b_n\sin nx_m)=\\&y_m,m=0,1,\cdots,2n\end{aligned}\tag{19}$$

具有行列式

$$\begin{aligned}&W_{CS}(x_0,x_1,\cdots,x_{2n})=\\&2^{2n^2}\prod_{p<q}^{0\cdots 2n}\sin\frac{x_q-x_p}{2}\end{aligned}\tag{20}$$

这个表达式毫无疑问是不等于零的. 因此问题有唯一的解.

将(18)与(19)消去诸系数,就给出

$$\begin{vmatrix}T(x) & 1 & \cos x & \sin x & \cdots & \cos nx & \sin nx\\ y_0 & 1 & \cos x_0 & \sin x_0 & \cdots & \cos nx_0 & \sin nx_0\\ \vdots & \vdots & \vdots & \vdots & & \vdots & \vdots\\ y_{2n} & 1 & \cos x_{2n} & \sin x_{2n} & \cdots & \cos nx_{2n} & \sin xn_{2n}\end{vmatrix}=0$$

或者按第一行的元素展开后,便有

$$\begin{aligned}&T(x)W_{CS}(x_0,\cdots,x_{2n})=\\&\sum_{m=0}^{2n}(-1)^m y_m W_{CS}(x,x_0,\cdots,x_{m-1},x_{m+1},\cdots,x_{2n})\end{aligned}$$

从而便得

$$T(x)=\sum_{m=0}^{2n}y_m\cdot\frac{W_{CS}(x_0,\cdots,x_{m-1},x,x_{m+1},\cdots,x_{2n})}{W_{CS}(x_0,\cdots,x_{2n})}$$

或者注意到(10),便得

$$T(x)=\sum_{m=0}^{2n}y_m\frac{\sin\frac{x-x_0}{2}\cdots\sin\frac{x-x_{m-1}}{2}\sin\frac{x-x_{m+1}}{2}\cdots\sin\frac{x-x_{2n}}{2}}{\sin\frac{x_m-x_0}{2}\cdots\sin\frac{x_m-x_{m-1}}{2}\sin\frac{x_m-x_{m+1}}{2}\cdots\sin\frac{x_m-x_{2n}}{2}} \tag{21}$$

这是关于三角内插多项式的普遍公式.

例 9　作一次的三角多项式 $T(x)$,使它在点 0,$\frac{5}{6}\pi$ 与 $\frac{4}{3}\pi$ 处分别取值 $1,\frac{1}{2}$ 与 $-\frac{1}{2}$.

解　我们得到

$$T(x)=1\cdot\frac{\sin\frac{x-\frac{5}{6}\pi}{2}\cdot\sin\frac{x-\frac{4}{3}\pi}{2}}{\sin\frac{0-\frac{5}{6}\pi}{2}\cdot\sin\frac{0-\frac{4}{3}\pi}{2}}+$$

$$\frac{1}{2}\frac{\sin\frac{x-\frac{4}{3}\pi}{2}\cdot\sin\frac{x-0}{2}}{\sin\frac{\frac{5}{6}\pi-\frac{4}{3}\pi}{2}\cdot\sin\frac{\frac{5}{6}\pi-0}{2}}+$$

$$(-\frac{1}{2})\cdot\frac{\sin\frac{x-0}{2}\cdot\sin\frac{x-\frac{5}{6}\pi}{2}}{\sin\frac{\frac{4}{3}\pi-0}{2}\cdot\sin\frac{\frac{4}{3}\pi-\frac{5}{6}\pi}{2}}=$$

$$\frac{1}{2}+\sin\left(x+\frac{\pi}{6}\right)$$

现在提出这样的问题:作 n 次的偶性三角多项式

$$T(x)=a_0+a_1\cos x+a_2\cos 2x+\cdots+a_n\cos nx$$

使它在 $n+1$ 个点

$$x_0, x_1, \cdots, x_n, x_i \pm x_k \neq 2\lambda\pi \text{ 当 } i \neq k \text{ 时}$$

分别取值 $y_0, y_1, \cdots, y_n$.

因为在这种情形下,所得方程组的行列式

$$W_C(x_0, x_1, \cdots, x_n) = 2^{\frac{1}{2}(n-1)n} \prod_{p<q}^{0\cdots n} (\cos x_q - \cos x_p)$$

异于零,所以解一定存在,而它是由下列公式给出的(可用类似于上述的计算来证明)

$$T(x) = \sum_{m=0}^{n} y_m \frac{(\cos x - \cos x_0)\cdots(\cos x - \cos x_{m-1})}{(\cos x_m - \cos x_0)\cdots(\cos x_m - \cos x_{m-1})} \cdot \frac{(\cos x - \cos x_{m+1})\cdots(\cos x - \cos x_n)}{(\cos x_m - \cos x_{m+1})\cdots(\cos x_m - \cos x_n)} \tag{22}$$

同样,在 n 个点

$$x_1, x_2, \cdots, x_n, x_i \pm x_k \neq 2\lambda\pi, \text{当 } i \neq k \text{ 时}, x_i \neq \lambda\pi$$

处取值

$$y_1, y_2, \cdots, y_n$$

的 n 次的奇性三角多项式

$$T(x) = b_1 \sin x + b_2 \sin 2x + \cdots + b_n \sin nx$$

也是存在的,并且它具有如下的形式

$$T(x) = \sum_{m=1}^{n} y_m \cdot \frac{\sin x}{\sin x_m} \cdot \frac{(\cos x - \cos x_1)\cdots(\cos x - \cos x_{m-1})}{(\cos x_m - \cos x_1)\cdots(\cos x_m - \cos x_{m-1})} \cdot \frac{(\cos x - \cos x_{m+1})\cdots(\cos x - \cos x_n)}{(\cos x_m - \cos x_{m+1})\cdots(\cos x_m - \cos x_n)} \tag{23}$$

这是因为行列式

$$W_S(x_1,x_2,\cdots,x_n)=2^{\frac{1}{2}(n-1)n}\sin x_1\sin x_2\cdots\sin x_n\cdot\prod_{p<q}^{n\cdots 0}(\cos x_q-\cos x_p)$$

是异于零的缘故.

公式(21),(22)与(23)是由Gauss得到的[①].

例 10　求一个二次的偶性多项式 $T(x)$，使它在点 $0,\frac{\pi}{4}$ 与 π 处取值为1,2与-2.

解　这个多项式具有如下的形式

$$T(x)=1\cdot\frac{(\cos x-\cos\frac{\pi}{4})(\cos x-\cos\pi)}{(\cos 0-\cos\frac{\pi}{4})(\cos 0-\cos\pi)}+$$

$$2\cdot\frac{(\cos x-\cos 0)(\cos x-\cos\pi)}{(\cos\frac{\pi}{4}-\cos 0)(\cos\frac{\pi}{4}-\cos\pi)}+$$

$$(-2)\frac{(\cos x-\cos 0)(\cos x-\cos\frac{\pi}{4})}{(\cos\pi-\cos 0)(\cos\pi-\cos\frac{\pi}{4})}=$$

$$\left(2-\frac{3}{4}\sqrt{2}\right)+\frac{3}{4}\cos x+$$

$$\left(-\frac{5}{2}+\frac{3}{4}\sqrt{2}\right)\cos 2x$$

例 11　求一个二次的奇性多项式 $T(x)$，使它在点 $\frac{\pi}{4}$ 与 $\frac{3}{4}\pi$ 处取值为2与-3.

解　我们得

① C. F. Gauss, Theoria interpolationis melhodo nova tractata (1805) (Werke, T. 3, 265－330).

$$T(x)=2\cdot\frac{\sin x}{\sin\frac{\pi}{4}}\cdot\frac{\cos x-\cos\frac{3}{4}\pi}{\cos\frac{\pi}{4}-\cos\frac{3}{4}\pi}+$$

$$(-3)\cdot\frac{\sin x}{\sin\frac{3}{4}\pi}\cdot\frac{\cos x-\cos\frac{\pi}{4}}{\cos\frac{3}{4}\pi-\cos\frac{\pi}{4}}=$$

$$-\frac{1}{\sqrt{2}}\sin x+\frac{5}{2}\sin 2x$$

公式(21)～(23)也可以像通常多项式那样来导出，只要预先作出：

(1) 多项式 $T_m(x)$，它们满足下列条件

$$T_i(x_k)=\begin{cases}0 & 当\ i\neq k\ 时\\ 1 & 当\ i=k\ 时\end{cases}\quad(i,k=0,1,\cdots,2n)$$

(2)n 次偶多项式 $T_m(x)$，它们由下述条件来规定

$$T_i(x_k)=\begin{cases}0 & 当\ i\neq k\ 时\\ 1 & 当\ i=k\ 时\end{cases}\quad(i,k=0,1,\cdots,n)$$

(3)n 次奇多项式 $T_m(x)$，它们由下述条件来规定

$$T_i(x_k)=\begin{cases}0 & 当\ i\neq k\ 时\\ 1 & 当\ i=k\ 时\end{cases}\quad(i,k=1,2,\cdots,n)$$

只是必须要注意到奇性多项式在 $x=0$ 与 $x=\pi$ 时必定变为零.

公式(21)～(23)可以有更简练的形式. 置

$$B(x)=\sin\frac{x-x_0}{2}\cdots\sin\frac{x-x_{2n}}{2}\text{①}$$

我们便得到

① 应当注意到 $B(x)$ 并不是周期为 2π 的三角多项式.

$$B'(x_m)=\frac{1}{2}\sin\frac{x_m-x_0}{2}\cdots\sin\frac{x_m-x_{m-1}}{2}\cdot$$

$$\sin\frac{x_m-x_{m+1}}{2}\cdots\sin\frac{x_m-x_n}{2}$$

然后公式(21)便可以写成

$$T(x)=\frac{1}{2}\sum_{m=0}^{2n}y_m\cdot\frac{B(x)}{B'(x_m)\sin\frac{x-x_m}{2}} \tag{24}$$

同样,(22)与(23)可以写成

$$T(x)=-\sum_{m=0}^{n}y_m\cdot\frac{C(x)\sin x_m}{C'(x_m)(\cos x-\cos x_m)}\text{①} \tag{25}$$

与

$$T(x)=-\sin x\cdot\sum_{m=0}^{n}y_m\cdot\frac{D(x)}{D'(x_m)(\cos x-\cos x_m)} \tag{26}$$

其中

$$C(x)=(\cos x-\cos x_0)\cdots(\cos x-\cos x_n)$$

$$D(x)=(\cos x-\cos x_1)\cdots(\cos x-\cos x_n)$$

例 12　满足条件

$$T\left(\frac{2m\pi}{2n+1}\right)=y_m,m=0,1,\cdots,2n$$

的 n 次多项式 $T(x)$ 是

$$T(x)=\frac{1}{2n+1}\sum_{m=0}^{2n}y_m\cdot$$

---

① 若 $x_m=0$(或 π),那么 y_m 后的分数因式应换成

$$\frac{C(x)}{C''(0)(\cos x-1)}\left(\text{或}\frac{C(x)}{C''(\pi)(\cos x+1)}\right)$$

$$(-1)^m \frac{\sin\frac{2n+1}{2}x}{\sin\left(\frac{x}{2}-\frac{m\pi}{2n+1}\right)}=$$

$$\frac{1}{2n+1}\sum_{m=0}^{2n} y_m \cdot \frac{\sin(2n+1)\left(\frac{x}{2}-\frac{m\pi}{2n+1}\right)}{\sin\left(\frac{x}{2}-\frac{m\pi}{2n+1}\right)} \tag{27}$$

例 13 满足条件

$$T\left(\frac{m\pi}{n}\right)=y_m, m=0,1,\cdots,n$$

的 n 次偶性多项式 $T(x)$ 是

$$T(x)=\frac{1}{n}\sin x\sin nx\left[-\frac{1}{2}y_0\cdot\frac{1}{\cos x-1}+\sum_{m=0}^{n-1}y_m\cdot(-1)^{m+1}\cdot\frac{1}{\cos x-\cos\frac{m\pi}{n}}+\frac{(-1)^{n+1}}{2}\cdot y_n\cdot\frac{1}{\cos x+1}\right] \tag{28}$$

例 14 满足条件

$$T\left(\frac{m\pi}{n+1}\right)=y_m, m=1,2,\cdots,n$$

的 n 次奇性多项式是

$$T(x)=\frac{1}{n+1}\sum_{m=1}^{n}y_m\cdot(-1)^{m-1}\frac{\sin\frac{m\pi}{n+1}\cdot\sin(n+1)x}{\cos x-\cos\frac{m\pi}{n+1}} \tag{29}$$

2.4　有限差与阶乘多项式

设 $f(x)$ 是任一函数，h 是一个不等于零的常数.

表达式

$$\Delta f(x)=f(x+h)-f(x)$$

称为函数 $f(x)$ 在点 x 处的一阶有限差. 同样，表达式

$$\begin{aligned}&\Delta_2 f(x)=\Delta\Delta f(x)=\\&[f(x+2h)-f(x+h)]-\\&[f(x+h)-f(x)]=\\&f(x+2h)-2f(x+h)+f(x)\end{aligned}$$

是二阶有限差，如此等等. 一般说来，用递推公式

$$\Delta_{n+1} f(x)=\Delta\delta_n f(x)$$

可以定义任何阶的有限差.

当相继构成各阶有限差时，容易看出，这些有限差可以用函数在相继诸点 $x+mh(m=0,1,2,\cdots)$ 处的值很简单地表达出来，即

$$\Delta_n f(x)=\sum_{m=0}^{n}(-1)^{n-m}C_n^m f(x+mh) \tag{30}$$

用完全归纳法能很容易证实这个公式.

反过来，在相继的各点 $x+nh$ 处的函数值，能表成在起始点处相继的各阶有限差的线性组合

$$f(x+nh)=\sum_{m=0}^{n}C_n^m\Delta_m f(x) \tag{31}$$

在这里我们约定把所给的函数当作 0 阶的有限差

$$\Delta_0 f(x)=f(x)$$

公式(31) 也可以用归纳法来建立，但是我们宁愿

直接由关系式(30)来导出它，这无异于把它们就$f(x+mh)$解出来，在(30)中改变记号

$$\Delta_m f(x)=\sum_{k=0}^{n}(-1)^{m-k}C_m^k f(x+kh)$$

然后用C_n^m去乘并按m由0到n相加便得到

$$\sum_{m=0}^{n}C_n^m\Delta_m f(x)=\sum_{m=0}^{n}\sum_{k=0}^{n}(-1)^{m-k}C_n^m C_m^k f(x+kh)=$$

$$\sum_{k=0}^{n}\sum_{m=0}^{n}(-1)^{m-k}C_n^m C_m^k f(x+kh)$$

要得到(31)，只要注意到

$$C_n^m C_m^k=C_n^k C_{n-k}^{m-k}$$

因而

$$\sum_{m=k}^{n}(-1)^{m-k}C_n^m C_m^k=C_n^k\sum_{m=k}^{n}(-1)^{m-k}C_{n-k}^{m-k}=$$

$$\begin{cases}0 & \text{当 } k<n \text{ 时}\\ 1 & \text{当 } k=n \text{ 时}\end{cases}$$

例 15 在计算各阶有限差时，通常是这样来安排运算的

x	f	Δf	$\Delta_2 f$	$\Delta_3 f$	$\Delta_4 f$
15	714	6	2	-8	27
16	720	8	-6	19	-53
17	728	2	13	-34	102
18	730	15	-21	68	-148
19	745	-6	47	-80	88
20	739	41	-33	8	
21	780	8	-25		
22	788	-17			
23	771				

$(h=1)$

这个例子中 $f(x)$ 的值是假定由经验确定的：例如，可以把 x 看为每月的日数，而 f 是气压计的度数.

例 16　设 $f(x)=\lg x$，则差分表便具有如下形式

x	f	Δf	$\Delta_2 f$	$\Delta_3 f$
1.0	00000	4 139	−360	57
1.1	04 139	3 779	−303	46
1.2	07 918	3 476	−257	34
1.3	11 394	3 219	−223	30
1.4	14 613	2 996	−193	23
1.5	17 609	2 803	−170	19
1.6	20 412	2 633	−151	17
1.7	23 045	2 482	−134	14
1.8	25 527	2 348	−120	
1.9	27 875	2 228		
2.0	30 103			

$(h=0.1)$

有限差的理论（或说成有限差分学）是微分学的原始形式. 在历史上，微分学也正是由有限差的理论产生的. 同阶的有限差与导数之间的联系能用取极限的方法得到

$$\lim_{k\to 0}\frac{\Delta_n f(x)}{k^n}=f^{(n)}(x)^{①} \tag{32}$$

为了证明，我们指出，依据有限增量定理

$$\Delta\Phi(x)=h\Phi'(\xi)$$

其中 $x<\xi<x+h$；重复应用这一等式便得出

$$\Delta_n f(x)=\Delta\Delta_{n-1}f(x)=h[\Delta_{n-1}f(x)]'\mid_{x=\xi_1}=$$
$$h\Delta_{n-1}f'(x)\mid_{x=\xi_1}=$$

① 在这里导数 $f^{(n)}(x)$ 假定是连续的.

$$h\Delta_{n-1}f'(\xi_1),x<\xi_1<x+h$$

$$\Delta_{n-1}f'(\xi_1)=h\Delta_{n-2}f''(\xi_2),\xi_1<\xi_2<\xi_1+h$$

$$\vdots$$

$$\Delta f^{(n-1)}(\xi_{n-1})=hf^{(n)}(\xi_n),\xi_{n-1}<\xi_n<\xi_{n-1}+h$$

于是

$$\Delta_n f(x)=h^n f^{(n)}(\xi),x<\xi=\xi_n<x+nh \quad (33)$$

用 h^n 除等式(33)后,让 h 趋于零,就行了.

连算子 Δ 的适合分配律的性质

$$\Delta[c_1f_1(x)+c_2f_2(x)+\cdots+c_nf_n(x)]=$$
$$c_1\Delta f_1(x)+c_2\Delta f_2(x)+\cdots+c_n\Delta f_n(x)$$

及显然的等式

$$\Delta x^m=(x+h)^m-x^m=mh^{m-1}+\cdots$$

便知,如同在求微分时一样,当组成有限差时多项式的次数降低一次.从而知 n 次多项式 $P(x)=c_nx^n+\cdots$ 的 n 阶有限差是常数,即

$$\Delta_n P(x)=n!\ h^n c_n$$

应当指出,当要求去计算多项式在相继各点(它们组成算术级数)处的一些值时,利用这一事实是方便的.例如,在计算三次多项式 $P(x)=x^3-3x^2+7x-5$ 在 $x=0,1,2$ 等点处的数值表

x	P	ΔP	$\Delta_2 P$	$\Delta_3 P$
0	-5	5	0	6
1	0	5	6	6
2	5	11	12	6
3	16	23	18	6
4	39	41		
5	80			

时,我们可以直接计算 $P(0)$,$P(1)$,$P(2)$ 与 $P(3)$,然

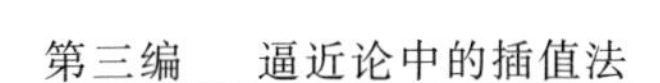

后利用减法去组成差 $\Delta P(0)$，$\Delta_2 P(0)$ 与 $\Delta_3 P(0)$，并在 $\Delta_2 P$ 这一行填上常数值，而反过来只利用加法去计算出 $P(4)$，$P(5)$ 等.

在有限差理论中起特殊作用的是所谓阶乘多项式(或简称为阶乘)，它的零点组成一个公差为 h 的算术级数

$$\Phi_0(x-a,h)\equiv 1$$

$$\Phi_n(x-a,h)=\frac{1}{n!\ h^n}(x-a)(x-a-h)\cdots(x-a-\overline{n-1}h)\quad n=1,2,3,\cdots \tag{34}$$

类似于

$$\left[\frac{(x-a)^{n+1}}{(n+1)!}\right]=\frac{(x-a)^n}{n!}$$

我们有

$$\Delta\Phi_{n+1}(x-a,h)=\Phi_n(x-a,h) \tag{35}$$

实际上

$$\begin{aligned}\Delta\Phi_{n+1}(x-a,h)=&\frac{1}{(n+1)!\ h^{n+1}}[(x+h-a)(x-a)\cdots\\&(x-a)\cdots\overline{n-1}h)-\\&(x-a)(x-a-h)\cdots(x-a-nh)]=\\&\frac{1}{(n+1)!\ h^{n+1}}(x-a)\cdots\\&(x-a-\overline{n-1})[(x+h-a)-\\&(x-a-nh)]=\\&\frac{1}{n!\ h^n}(x-a)(x-a-h)\cdots\\&(x-a-\overline{n-1}h)=\\&\Phi_n(x-a,h)\end{aligned}$$

此外,我们注意等式

$$\Phi_n(0,h)=0, n=1,2,\cdots \tag{36}$$

所述阶乘多项式的性质使得任一多项式都能很容易按它们而展开.任一 n 次多项式 $P(x)$ 都能表达成

$$P(x)=c_0\Phi_0(x-a,h)+c_1\Phi_1(x-a,h)+c_2\Phi_2(x-a,h)+\cdots+c_n\Phi_n(x-a,h) \tag{37}$$

的形式,因为阶乘多项式 $\Phi_n(x-a,h)(n=0,1,2,\cdots)$ 中 x^n 的系数都不等于 0.要确定诸系数 $c_m(0\leqslant m\leqslant m)$,只要注意到公式(35),并把运算子 Δ 对恒等式(37)应用 n 次就可以了

$$\Delta P(x)=c_1\Phi_0(x-a,h)+c_2\Phi_1(x-a,h)+\cdots+c_n\Phi_{n-1}(x-a,h)$$

$$\Delta_2 P(x)=c_2\Phi_0(x-a,h)+\cdots+c_n\Phi_{n-2}(x-a,h)$$

$$\vdots$$

$$\Delta_n P(x)=c_n\Phi_0(x-a,h) \tag{38}$$

然后在恒等式(37)与(38)中置 $x=a$,那么便得到(应用(36))

$$c_0=P(a)$$

$$c_1=\Delta P(a)$$

$$c_2=\Delta_2 P(a)$$

$$\vdots$$

$$c_n=\Delta_n P(a)$$

把所求得的系数值代入恒等式(37)中,我们便得到任一个 n 次多项式 $P(x)$ 按阶乘多项式的展开式

$$P(x)=P(a)\Phi_0(x-a,h)+\Delta P(a)\Phi_1(x-a,h)+\Delta_2 P(a)\Phi_2(x-a,h)+\cdots+\Delta_n P(a)\Phi_n(x-a,h) \tag{39}$$

或者更详细些

$$P(x)=P(a)+\Delta P(a)\frac{x-a}{1!\ h}+$$

$$\Delta_2 P(a)\frac{(x-a)(x-a-h)}{2!\ h^2}+\cdots+$$

$$\Delta_n P(a)\frac{(x-a)(x-a-h)\cdots(x-a-\overline{n-1}h)}{n!\ h^n}$$

$$(40)$$

例 17　试按阶乘多项式 $\Phi_n(x+3,2)$ 展开多项式 $P(x)=x^3+4x^2+7$.

解　由

$$P(-3)=16,P(-1)=10$$

$$P(1)=12,P(3)=70$$

便得到

$$\Delta P(-3)=-6$$

$$\Delta_2 P(-3)=8$$

$$\Delta_3 P(-3)=48$$

于是依据公式(39)有

$$P(x)=16\Phi_0(x+3,2)-6\Phi_1(x+3,2)+$$

$$8\Phi_2(x+3,2)+48\Phi_3(x+3,2)$$

例 18　试按阶乘多项式

$$\Phi_n(x,1)=\frac{x(x-1)\cdots(x-n+1)}{n!}\equiv\Phi_n$$

展开 x^2,x^3 与 x^4.

答案

$$x^2=\Phi_1+2\Phi_1$$

$$x^3=\Phi_1+6\Phi_2+6\Phi_3$$

$$x^4=\Phi_1+14\Phi_2+36\Phi_3+24\Phi_4$$

例 19　试按阶乘 $\Phi_m(x,1)(m=0,1,\cdots,n)$ 展开 $\Phi_n(x-p,1)(p>0$,整数).

答案:$\Phi_n(x-p,1)=$

$$(-1)^n\sum_{m=0}^{n}(-1)^m C_{n-m+p-1}^{p-1}\Phi_m(x,1)$$

我们讲一个例子,它充分说明了把多项式按阶乘展开是多么有用.

现在来讲多项式的求和法.

正如同积分法是微分法的逆运算一样,求和是作成有限差的逆运算.即,若给出了方程

$$\Delta F(x)=f(x)$$

其中 $f(x)$ 是已知函数,而 $F(x)$ 是要求的函数,那么(当假设变量 x 由级数 $a+mk(m=0,1,2,\cdots)$ 中取值时)这个方程的普遍解便是和

$$F(x)=C+f(a)+f(a+h)+f(a+2h)+\cdots+f(x-h)$$

(C 是任意常数).

实际上

$$\begin{aligned}\Delta F(x)=F(x+h)-F(x)=\\&[C+f(a)+f(a+h)+\cdots+\\&f(x-h)+f(x)]-\\&[C+f(a)+f(a+h)+\cdots+\\&f(x-h)]=\\&f(x)\end{aligned}$$

从而可知,如果已知方程(41)的某个特解(我们把它记为 $F(x)$),那么便有下面的等式

$$f(a)+f(a+h)+f(a+2h)+\cdots+f(x-h)=F(x)-F(a)$$

或者,当置 $x=a+nh$ 时,可以更简单地写成

$$\sum_{m=0}^{n-1} f(a+mh)=F(a+nh)-F(a)=F(x)\Big|_{a}^{a+nh} \tag{42}$$

现在我们注意这种情形：如果 $f(x)$ 是多项式 $P(x)$，那么便很容易得到方程(14)的一个特解，只要把 $P(x)$ 按阶乘 $\Phi_n(x-a,h)$ 展开，然后把所有阶乘的指标都加 1 就行了，即，由公式(39)我们得到

$$F(x)=P(a)\Phi_1(x-a,h)+\Delta P(a)\Phi_2(x-a,h)+\cdots+\Delta_n P(a)\Phi_{n+1}(x-a,h)$$

而形如

$$\sum_{m=0}^{n-1} P(a+mh)$$

的和按照公式(42)便很容易计算出来.

例 20　计算下列各和

$$S_n^{(2)}=\sum_{m=0}^{n-1} m^2$$

$$S_n^{(3)}=\sum_{m=0}^{n-1} m^3$$

与

$$S_n^{(4)}=\sum_{m=0}^{n-1} m^4$$

解　由例 4 中所得的展开式便得出

$$S_n^{(2)}=\Phi_2+2\Phi_3\Big|_0^n=\frac{n(n-1)}{2!}+2\cdot\frac{n(n-1)(n-2)}{3!}=\frac{1}{6}n(n-1)(2n-1)$$

$$S_n^{(3)}=\Phi_2+6\Phi_3+6\Phi_4\Big|_0^n=$$
$$\frac{n(n-1)}{2!}+6\cdot\frac{n(n-1)(n-2)}{3!}+$$
$$6\cdot\frac{n(n-1)(n-2)(n-3)}{4!}=$$
$$\frac{1}{4}n^2(n-1)^2$$

$$S_n^{(4)}=\Phi_2+14\Phi_3+36\Phi_4+24\Phi_5\Big|_0^n=$$
$$\frac{n(n-1)}{2!}+14\cdot\frac{n(n-1)(n-2)}{3!}+$$
$$36\cdot\frac{n(n-1)(n-2)(n-3)}{4!}+$$
$$24\cdot\frac{n(n-1)(n-2)(n-3)(n-4)}{5!}=$$
$$\frac{1}{30}n(n-1)(2n-1)(3n^2-3n-1)$$

2.5 内插法,表的应用

设给定了某个函数 $f(x)$,并给出 $(n+1)$ 个点 x_0, x_1,…,x_n. 在所给各点处与所给函数 $f(x)$ 具有相同值的 n 次多项式 $P(x)$

$$P(x_m)=f(x_m),m=0,1,\cdots,n \tag{43}$$

便是关于函数 $f(x)$ 及点 x_m 全体的 Lagrange 内插多项式. 求多项式 $P(x)$ 及计算它在不与已知点相合的诸点 x 处的值的方法称为内插法;函数 $f(x)$ 称为求插函数;点 x_m 称为内插点或结点. 后面这个名词,当然是就实数域中的内插法几何图像而言的:因为在点 x_m 处

多项式 $P(x)$ 的值与 $f(x)$ 的值相同，而在其他点处它的值一般地讲与 $f(x)$ 的值相异，函数 $P(x)$ 与 $f(x)$ 的图形具有以 x_m 为横坐标的公共点，自然就称这些点为结点(图1). 顺便我们指出，在结点所构成的区间之外的点 x 处计算 $P(x)$ 的值有时称为外插法，当点 x 在诸结点之间时我们保留内插法(狭义的)这个名称.[①] 我们不必很注意这种区别.

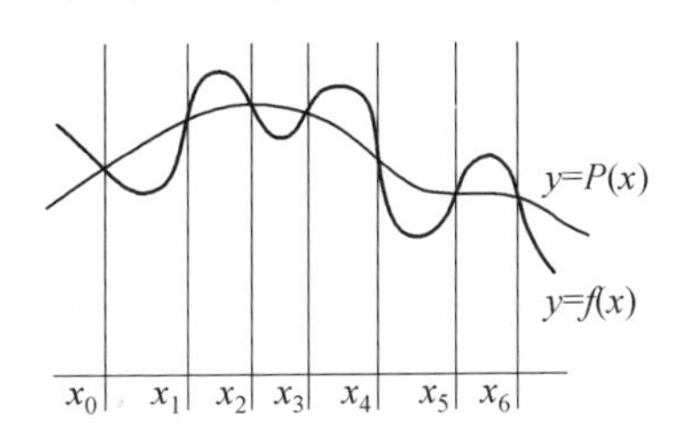

图1

内插法的理论起源于编造与使用数学表的实践，这也就是在这个领域中获得最直接的应用. 如果在表中没有变数的所给值，那么，为了计算对应的函数值，就必定要进行内插法. 其先决条件是假定用所作的内插多项式来代替函数时引起的误差相当小. 最常用的是线性内插法($n=1$)，作为结点的是表上有的两个相邻近的(左边的与右边的)变数值. 但是只有在这样的情形下才是可能的：表编造得相当详细，使得表上相邻的两点之间的函数图形可以近似地看成直线.

在其他的情形(当图形可以近似地当作抛物线时)，利用二次内插法($n=2$)，而选取所给变数值左边

① 内插与外插，拉丁文的字头 inter 与 extra，它们的意义是在……之间与在……之外.

的两点及右边的一点(或者反过来)作为结点,有时就精确的程度来说二次内插法也不能给出满意的结果.

在讲到这个事情时,应当指出,函数内插法问题用第 2.2 节中所给的公式是完全可以解决的.事实上,在点的个数等于多项式待定系数的个数这一条件下,我们已经会去作出在已知点 x_m 处取已知值 y_m 的多项式.现在只要假定那些已知值 y_m 恰好是求插函数 $f(x)$ 在诸点 x_m 处的函数值 $f(x_m)$,就得到了满足条件(43)的多项式 $P(x)$.于是,函数 $f(x)$ 与一些相应的结点 $x_m(m=0,1,2,\cdots,n)$ 的 Lagrange 内插多项式便是

$$P(x)=\sum_{m=0}^{n}f(x_m)\cdot\frac{(x-x_0)\cdots(x-x_{m-1})(x-x_{m+1})\cdots(x-x_n)}{(x_m-x_0)\cdots(x_m-x_{m-1})(x_m-x_{m+1})\cdots(x_m-x_n)}\tag{44}$$

或

$$P(x)=\sum_{m=0}^{n}f(x_m)\frac{A(x)}{(x-x_m)A'(x_m)}$$

$$A(x)=\prod_{m=0}^{n}(x-x_m)\tag{45}$$

如果求插函数 $f(x)$ 是周期函数(周期是 2π),那么自然[①]要应用三角内插法.在第 2.3 节中的公式(21),(22)与(23)中,用求插函数的值 $f(x_m)$ 来代替那些已知数 y_m,便得到内插多项式 $T(x)$ 的相应的公

---

① 因为所指的是在全周期内给出函数的近似表达,而不是在某些部分区间上.

式.不必把那些公式再写一次了.

再回到通常的 Lagrange 内插法时,我们要研究在造表工作中常遇到的等距结点这种最重要的特殊情形.即,我们取

$$x_m = a + mh, h \neq 0, m = 0, 1, \cdots, n$$

那么条件便呈下形

$$P(a + mh) = f(a + mh), m = 0, 1, \cdots, n \quad (46)$$

因为函数在相继各点处的值可以用在起始点的有限差来表达,而反之亦然,所以这些条件便和下列条件等价

$$\Delta_m P(a) = \Delta_m f(a), m = 0, 1, \cdots, n \quad (47)$$

另一方面,我们已经得到了用任一多项式在起始点的有限差来表达这多项式的公式(40),从而根据关系式(47)便知所求的多项式具有形式

$$P(x) = f(a) + \Delta f(a) \frac{x-a}{1!\ h} + \Delta_2 f(a) \frac{(x-a)(x-a-h)}{2!\ h^2} + \cdots + \Delta_n f(a) \frac{(x-a)(x-a-h)\cdots(x-a-\overline{n-1}h)}{n!\ h^n} \quad (48)$$

这个多项式称为关于 $f(x)$ 及点 $a + mh(m = 0, 1, \cdots, n)$ 全体的 Newton 内插多项式①.

公式(14)与(48)彼此很不相似.但是刚才所解决的问题是内插法一般问题的特例,而我们已经知道,在

① J. Newton, Philosophiae naturalis principia mathematica (1687),第三卷,引理 5,情形 1,也可参看 Methodus differentialis(1711).实际上公式(48)是属于 Грегори(1670)的.

最一般的情形中这个问题只有一个解. 从而无需直接核验显然便知,公式(14) 与(48) 的右端(在其中 $x_m = a + mh; m = 0,1,\cdots,n$) 是彼此恒等的. 只是在各项的组合上有所不同,Lagrange 多项式是按照我们以前(在第 2.2 节) 记作 $P_m(x)$ 的那些多项式来配列的,而 $P_m(x)$ 的系数便是函数在相继各点的值,但是 Newton 多项式是按照阶乘多项式 $\Phi_m(x-a;h)$ 来配列的,$\Phi_m(x-a;h)$ 的系数是在起点的有限差,在实际上对于等距结点的情形应用 Newton 公式有很大的方便,其所以如此,特别是因为如果注意到在添加一个新的结点而不改变原先的旧结点使多项式的次数增高一次与结点的个数增加一个,以改善近似的程度时,那么这在 Newton 多项式中,由(48) 看出这时只要多计算一项,而 Lagrange 多项式就需要重新计算.

例 21 线性内插法. 设 $n=1$,又 $a < x < a+h$,我们得到

$$P(x) = f(a) + \Delta f(a) \cdot \frac{x-a}{h}$$

从而得(当略去误差不计时,即假设 $f(x) = P(x)$)

$$\frac{f(x) - f(a)}{f(a+h) - f(a)} = \frac{x-a}{h} \tag{49}$$

例 22 二次内插法. 如果有理由认为线性内插法不能给出足够的精确度的话,那么便可以应用二次的公式($n=2$)

$$P(x) = f(a) + \Delta f(a) \cdot \frac{x-a}{h} + \Delta_2 f(a) \cdot \frac{(x-a)(x-a-h)}{2h^2}$$

这时对线性内插的结果添加了"校正数"

$$\frac{1}{2}\{[f(a+2h)-f(a+h)]-$$

$$[f(a+h)-f(a)]\}\frac{(x-a)(x-a-h)}{h^2}$$

可以用两种方式来选取起始点 a：如果在表中有给定的 x 值

$$\cdots p,q,r,s,\cdots$$

并且所考虑的 x 值又异于 q 与 r 之间，那么可以置

(1) $a=q, a+h=r, a+2h=s$.

或

(2) $a=p, a+h=q, a+2h=r$.

当 $x'>\frac{q+r}{2}$ 时第一种选法比较方便，当 $x<\frac{q+r}{2}$ 时第二种选法比较方便，要判断二次校正数是否必要，有时可以把它实际计算出来并根据它的绝对值来解决这个问题.

例 23　利用从 1 到 100 的自然数的五位常用对数表，试计算 lg 12.7.

解　根据表我们得到这样的一些已知数：

x	$\lg x$	Δ	Δ_2
12	07 918	3 476	−257
13	11 394	3 219	
14	14 613		

用线性内插所得的结果是

$$1.079\ 18+0.034\ 76\cdot\frac{0.7}{1}=1.103\ 51$$

二次校正数是

$$-\frac{1}{2}\cdot 0.002\,57\cdot 0.7\cdot(-0.3)=0.000\,27$$

用二次内插法所得的结果是:1.103 78.

例 24 试根据 1930 年的《航海历书》算出 1 月 13 日(子夜)1 时 45 分月亮的坐标.

1930 年 1 月 13 日的月亮

小时	赤经			赤纬		
	h	m	s	°	′	″
1	5	38	41.94	26	58	49.8
2	5	41	29.53	27	2	23.7
3	5	44	17.45	27	5	45.3

解 计算赤经

$$\begin{array}{lrrr}
 & h & m & s\\
f(a)= & 5 & 38 & 41.94\\
\Delta f(a)= & & 2 & 47.59\\
\Delta_2 f(a)= & & & 0.03
\end{array}
\qquad
\begin{array}{lrrr}
 & h & m & s\\
f(a) & =5 & 38 & 41.94\\
\Delta f(a)\cdot\frac{x-a}{h} & = & 2 & 5.69\\
\frac{1}{2}\Delta_2 f(a)\cdot\frac{(x-a)(x-a-h)}{h^2} & = & & -0.03\\
\hline
 & 5 & 40 & 47.60
\end{array}$$

计算赤纬

$$\begin{array}{lrrr}
 & ^\circ & ' & ''\\
f(a)= & 26 & 58 & 49.8\\
\Delta f(a)= & & 3 & 33.9\\
\Delta_2 f(a)= & & & -12.3
\end{array}
\qquad
\begin{array}{lrrr}
 & ^\circ & ' & ''\\
f(a) & =26 & 58 & 49.8\\
\Delta f(a)\cdot\frac{x-a}{h} & = & 2 & 40.4\\
\frac{1}{2}\Delta_2 f(a)\cdot\frac{(x-a)(x-a-h)}{h^2} & = & & 1.1\\
\hline
 & 27 & 1 & 31.3
\end{array}$$

下面的例子是取自杨开与恩特的表[①].

例 25 试计算 Laplace 积分

① Э. янкеи Ф. эмде, таблицы с формулами и кривыми, М. — Л. Гостехиздат, 1948.

$$\Phi(x)=\frac{2}{\sqrt{\pi}}\int_{0}^{x}\mathrm{e}^{-x^{2}}\mathrm{d}x$$

当 $x=1.237$ 时的值.

解　在表中我们得到函数 $\Phi(x)$ 的下列数值：

x	Φ	$\Delta\Phi$
1.20	0.910 3	27
1.21	0.913 0	25
1.22	0.915 5	26
1.23	0.918 1	24
1.24	0.920 5	24
1.25	0.922 9	23
1.26	0.925 2	

因为有限差 $\Delta\Phi$ 改变得相当均匀，所以应用线性内插法就行了，得出的结果是

$$\Phi(1.237)=0.919\ 8$$

例 26　试计算正弦积分

$$\sin x=\int_{0}^{x}\frac{\sin x}{x}\mathrm{d}x$$

当 $x=2.175$ 时的值.

解　表上给出

x	$\sin x$	Δ	Δ_2
2.0	1.605 4		
		433	
2.1	1.648 7		−44
		389	
2.2	1.687 6		−43
		346	
2.3	1.722 2		

用线性内插法时得到

$$\sin 2.175 = 1.6779$$

用二次内插法时(结点为 2.1,2.2 与 2.3)

$$\sin 2.175 = 1.6783$$

例 27 试计算 Frenicle 积分

$$S(x) = \frac{1}{\sqrt{2\pi}}\int_0^x \frac{\sin x}{\sqrt{x}}\mathrm{d}x$$

当 $x = 10.2$ 时的值.

解 由表得到

x	S	ΔS	$\Delta_2 S$	$\Delta_3 S$
9.5	0.628 6			
		−202		
10.0	0.608 4		−250	
		−452		118
10.5	0.563 2		−132	
		−584		
11.0	0.504 8			

以 10.0 与 10.5 为结点的线性内插法所得的结果是

$$S(10.2) = 0.5903$$

以 9.5,10.0 与 10.5 为结点的二次内插法给出

$$S(10.2) = 0.5933$$

最后,用具有四个结点的三次多项式作内插法,我们得到

$$S(10.2) = 0.5926$$

2.6 带均差的内插公式

我们已经知道,在等距结点的情形下,Newton 公

式比 Lagrange 公式具有更大的优点，即，当添加了新的结点时只需要多计算一项. 现在产生了一个问题：在随意结点的普遍情形下，能不能改变 Lagrange 公式使得所述的性质也成立呢？我们看得出来这是可能的. 为此，只要赋予内插多项式 $P(x)$ 如下之形式

$$P(x)=c_0A_0(x)+c_1A_1(x)+c_2A_2(x)+\cdots+c_nA_n(x) \tag{50}$$

其中

$$A_0(x)\equiv 1$$
$$A_m(x)=(x-x_0)(x-x_1)\cdots(x-x_{m-1}),m=1,2,\cdots,n$$

任何的 n 次多项式 $P(x)$ 都可以这样来表达而且只能用一种方式来完成，这是无需证明的. 只是需要寻找计算诸系数 c_m 的便利的方法.

设 $f(x)$ 是任一函数. 我们引进一些简略记号

$$\left.\begin{aligned}
&\omega(f;x_0)=f(x_0)\\
&\omega(f;x_0,x_1)=\frac{\omega(f;x_1)-\omega(f;x_0)}{x_1-x_0}\\
&\omega(f;x_0,x_1,x_2)=\frac{\omega(f;x_1,x_2)-\omega(f;x_0,x_1)}{x_2-x_0}\\
&\vdots\\
&\omega(f;x_0,x_1,\cdots,x_n)=\\
&\frac{\omega(f;x_1,x_2,\cdots,x_n)-\omega(f;x_0,x_1,\cdots,x_{n-1})}{x_n-x_0}
\end{aligned}\right\} \tag{51}$$

数值 $\omega(f;x_0,x_1,\cdots,x_m)$ 称为 m 阶（$m=0,1,\cdots$）的均差，计算这些数值，几乎与计算各阶有限差同样的简单. 宜于把运算排成下面的形式

x_0				
	$\omega(f;x_0)$			
x_1		$\omega(f;x_0,x_1)$		
	$\omega(f;x_1)$		$\omega(f;x_0,x_1,x_2)$	
x_2		$\omega(f;x_1,x_2)$		$\omega(f;x_0,x_1,x_2,x_3)$
	$\omega(f;x_2)$		$\omega(f;x_1,x_2,x_3)$	
x_3		$\omega(f;x_2,x_3)$		
	$\omega(f;x_3)$			
$\vdots$				

显然均差 $\omega(f;x_0,x_1,\cdots,x_m)(m=0,1,\cdots,n)$ 能用函数 $f(x)$ 在诸点 $x_k(k=0,1,\cdots,n)$ 处的值来线性地表达,并且反之亦然.

由此便得

$$\begin{aligned}&\omega(c_1f_1+c_2f_2+\cdots+c_kf_k;x_0,\cdots,x_m)=\\&c_1\omega(f_1;x_0,\cdots,x_m)+\\&c_2\omega(f_2;x_0,\cdots,x_m)+\cdots+\\&c_k\omega(f_k;x_0,\cdots,x_m)\end{aligned}\tag{52}$$

确定均差的诸公式(51)具有递推的性质,但是也可以用非递推性的公式

$$\omega(f;x_0,x_1,\cdots,x_m)=\begin{vmatrix}1&1&\cdots&1\\x_0&x_1&\cdots&x_m\\x_0^2&x_1^2&\cdots&x_m^2\\\vdots&\vdots&&\vdots\\x_0^{m-1}&x_1^{m-1}&\cdots&x_m^{m-1}\\f(x_0)&f(x_1)&\cdots&f(x_m)\end{vmatrix}:$$

$$\begin{vmatrix} 1 & 1 & \cdots & 1 \\ x_0 & x_1 & \cdots & x_m \\ x_0^2 & x_1^2 & \cdots & x_m^2 \\ \vdots & \vdots & & \vdots \\ x_0^{m-1} & x_1^{m-1} & \cdots & x_m^{m-1} \\ x_0^m & x_1^{m-1} & \cdots & x_m^m \end{vmatrix} \tag{54}$$

来给出它们,这是很容易用完全归纳法来证明的.

由公式(53)便显然看出,$\omega(f;x_0,x_1,\cdots,x_m)$是$x_0,x_1,\cdots,x_m$的对称函数,即当任意交换$x_0,x_1,\cdots,x_m$时$\omega(f;x_0,\cdots,x_m)$并不改变.同时这个公式也表明了

$$\omega(x^k;x_0,x_1,\cdots,x_m)=\begin{cases}0 & \text{当 } k<m \text{ 时}\\ 1 & \text{当 } k=m \text{ 时}\end{cases}$$

由此便知,如果$f(x)$是一个次数低于m的多项式,则$\omega(f;x_0,x_1,\cdots,x_m)$便变为零.

现在我们回到展开式(50)上.如果注意到

$$\omega(A_k;x_0,x_1,\cdots,x_m)=\begin{cases}0 & \text{当 } k\neq m \text{ 时}\\ 1 & \text{当 } k=m \text{ 时}\end{cases} \tag{54}$$

立刻就能够确定诸系数c_k.

实际上,如果$k<m$,那么由刚才的提示便得到等式(54);如果$k=m$,那么$\omega(A_m;x_0,x_1,\cdots,x_m)=\omega(x^m;x_0,x_1,\cdots,x_m)=1$;最后,如果$k>m$,那么$\omega(A_k;x_0,x_1,\cdots,x_m)$变成零,因为这个表达式能用$A_k(x_0),\cdots,A_k(x_m)$来线性地表达,而后面这些值全部都是等于零的缘故.

利用公式(52)与(54),由(50)便得到

$$\omega(P;x_0,x_1,\cdots,x_m)=$$

$$\sum_{k=0}^{n} c_k \omega(A_k; x_0, x_1, \cdots, x_m) = c_m$$

$$m = 0, 1, \cdots, n$$

而把 c_m 的值代入恒等式(50) 就给出

$$P(x) = \sum_{m=0}^{n} \omega(P; x_0, x_1, \cdots, x_m) A_m(x) \quad (55)$$

因为内插问题的条件

$$P(x_m) = f(x_m), m = 0, 1, \cdots, n$$

和条件

$$\omega(P; x_0, x_1, \cdots, x_m) = \omega(f; x_0, x_1, \cdots, x_m)$$

$$m = 0, 1, \cdots, n$$

等价,所以我们便得到这样的依赖于均差的内插公式

$$P(x) = \sum_{m=0}^{n} \omega(f; x_0, x_1, \cdots, x_m) A_m(x) \quad (56)$$

或者明显地写成

$$\begin{aligned} P(x) = {} & \omega(f; x_0) + \omega(f; x_0, x_1)(x - x_0) + \\ & \omega(f; x_0, x_1, x_2)(x - x_0)(x - x_1) + \cdots + \\ & \omega(f; x_0, x_1, \cdots, x_n)(x - x_0) \cdot \\ & (x - x_1) \cdots (x - x_{n-1}) \end{aligned} \quad (57)$$

预先我们已经知道,等式(14) 与(57) 的右端是恒等的,于是现在我们只是把 Lagrange 内插多项式按均差来组合. 特别要指出,在等距结点 $x_m = a + mh$ 的情形下,均差与各阶有限差的关系是很简单的

$$\omega(f; a, a + h, \cdots, a + mh) = \frac{\Delta_m f(a)}{m!\ h^m} \quad (58)$$

而公式(57)就变为 Newton 公式(48)[①]了.

注　为了要根据公式(50)按“广义阶乘多项式”$A_m(x)$展开有理多项式，其他也很方便的方法是相继地作除法. 用 $x-x_0$ 除 $P(x)$；用 $x-x_1$ 除所得的商，然后又用 $x-x_2$ 除得的商，如此等等. 由公式(50)便看出，一个接一个地便得出诸余数 c_0,c_1,c_2 等.

例 28　令

$$x_0=1,x_1=3,x_2=-2,x_3=0,x_4=-1$$

按均差公式来展开多项式 $P(x)=x^4-3x^3+x^2-10$，组成均差表

1	-11				
		5			
3	-1		4		
		-7		-1	
-2	34		5		1
		-22		-3	
0	-10		17		
		-5			
-1	-5				

之后，我们便立刻写出了展开式

$$x^4-3x^2+x^2-10=-11+5(x-1)+$$
$$4(x-1)(x-3)-(x-1)(x-3)(x+2)+$$
$$(x-1)(x-3)(x+2)x$$

相继地作除法(省去 x 的乘方而只写出系数)也能得到同样的结果

---

① 均差公式是由 Newton 指出的(*Principia mathematica*，第三卷，引理 5，情节 2). 它也由 Cauchy 指出过(A. Cauchy, *Oeuvres*(1)5，第 409 页)，关于所引用的均差的记号是 Ampère(1826)的写法.

```
1 −3  1  0 −10  | 1 −1
1 −1            |_______
———             1 −2 −1 −1 | 1 −3
  −2  1         1 −3       |________
  −2  2         ———         1  1  2 | 1  2
  ———              1 −1     1  2    |________
     −1  0         1 −3     ———      1 −1 | 1  0
     −1  1         ———        −1  2  1  0 |______
     ———              2 −1    −1 −2  ———    1
        −1 −10        2 −6    ———      −1
        −1   1        ———
        ———              5
           −11
```

例 29　试根据

$$\sqrt{25}=5, \sqrt{36}=6, \sqrt{49}=7$$

近似地计算$\sqrt{41}$.

解　我们作出关系于函数 $f(x)=\sqrt{x}$ 及相应的结点 $x_0=25, x_1=36, x_2=47$ 的二次内插多项式 $P(x)$，我们得到

25	5	$\frac{1}{11}$	
36	6		$-\frac{1}{1\,716}$
47	7	$\frac{1}{13}$	

$$P(x)=5+\frac{1}{11}(x-25)-\frac{1}{1716}(x-25)(x-36)$$

把 $x=41$ 代入，便给出根的近似值

$$\sqrt{41}\approx 5+\frac{16}{11}-\frac{20}{429}=6.407\,9\cdots$$

(至于根的真值等于 6.403…).

以上所做的讨论,是假定在诸数 $x_0,x_1,\cdots,x_m$ 之中没有相同的,否则,关于 $\omega(f;x_0,x_1,\cdots,x_m)$ 的表达式(53) 就没有意义.

但是容易明白,如果变量 x_i 中的某些个是相等的,表达式 $\omega(f;x_0,x_1,\cdots,x_m)$ 应当具有怎样的意义:只要在公式(51) 中完成相应的取极限手续就行了,这时要假定函数 $f(x)$ 是具有相应的各阶导数.

例如,设 x_1 等于 x_0,而所有其他的 x_i 都异于 x_0,而且它们彼此也不相等.那么,令 $x_1=x_0+h$ 并让 h 趋于零,这时代替(51) 中的第二个公式,我们得到下面的公式

$$\omega(f;x_0,x_0)=f'(x_0)$$

(而其余的公式仍然保持不变).

公式(53) 的形式如下

$$\omega(f;x_0,x_1,x_2,\cdots,x_m)=$$

$$\begin{vmatrix} 1 & 0 & \cdots & 1 \\ x_0 & 1 & \cdots & x_m \\ x_0^2 & 2x_0 & \cdots & x_m^2 \\ \vdots & \vdots & & \vdots \\ x_0^{m-1} & (m-1)x_0^{m-2} & \cdots & x_m^{m-1} \\ f(x_0) & f'(x_0) & \cdots & f'(x_m) \end{vmatrix} :$$

$$\begin{vmatrix} 1 & 0 & \cdots & 1 \\ x_0 & 1 & \cdots & x_m \\ x_0^2 & 2x_0 & \cdots & x_m^2 \\ \vdots & \vdots & & \vdots \\ x_0^{m-1} & (m-1)x_0^{m-2} & \cdots & x_m^{m-1} \\ x_0^m & mx_0^{m-1} & \cdots & x_m^m \end{vmatrix}$$

在这样的情形下，公式(56)中的内插多项式 $P(x)$，除了函数 $f(x)$ 在 $x_0, x_1, \cdots, x_m$ 各点的值之外，还将包含导数 $f'(x)$ 在点 x_0 的值.

用同样的方式可以证实，如果 $x_1 = x_2 = \cdots = x_p = x_0 (p \leqslant m)$，那么

$$\omega(f; \underbrace{x_0, x_0, \cdots, x_0}_{p\text{个}}) = \frac{f^{(p)}(x_0)}{p!}$$

这时公式(56)的右端就出现有导数 $f'(x)$，$f''(x), \cdots, f^{(p)}(x)$ 在点 $x = x_0$ 处的值. 于特例，当 $p = n$ 时便可以得到 Taylor 多项式.

2.7 具多重结点的 Hermite 内插公式

现在我们来考虑 Hermite 所指出的内插问题的下述推广：

要求作出一个 n 次多项式 $P(x)$，它在 s 个不同的点 $x_k (k = 1, 2, \cdots, s)$ 处，该多项式及其 h 阶 $(h = 0, 1, \cdots, \alpha_k - 1$[①]$)$ 的诸导数依据条件

$$P^{(\alpha)}(x_k) = y_k^{(h)} \begin{cases} h = 0, 1, \cdots, \alpha_m = 1 \\ k = 1, 2, \cdots, s \end{cases} \tag{59}$$

取已知数 $y_k^{(h)}$ 为值，而且假设

$$\alpha_1 + \alpha_2 + \cdots + \alpha_s = n + 1$$

如果能够作出一些 n 次的多项式

① 在以后，函数本身视为零阶的导数：$f^{(0)}(x) = f(x)$.

$$L_{ik}(x)\begin{cases}i=1,2,\cdots,s\\k=0,1,\cdots,\alpha_i-1\end{cases}$$

它们满足条件

$$L_{ik}^{(h)}(x_m)=0,m\neq i;h=0,1,\cdots,\alpha_m-1 \tag{60}$$

与

$$L_{ik}^{(h)}(x_i)=\begin{cases}0 & 当\ h\neq k\ 时\\1 & 当\ h=k\ 时\end{cases},h=0,1,\cdots,\alpha_i-1 \tag{61}$$

那么所提出的问题在一般的情形下便被解决了.事实上,下面的多项式

$$P(x)=\sum_{i=1}^{s}[y_iL_{i0}(x)+y'_iL_{i1}(x)+\cdots+ y_i^{(\alpha_i-1)}L_{i,\alpha_i-1}(x)] \tag{62}$$

便是一般问题的解.

怎样来作出多项式 $L_{ik}(x)$ 呢?

由于(60),$L_{ik}(x)$ 在点 x_1 处有 α_1 重零点,在 x_2 处有 α_2 重零点,如此等等,最后,在点 x_s 处有 α_s 重零点,但点 x_i 除外,在点 x_i 处根据(61)应该有 k 重零点.于是 $L_{ik}(x)$ 应具有以下的形式

$$L_{ik}(x)=(x-x_1)^{\alpha_1}\cdots(x-x_{i-1})^{\alpha_{i-1}}\cdot (x-x_i)^k(x-x_{i+1})^{\alpha_{i+1}}\cdots (x-x_s)^{\alpha_s}l_{ik}(x) \tag{63}$$

其中 $l_{ik}(x)$ 是一个

$$n-(\alpha_1+\cdots+\alpha_{i-1}+k+\alpha_{i+1}+\cdots+\alpha_s)=\alpha_i-k-1$$

次的多项式.置

$$A(x)=\prod_{v=1}^{s}(x-x_v)^{\alpha_v}$$

我们还可以把 $L_{ik}(x)$ 的表达式写成这样的形式

$$L_{ik}(x)=\frac{A(x)}{(x-x_i)^{\alpha_i-k}}l_{ik}(x) \tag{64}$$

为了确定 $l_{ik}(x)$，我们再引用条件(61)，由这些条件便知多项式 $L_{ik}(x)$ 在点 x_i 附近的 Taylor 展式的形式为

$$L_{ik}(x)=\frac{(x-x_i)^k}{k!}[1+\sigma(x-x_i)^{\alpha_i-k}+\cdots] \tag{65}$$

利用(64)，由此便得到多项式 $l_{ik}(x)$ 的这样的表达式

$$l_{ik}(x)=\frac{1}{k!}\ \frac{(x-x_i)^{\alpha_i}}{A(x)}+\sigma'(x-x_i)^{\alpha_i-k}+\cdots \tag{66}$$

有理函数 $\frac{1}{k!}\ \frac{(x-x_i)^{\alpha_i}}{A(x)}$ 在点 x_i 近旁是正则的，于是它能展成关于 $(x-x_i)$ 的正数幂的 Taylor 级数；另一方面，既然函数 $l_{ik}(x)$ 是一个 α_i-k-1 次多项式，那么这个多项式便应该是函数 $\frac{1}{k!}\ \frac{(x-x_i)^{\alpha_i}}{A(x)}$ 在点 x_i 近旁的 Taylor 级数展开式中次数不超过 α_i-k-1 的那些项的和. 我们把它简略地写成如下的形式

$$l_{ik}(x)=\frac{1}{k!}\left\{\frac{(x-x_i)^{\alpha_i}}{A(x)}\right\}_{(x_i)}^{(\alpha_i-k-1)}$$

反过来，这样来选取 $l_{ik}(x)$，当然保证了 $L_{ik}(x)$ 可展开成(65) 的形式，因而满足条件(60)，(61).

于是，我们得到

$$L_{ik}(x)=\frac{A(x)}{(x-x_i)^{\alpha_i}}\cdot\frac{(x-x_i)^k}{k!}\cdot\left\{\frac{(x-x_i)^{\alpha_i}}{A(x)}\right\}_{(x_i)}^{(\alpha_i-k-1)}$$

因而公式(62) 乃取如下的形式

$$P(x)=\sum_{i=1}^{s}\frac{A(x)}{(x-x_i)^{\alpha_i}}\left[y_i\left\{\frac{(x-x_i)^{\alpha_i}}{A(x)}\right\}_{(x_i)}^{(\alpha_i-1)}+\right.$$

$$y'_i\frac{x-x_i}{1!}\left\{\frac{(x-x_i)^{\alpha_i}}{A(x)}\right\}_{(x_i)}^{(\alpha_i-2)}+\cdots+$$

$$\left.y_i^{(\alpha_i-1)}\frac{(x-x_i)^{\alpha_i-1}}{(\alpha_i-1)!}\left\{\frac{x-x_i}{A(x)}\right\}_{(x_i)}^{(0)}\right]\qquad(67)$$

或

$$P(x)=\sum_{i=1}^{s}\left[\frac{A(x)}{(x-x_i)^{x_i}}\sum_{k=0}^{\alpha_i-1}y_i^{(k)}\cdot\right.$$

$$\left.\frac{(x-x_i)^k}{k!}\left\{\frac{(x-x_i)^{\alpha_i}}{A(x)}\right\}_{(x_i)}^{(\alpha_i-k-1)}\right]\qquad(68)$$

如果 $y_k^{(h)}$ 正是已知函数 $f(x)$ 在对应的诸点处的对应的诸导数的值，那么便得到下面这个最普遍的内插公式

$$P(x)=\sum_{i=1}^{s}\left[\frac{A(x)}{(x-x_i)^{\alpha_i}}\sum_{k=0}^{\alpha_i-1}f^{(k)}(x_i)\cdot\right.$$

$$\left.\frac{(x-x_i)^k}{k!}\left\{\frac{(x-x_i)^{\alpha_i}}{A(x)}\right\}_{(x_i)}^{(\alpha_i-h-1)}\right]\qquad(69)$$

当 α_i 大于1时，点 x_i 称为内插的多重结点（α_i 阶）.

(1) 所有重数的阶 α_i 都等于1，即，所有的结点都是单结点. 由于这时一定要令 k 等于零，我们便得到

$$\left\{\frac{x-x_i}{A(x)}\right\}_{(x_i)}^{0}=\frac{1}{A'(x_i)}$$

其中

$$A(x)=(x-x_1)(x-x_2)\cdots(x-x_s)$$

因而公式(69) 就变为我们所熟知的 Lagrange 公式

$$P(x)=\sum_{i=0}^{s}f(x_i)\frac{A(x)}{(x-x_i)A(x_i)}$$

(2) 只有一个 α 重的结点 $x=a$，这时 $A(x)=(x-a)^{\alpha}$，而我们代替(69) 便得到 $f(x)$ 在点 a 近旁的 Taylor 展开式的部分和

$$P(x)=\sum_{k=0}^{\alpha-1} f^{(k)}(a)\frac{(x-a)^k}{k!}$$

(3) 所有重数的阶 α_i 都等于 2，这是一种新的情形，由等式

$$\begin{cases}P(x_k)=f(x_k)\\ P'(x_k)=f'(x_k)\end{cases},k=1,2,\cdots,s$$

所规定的内插问题的几何意义是：所求的内插曲线在结点处应当与已知曲线 $y=f(x)$ 具有公切线. 这时，令

$$\alpha(x)=(x-x_1)(x-x_2)\cdots(x-x_s)$$

我们就得到

$$A(x)=\alpha^2(x)$$

$$\frac{(x-x_i)^2}{A(x)}=\left[\frac{x-x_i}{\alpha(x)}\right]^2$$

又因为

$$\frac{x-x_i}{\alpha(x)}=\frac{1}{\alpha'(x)}-\frac{1}{2}\frac{\alpha''(x_i)}{\alpha'^2(x_i)}(x-x_i)+\cdots$$

$$\left[\frac{x-x_i}{\alpha(x)}\right]^2=\frac{1}{\alpha'^2(x)}-\frac{\alpha''(x_i)}{\alpha'^3(x_i)}(x-x_i)+\cdots$$

所以公式(69) 乃取以下的形式

$$P(x)=\sum_{i=0}^{s}\frac{\alpha^2(x)}{\alpha'^2(x_i)(x-x_i)^2}\cdot\left[f(x_i)\left(1-\frac{\alpha''(x_i)}{\alpha'(x_i)}(x-x_i)\right)+f'(x_i)(x-x_i)\right]\quad(70)$$

例 30　依据条件

$$P(0)=1,P(1)=-1$$
$$P(2)=0,P'(0)=0$$
$$P'(1)=0,P''(0)=2$$

作一个五次的多项式 $P(x)$.

解　必须设

$$A(x)=x^3(x-1)^2(x-2)$$

因为

$$\frac{x^3}{A(x)}=\frac{1}{(x-1)^2(x-2)}=$$
$$-\frac{1}{2}-\frac{5}{4}x-\frac{17}{8}x^2+\cdots$$

$$\frac{(x-1)^2}{A(x)}=\frac{1}{x^3(x-2)}=-1+2(x-1)+\cdots$$

$$\frac{x-2}{A(x)}=\frac{1}{x^3(x-1)^2}=\frac{1}{8}+\cdots$$

可以立刻写出

$$\begin{aligned}P(x)=&(x-1)^2(x-2)\cdot\\&\left[1\cdot\left(-\frac{1}{2}-\frac{5}{4}x-\frac{17}{8}x^2\right)+\right.\\&\left.2\cdot\frac{x^2}{2!}\cdot\left(-\frac{1}{2}\right)\right]+\\&x^3(x-2)[(-1)\cdot\\&(-1+2(x-1))]=\\&1+x^2-\frac{117}{8}x^3+\frac{65}{4}x^4-\frac{37}{8}x^5\end{aligned}$$

例 31　令 $f(x)=\sin x$，根据下列已知数

$$f(0)=0,f\left(\frac{\pi}{2}\right)=1$$

$$f'(0)=1,f'\left(\frac{\pi}{2}\right)=0$$

近似地计算 $f\left(\frac{\pi}{4}\right)=\sin\frac{\pi}{4}$.

解 应用公式(70),设

$$\alpha(x)=x\left(x-\frac{\pi}{2}\right)$$

那么我们便得到一个三次的内插多项式

$$P(x)=x\left(1-\frac{2x}{\pi}\right)^2+\frac{4x^2}{\pi^2}\left(3-\frac{4x}{\pi}\right)$$

由此得出

$$P\left(\frac{\pi}{4}\right)=\frac{1}{2}+\frac{\pi}{16}=0.696\cdots$$

(真值是 0.707…).

例 32 试作出满足条件

$$P(-1)=-1$$
$$P(0)=0$$
$$P(1)=1$$
$$P'(-1)=P'(0)=P'(1)=0$$

的五次多项式.

答案:$P(x)=\frac{1}{2}x^3(5-3x^2)$.

例 33 当我们把 Chebyshev 多项式 $T_n(x)=\cos n\arccos x$ 的零点取作结点时,试写出公式(70).

解 令

$$\alpha(x)=T(x)=\frac{1}{2^{n-1}}\cos n\arccos x$$

$$x_m=\cos\frac{(2m-1)\pi}{2n},m=1,2,\cdots,n$$

我们得到

$$\alpha'^2(x_m)=\frac{1}{2^{2(n-1)}}\cdot\frac{n^2}{1-x_m^2}$$

$$\frac{\alpha''(x_m)}{\alpha'(x_m)}=\frac{x_m}{1-x_m^2}$$

而公式(70)取如下的形式

$$P_n(x)=\frac{1}{n^2}\sum_{m=1}^{n}\left(\frac{T(x)}{x-x_m}\right)^2\cdot$$
$$[f(x_m)(1-xx_m)+$$
$$f'(x_m)(1-x_m^2)(x-x_m)] \tag{71}$$

例 34　设 $P(x)=\sum_{m=1}^{n}c_mx^m$,试算出当我们把这个表达式代入条件(59)所得到的关于未知数 c_m 的方程组的行列式,核验这行列式不等于零.

2.8　线性泛函数以及与它们相关联的多项式所成的直交系

现在我们来研究更为普遍的问题,这与其说是为了在原先意义下做推广,倒不如说是为了把以前的研究加以系统化.

如果对应于(一个确定的类中的)每个函数 $f(x)$ 有某一个数 U,有时便称这个数为泛函数,并且记为 $U(f)$.泛函数的例子

$$U(f)=f(x_0)$$

$$U(f)=\int_a^b f(x)\mathrm{d}\psi(x)$$

$$U(f)=Af(a)+Bf(b)$$

$$U(f)=\int_a^b f^2(x)\mathrm{d}x$$

等.

如果泛函数满足关系式

$$U(f+\varphi)=U(f)+U(\varphi)$$
$$U(Cf)=CU(f) \tag{72}$$

(在这里 C 是任一常数)便称之为线性泛函数.

在上面举出的泛函数的例子中,前三个是线性的,最后一个是非线性的. 函数 $f(x)$ 在已知点的有限差,均差,导数值都是线性泛函数.

泛函数

$$V(f)=\lambda_1 U_1(f)+\lambda_2 U_2(f)+\cdots+\lambda_n U_n(f)$$

称为诸泛函数 $U_m(f)(m=1,2,\cdots,n)$ 的线性组合.

如果泛函数系 $\{V_m(f)\}$ 由关系式

$$V_m(f)=\sum_{v=1}^{n}\lambda_{m,v}U_v(f_v),m=1,2,\cdots,n$$

与泛函数系 $\{U_m(f)\}$ 相联系着,其中

$$A=\begin{vmatrix}\lambda_{11} & \cdots & \lambda_{1n}\\ \vdots & & \vdots\\ \lambda_{n1} & \cdots & \lambda_{nn}\end{vmatrix}$$

不等于 0,便把它当作是与系 $\{U_m(f)\}$ 等价的. 如果泛函数系 $\{V_m(f)\}$ 等价于系 $\{U_m(f)\}$,那么系 $\{U_m(f)\}$ 当然也等价于系 $\{V_m(f)\}$.

约定了术语以后,现在我们来考虑下面的问题:给定了由 $n+1$ 个线性泛函数所组成的系 $\{U_m(f)\}(m=0,1,\cdots,n)$;要选取一个 n 次的多项式 $P(f;x)$,使得给定的泛函数对于它们所取的值,与对于已知函数 $f(x)$ 所取的值相同

$$U_m(P)=U_m(f),m=0,1,\cdots,n \tag{73}$$

设所求多项式 $P(f;x)$ 的形式是

$$P(f;x)=c_0+c_1x+c_2x^2+\cdots+c_nx^n$$

由于泛函数 $U_m(f)$ 是线性的，所以条件(73)便具有以下的形式

$$c_0U_m(1)+c_1U_m(x)+c_2U_m(x^2)+\cdots+c_nU_m(x^n)=U_m(f)$$

$$m=0,1,\cdots,n$$

所得的含 $n+1$ 个未知数的 $n+1$ 个线性方程所成的方程组具有唯一的一组解，如果行列式

$$U_n=\begin{vmatrix} U_0(1) & U_0(x) & \cdots & U_0(x^n) \\ U_1(1) & U_1(x) & \cdots & U_1(x^n) \\ \vdots & \vdots & & \vdots \\ U_n(1) & U_n(x) & \cdots & U_n(x^n) \end{vmatrix} \tag{74}$$

是异于零的话.

在这样的情形下，所求的多项式 $P(f;x)$ 便可以由公式

$$P(f;x)=-\begin{vmatrix} 0 & 1 & x & \cdots & x^n \\ U_0(f) & U_0(1) & U_0(x) & \cdots & U_0(x^n) \\ U_1(f) & U_1(1) & U_1(x) & \cdots & U_1(x^n) \\ \vdots & \vdots & \vdots & & \vdots \\ U_n(f) & U_n(1) & U_n(x) & \cdots & U_n(x^n) \end{vmatrix} : \begin{vmatrix} U_0(1) & U_0(x) & \cdots & U_0(x^n) \\ U_1(1) & U_1(x) & \cdots & U_1(x^n) \\ \vdots & \vdots & & \vdots \\ U_n(1) & U_n(x) & \cdots & U_n(x^n) \end{vmatrix} \tag{75}$$

给出来.

如果把分子上的行列式按照第一行的元素展开，那么便看出，多项式 $P(f;x)$ 是泛函数 $U_m(f)$ 与一些 n 次多项式的乘积之和，而这些多项式中的每一个，一

般地说,不仅依赖于 m 而且也依赖于 n.

现在假设这些行列式都异于零

$$U_m \neq 0, m=0,1,\cdots,n \tag{76}$$

我们断言,在这些条件下能够而且也只能用唯一的方式来选取.

(1) 这样的泛函数系 $V_m(f)$,它等价于 $U_m(f)$ 而且关系式

$$V_m(f)=\sum_{k=0}^{n}\lambda_{mk}U_k(f), m=0,1,\cdots,n$$

与它相联系着,以及

(2) 这样的 m 次多项式系 $L_m(x)$,而 x^m 的系数等于 $1(m=0,1,\cdots,n)$,并且不依赖于次数 n,使得任一 n 次多项式均可以表达成和的形式

$$P(x)=\sum_{m=0}^{n}V_m(P)L_m(x) \tag{77}$$

注意,如果 $V_m(f)(m=0,1,\cdots,n)$ 是等价于系 $U_m(f)(m=0,1,\cdots,n)$ 的泛函数系,那么由多项式 $P(x)$ 所满足的条件(73) 便得到条件

$$V_m(P)=V_m(f), m=0,1,\cdots,n \tag{78}$$

并且反之亦然.

从而便知,如果证明了上述命题,那么多项式 $P(f;x)$ 便可以表达成下面的形式

$$P(f;x)=\sum_{m=0}^{n}V_m(f)L_m(x) \tag{79}$$

其中多项式 $L_m(x)$ 不依赖于 n.

首先我们引进使展开式(77) 成立的充要条件. 设 $P(x)\equiv L_k(x)(0\leqslant k\leqslant n)$,那么我们得到

$$L_k(x)=\sum_{m=0}^{n}V_m(L_k)L_m(x)$$

又因为这些多项式 $L_m(x)$ 是线性无关的,所以必定有

$$V_m(L_k)=\begin{cases}0 & \text{当 } k\neq m \text{ 时}\\ 1 & \text{当 } k=m \text{ 时}\end{cases}$$

$$k,m=0,1,\cdots,n \tag{80}$$

反过来,如果满足了条件(80),那么对于任一 n 次多项式 $P(x)$,展开式(77)都成立.实际上,多项式 $P(x)$ 可以用多项式 $L_k(x)$ 来线性表达

$$P(x)=\sum_{m=0}^{n}c_kL_k(x)$$

当对这等式的两端应用泛函数 $V_m(f)$ 时,根据(80)我们便得到

$$c_m=V_m(P)$$

泛函数 $V_m(f)$ 与多项式 $L_m(x)$ 之间的关系(80)称为直交性条件.

接下来我们要指明怎样去构造泛函数 $V_m(f)$ 与多项式 $L_m(x)$,使得它们满足直交性条件.

因为任何的幂函数 $x^k(k\leqslant n)$ 都可以用一些多项式 $L_m(x)$ 来线性表达,而且 $L_k(x)$ 的最高次项系数等于1,所以泛函数 $V_m(f)$ 必定满足条件

$$V_m(x^h)=\begin{cases}0 & \text{当 } h<m \text{ 时}\\ 1 & \text{当 } h=m \text{ 时}\end{cases} \tag{81}$$

由此便得到确定系数 $\lambda_{mk}(k=0,1,\cdots,m)$ 的诸方程

$$\sum_{k=0}^{m}\lambda_{mk}U_k(x^h)=\begin{cases}0 & \text{当 } h=0,1,\cdots,m-1 \text{ 时}\\ 1 & \text{当 } h=m \text{ 时}\end{cases}$$

这个方程组的行列式 U_m 不等于0,所以系数 λ_{mk},因而泛函数 $V_m(f)$,便被唯一地确定了.即

$$V_m(x)=\begin{vmatrix} U_0(1) & U_1(1) & \cdots & U_m(1) \\ U_0(x) & U_1(x) & \cdots & U_m(x) \\ \vdots & \vdots & & \vdots \\ U_0(x^{m-1}) & U_1(x^{m-1}) & \cdots & U_m(x^{m-1}) \\ U_0(f) & U_1(f) & \cdots & U_m(f) \end{vmatrix} : \begin{vmatrix} U_0(1) & U_1(1) & \cdots & U_m(1) \\ U_0(x) & U_1(x) & \cdots & U_m(x) \\ \vdots & \vdots & & \vdots \\ U_0(x^m) & U_1(x^m) & \cdots & U_m(x^m) \end{vmatrix} \quad (82)$$

至于多项式 $L_k(x)$，那么它们应当满足条件

$$V_m(L_k)=\begin{cases} 0 & \text{当 } m<k \text{ 时} \\ 1 & \text{当 } m=k \text{ 时} \end{cases}$$

$$k=0,1,\cdots,n$$

令

$$L_k(x)=\sum_{l=0}^{k}\gamma_{kl}x^l,\gamma_{kk}=1$$

我们便得到确定 $\gamma_{kl}(l=0,1,\cdots,n)$ 的方程组

$$\sum_{l=0}^{k}\gamma_{kl}V_m(x^l)=\begin{cases} 0 & \text{当 } m<k \text{ 时} \\ 1 & \text{当 } m=k \text{ 时} \end{cases}$$

又因为这个方程组的行列式等于1(因为(81))，所以系数 γ_{kl}，而同时也就是 $L_k(x)$，唯一地被确定了，即

$$L_k(x)=\begin{vmatrix} 1 & V_0(x) & \cdots & V_0(x^{k-1}) & V_0(x^k) \\ 0 & 1 & \cdots & V_1(x^{k-1}) & V_1(x^k) \\ \vdots & \vdots & & \vdots & \vdots \\ 0 & 0 & \cdots & 1 & V_{k-1}(x^k) \\ 1 & x & \cdots & x^{k-1} & x^k \end{vmatrix}$$

$$k=0,1,\cdots,n \quad (83)$$

还要检验当 $m>k$ 时，$V_m(L_k)=0$. 但这由(83)与(81)立刻就可推得.

假定我们想把以上所述的理论应用到这样的一个特殊情形：泛函数 $U_m(f)$ 是在已知各点（彼此不相同的）的函数值

$$U_m(f)\equiv f(x_m),m=0,1,\cdots,n$$

那么我们便看出，行列式 U_m 都是 Vandermonde 行列式，因而都是不等于零的；公式(82)的右端就变成公式(53)的右端，于是

$$V_m(f)=\omega(f;x_0,x_1,\cdots,x_m)$$

至于 $L_k(x)$，依据(83)便得到

$$L_k(x)=\begin{vmatrix}1 & \omega(x;x_0) & \cdots & \omega(x^{k-1};x_0) & \omega(x^k;x_0)\\ 0 & 1 & \cdots & \omega(x^{k-1};x_0,x_1) & \omega(x^k;x_0,x_1)\\ \vdots & \vdots & & \vdots & \vdots\\ 0 & 0 & \cdots & 1 & \omega(x^k;x_0,x_1,\cdots,x_{k-1})\\ 1 & x & \cdots & x^{k-1} & x^k\end{vmatrix}=A_k(x)$$

把行列式各列相加与相减来检验，很容易得知 $x=x_0,x_1,\cdots,x_{k-1}$，使行列式变为零.

于是便得到带均差的内插公式.

2.9　Lagrange 内插公式误差的估计，Cauchy 形式的余项

内插公式是为了表达函数而尤其是为了计算函数值用的. 但是这种表达只是近似的，实际上，在根据

Lagrange 公式(14) 作内插法时，我们是把所给的函数 $f(x)$ 换成与它相关联的 n 次内插多项式 $P(x)$，这个多项式与函数在 $n+1$ 个结点处是相合的. 当然，如果函数 $f(x)$ 本身是一个 n 次多项式，那么 $P(x)$ 便恒等于 $f(x)$. 但是，在一般的情形下，在不是结点的那些点 x 处，差 $f(x)-P(x)$ 是异于零的，因而它便是计算的误差. 这个差称为内插法的余项，我们用字母 R 来表示它

$$f(x)-P(x)=R(x)$$

在以上所考虑的各种不同的内插例题中，误差在某些情形中比较大，在另外一些情形中则相当小，但是误差是怎样的这个问题仍然未解决.

数学的近似计算之所以具有真正的价值，只是因为它的可能的误差所在的范围是可知的，所以我们的又一个任务是估计内插法的误差，即寻找它的界限. 这时，误差的绝对值所不超过的每个正数都为内插法的误差的界限. 当然，所得的误差的界限愈小误差估计得就愈好.

于是，我们需要去找这样的数 N，使我们所未知的误差 $R(x)$ 的绝对值不超过它

$$|R(x)|\leqslant N$$

我们将依据 Roll 定理：

“如果 $F(a)=F(b)=0(a<b)$，那么便存在这样的点 $\xi(a<\xi<b)$ 使得 $F'(\xi)=0$”.

也将依据 Roll 定理的推广：

“如果 $F(x_m)=0$ $(m=0,1,\cdots,n)$，其中 $x_0<x_1<\cdots<x_n$，那么存在点 $\xi(x_0<\xi<x_m)$ 使得

$F^{(n)}(\xi)=0$"①.

设 x 是对于它来计算函数值的变数的那个值，把 x 当作是异于结点 $x_m(m=0,1,\cdots,n)$ 的常数，引进变量 X. 设

$$K=\frac{R(x)}{A(x)} \tag{84}$$

其中 $R(x)$ 是余项，而 $A(x)$ 跟以前一样是由公式

$$A(X)=(X-x_0)(X-x_1)\cdots(X-x_n)$$

来确定的.

我们考虑一个新的函数

$$F(X)\equiv R(X)-KA(X)\equiv f(X)-P(X)-KA(X) \tag{85}$$

函数 $F(X)$ 在下列的 $n+2$ 个点处都变为零：(1) 在结点 x_m 处，因为 $R(x_m)=0$ 又 $A(x_m)=0(m=0,1,\cdots,n)$；(2) 在所考虑的点 x 处，这是由于公式(84). 于是

$$F(x_m)=0, m=0,1,\cdots,n$$
$$F(x)=0$$

用 α 与 β 分别表示诸数

$$x_0,x_1,\cdots,x_n \text{ 与 } x$$

中最小者与最大者，于是根据推广的 Roll 定理，便得出 $F^{(n+1)}(X)$ 在区间 $\alpha<X<\beta$ 中的某个点 ξ 处变为零. 但是对公式(85) 求导数就给出

$$F^{(n+1)}(X)\equiv f^{(n+1)}(X)-P^{(n+1)}(X)-KA^{(n+1)}(X)\equiv f^{(n+1)}(X)-(n+1)!\ K$$

等式 $F^{(n+1)}(\xi)=0$ 可以写成

① 在 Roll 定理中假设函数 $F(x)$ 在区间 $a<x<b$ 所有各点都有导数 $F'(x)$. 在它的推广中对于 n 级导数 $F^{(n)}(x)$ 做同样的假设.

$$f^{(n+1)}(\xi)-(n+1)!\ K=0$$

当我们把 K 换成值(84) 便得到

$$R(x)=f^{(n+1)}(\xi)\cdot\frac{A(x)}{(n+1)!} \tag{86}$$

(Cauchy 形式的余项)①.

从而便得到这样的内插法误差的估计

$$|R(x)|\leqslant M_{n+1}(\alpha,\beta)\cdot\frac{|A(x)|}{(n+1)!}$$

在这里是假定

$$M_{n+1}(\alpha,\beta)=\max_{\alpha\leqslant x\leqslant\beta}|f^{(n+1)}(x)|$$

而 α 与 β 是 $n+2$ 个数 $x_m(m=0,1,2,\cdots,n)$ 与 x 中的最小者与最大者.

根据对于均差 $\omega(f;x_0,x_1,\cdots,x_m)$ 的性质的讨论(第 2.6 节)可以把 Cauchy 形式的余项的推导略加变更.首先,我们知道余项可以准确地写成下面的形式

$$R(x)=\omega(f;x,x_0,x_1,\cdots,x_n)A(x) \tag{88}$$

这是由下面一列的等式得出的

$$f(x)=f(x_0)+(x-x_0)\omega(f;x,x_0)$$

$$\omega(f;x,x_0)=\omega(f;x_0,x_1)+(x-x_1)\omega(f;x,x_0,x_1)$$

$$\vdots$$

$$\omega(f;x,x_0,x_1,\cdots,x_{n-1})=\omega(f;x_0,x_1,\cdots,x_n)+(x-x_n)\omega(f;x,x_0,x_1,\cdots,x_n)$$

这些等式只是均差定义的另一种写法.即,这些等式给出(用第 2.6 节中的记号,于是 $A_{n+1}(x)\equiv A(x)$)

① A. Cauchy, Oeuvres(1)5,第 409 页(1840).

$$f(x)=f(x_0)+\sum_{m=1}^{n}\omega(f;x_0,x_1,\cdots,x_m)A_m(x)+\omega(f;x,x_0,x_1,\cdots,x_n)A_{n+1}(x) \tag{89}$$

因为这个公式的右端除了最后的那一项之外就是内插多项式 $P(x)$(根据(55)),所以便证明了等式(88).

现在注意均差的下述性质

$$\omega(f;x_0,x_1,\cdots,x_n)=\frac{f^{(n)}(\xi)}{n!} \tag{90}$$

其中 ξ 介于数 $x_m(m=0,1,2,\cdots,n)$ 的最小者与最大者之间.实际上,变量 X 的函数 $R(X)\equiv f(X)-P(X)$ 在 $n+1$ 个结点 x_m 处都变为零,所以根据推广的 Roll 定理,在这些结点之间的某一点 ξ 处 $R^{(n)}(X)$ 变为零.但应用均差公式(56)我们便得到

$$R^{(n)}(X)\equiv f^{(n)}(X)-P^{(n)}(X)=f^{(n)}(X)-n!\ \omega(f;x_0,x_1,\cdots,x_n)$$

由等式 $R^{(n)}(\xi)=0$,因而得到公式(90).

其中 ξ 介于数 $x_m(m=0,1,2,\cdots,n)$ 的最小者与最大者之间.实际上,变量 X 的函数 $R(X)\equiv f(X)-P(X)$ 在 $n+1$ 个结点 x_m 处都变为零,所以根据推广的 Roll 定理,在这些结点之间的某一点 ξ 处 $R^{(n)}(X)$ 变为零.但应用均差公式(56)我们便得到

$$R^{(n)}(X)\equiv f^{(n)}(X)-P^{(n)}(X)=f^{(n)}(X)-n!\ \omega(f;x_0,x_1,\cdots,x_n)$$

由等式 $R^{(n)}(\xi)=0$,因而得到公式(90).

于是可以写出下列公式

$$\omega(f;x,x_0,x_1,\cdots,x_n)=\frac{f^{(n+1)}(\xi)}{(n+1)!} \tag{90'}$$

在这里 ξ 是在 $x_0,x_1,\cdots,x_n$ 与 x 之间的一个数,这时

把公式(88)与(90′)相比较，我们仍得(86)，即，Cauchy 形式的余项.

给出余项估计的公式(86)，对用具有多重结点的 s 次多项式来作内插法的情形仍然有效. 这可由下述改变的推广的 Roll 定理而得出.

“如果

$$F^{(h)}(x_k)=0,\begin{pmatrix}k=0,1,\cdots,\alpha_k-1\\ k=1,2,\cdots,s\end{pmatrix},\sum_{k=1}^{s}\alpha_k=n+1\Bigg)$$

在这里 $x_1<x_2<\cdots<x_s$，那么便存在点 $\xi(x_0<\xi<x_s)$ 使得 $F^{(n)}(\xi)=0$”.

在这种情形下，公式(86)中的多项式 $A(x)$ 具有下面的形式

$$A(x)=\prod_{k=1}^{s}(x-x_k)^{\alpha_k}$$

我们已经得到了依赖于求插函数的 n 级导数的最大模的内插余项估计式(87). 很显然，只在知道 $f(x)$ 的解析公式时，这样的估计才可能有实际的意义. 如果函数 $f(x)$ 是在实验上给出的，例如成为由自动绘图器所得的曲线的形式，那么内插误差估计显然需要用某种完全另外的方式来做了.

例 35 在第 2.5 节中，已经应用线性内插法与二次内插法计算过 lg12.7 的值. 在第一种情形下

$$|R|\leqslant M_2(12,13)\cdot\frac{|(x-12)(x-13)|}{2}$$

在第二种情形下

$$|R|\leqslant M_3(12,14)\cdot\frac{|(x-12)(x-13)(x-14)|}{6}$$

其中 $x=12.7$. 因为当 $f(x)=\lg x$ 时，我们有

$$f''(x)=-\frac{\lg e}{x^2}$$

$$f'''(x)=\frac{\lg e}{2x^3}$$

所以

$$M_2(12,13)=\frac{\lg e}{12^2}<\frac{1}{2\cdot 12^2}$$

$$M_3(12,14)=\frac{\lg e}{2\cdot 12^3}<\frac{1}{2\cdot 2\cdot 12^3}$$

于是对线性内插法的情形误差不超过 0.003 47，而对二次内插法的情形误差不超过 0.000 014.

例 36　根据 Cauchy 公式，估计第 2.6 节例 29 中的内插误差.

解　这误差是由不等式

$$|R|<M_3(25,49)\cdot\frac{16\cdot 5\cdot 8}{6}$$

来指出的，又因为对于 $f(x)=\sqrt{x}$ 我们有

$$f'''(x)=\frac{3}{8}x^{-\frac{5}{2}}$$

$$M_3(25,49)=\frac{3}{8}\cdot 25^{-\frac{5}{2}}=\frac{3}{8}\cdot\frac{1}{5^5}$$

所以

$$|R|<\frac{8}{5^4}=0.012\ 8$$

例 37　对函数 $f(x)=\sqrt[3]{x}$ 在结点 $x_0=1\ 000=10^3$，$x_1=1\ 331=11^3$ 与 $x_2=1\ 728=12^3$ 处作内插时，求 1 300 的立方根，可以具有怎样的精确度？

解　我们有

$$|R|\leqslant M_3(1\ 000,1\ 728)\cdot\frac{300\cdot 31\cdot 428}{6}$$

又因为

$$f'''(x)=\frac{10}{27}x^{-\frac{8}{3}}$$

$$M_3(1\ 000,1\ 728)=\frac{10}{27}\cdot 1\ 000^{-\frac{8}{3}}=\frac{1}{27}\cdot\frac{1}{10^1}$$

所以我们得到

$$|R|<0.002\ 5$$

例 38 用内插法计算 sin 5°的精确度怎样？假定 sin 0°，sin 15°，sin 30°与 sin 45°的值是已知的. 在同样的条件下，计算由 0 到 45°的区间内的任一个角度的正弦的精确度如何？

解 设 $f(x)=\sin\frac{\pi x}{4}$，又在结点 $x_0=0$，$x_1=\frac{1}{3}$，$x_2=\frac{2}{3}$ 与 $x_3=1$ 之间用三次多项式来作内插，误差是由不等式

$$|R|\leqslant M_4(0,1)\cdot\frac{\left|x\left(x-\frac{1}{3}\right)\left(x-\frac{2}{3}\right)(x-1)\right|}{24}$$

来估计的. 因为

$$M_4(0,1)=\left(\frac{\pi}{4}\right)^4\cdot\max_{0\leqslant x\leqslant 1}\sin\frac{\pi x}{4}=\left(\frac{\pi}{4}\right)^4\cdot\frac{1}{\sqrt{2}}=0.269\cdots$$

于是便得出

$$|R|<0.011\ 2\cdot\left|x\left(x-\frac{1}{3}\right)\left(x-\frac{2}{3}\right)(x-1)\right|$$

要得到 sin 5°，需要置 $x=\frac{1}{9}$，于是便有

$$|R|<0.011\ 2\cdot\frac{60}{6\ 561}=0.000\ 136$$

同样，要得到 $\sin 25^\circ$，令 $x=\frac{5}{9}$，于是

$$|R|<0.0112\cdot\frac{60}{6561}=0.000136$$

多项式 $x\left(x-\frac{1}{3}\right)\left(x-\frac{2}{3}\right)(x-1)$ 在区间 $(0,1)$ 上其绝对值不大于 $\frac{1}{18}$，于是对于不大于 45° 的任何角度，可以根据我们的内插公式来计算它的值，其误差可以用不等式

$$|R|<0.0112\cdot\frac{1}{81}=0.000138$$

来表明.

例 39　估计第 2.5 节例 33 中用线性内插法的误差，这时

解　$|R|<M_2(1.23,1.24)\cdot\frac{0.007\cdot 0.003}{2}$

因为

$$\Phi''(x)=-\frac{4}{\sqrt{\pi}}x\mathrm{e}^{-x^2}$$

所以

$$M_2(1.23,1.24)<0.7$$

最后有

$$|R|<0.000008$$

（如果是根据八位表而不是根据四位表来取已知数的话，这个精确度是可以保证的）.

例 40　估计第 2.5 节例 36 中用二次内插法的误差.

解　在这一次

$$|R| < M_3(2.1, 2.2) \cdot \frac{0.075 \cdot 0.025 \cdot 0.125}{6}$$

但

$$|\sin x'''| = \left| -\frac{\sin x}{x} - \frac{2\cos x}{x^2} + \frac{2\sin x}{x^3} \right| \leqslant \frac{1}{|x|} + \frac{2}{|x^2|} + \frac{2}{|x^3|}$$

因而

$$M_3 < \frac{5}{4}$$

所以

$$|R| < 0.000\ 05$$

例 41 估计第 2.5 节例 37 中用三次多项式作内插的误差.

解

$$|R| < M_4(9.5, 11) \cdot \frac{0.7 \cdot 0.2 \cdot 0.3 \cdot 0.8}{24}$$

因为

$$|S^{(4)}(x)| = \frac{1}{\sqrt{2\pi}} - \left| x^{-\frac{1}{2}} \cos x + \frac{3}{2} x^{-\frac{3}{2}} \sin x + \frac{9}{4} x^{-\frac{5}{2}} \cos x - \frac{15}{8} x^{-\frac{7}{2}} \sin x \right| < \frac{1}{\sqrt{2\pi x}} \left(1 + \frac{3}{2x} + \frac{9}{4x^2} + \frac{15}{8x^3} \right) < \frac{1}{5}$$

所以

$$|R| < \frac{1}{5} \cdot \frac{0.033\ 6}{24} < 0.000\ 3$$

应用公式(87)，可以对于内插区间(α, β)中的每

一个确定的变数值来估计内插误差的界限. 如果需要指出对于这个区间内任何的 x 值的一致的误差界限，那么显然应当改用以下的公式

$$| R(x) | \leqslant M_{n+1}(\alpha,\beta) \cdot \frac{1}{(n+1)!} \cdot \max_{\alpha \leqslant x \leqslant \beta} | A(x) | \tag{91}$$

关联到这个公式，我们提出一个问题：如果能由我们自己来选取内插结点的话，那么，为了要使公式(91)的右端能给出最小的内插误差界限，这些结点在区间 (α,β) 上应当怎样分布？有趣的是，这些结点完全不应当取为等距的，而应当是聚集在区间端点的近旁. 实际上，为确定起见，假定内插区间是 $(-1,1)$，我们看出，在应用 Chebyshev 多项式基本的极性时（第 1.8 节），便应当置

$$A(x) = \dot{T}_{n+1}(x)$$

为了要使因子 $\max\limits_{-1 \leqslant x \leqslant 1} | A(x) |$ 最小，即，结点应当是 Chebyshev 多项式的零点. 在这种情形下，一致的误差估计乃是由不等式

$$| R(x) | \leqslant M_{n+1}(-1,1) \cdot \frac{1}{(n+1)!} \cdot \frac{1}{2^n}$$

来给出的.

2.10　无限内插过程及其收敛性

用内插公式来近似地计算函数值，并且用余项来估计误差界限，当然这些都是数学结果. 但是如果所得的误差界限过分地大，因而计算的精确度便不高，那么

这种结果是不能令人十分满意的. 假如我们认为精确度不够的话,那么自然便想设法去改善它,而变更内插公式:增加内插点的个数,而同时增高内插多项式的次数. 去解决以下的问题是十分重要的:按照这种方法,能不能使误差界限任意地小? 换句话说,能不能应用内插法计算所给函数的值到任意的精确度? 现在我们应当来研究这个问题.

我们设想对所给函数 $f(x)$ 运用一系列的(无穷系列的)内插法,把它们记作设在内插法(I_m)中的结点用

$$x_0^{(n)}, x_1^{(n)}, \cdots, x_n^{(n)}$$

来表示,而所得的内插多项式是 $P_n(f;x)$. 为了表示出所给的内插法序列,我们称之为内插过程. 如果它满足关系式

$$\lim_{n\to\infty} P_n(f;x) = f(x) \tag{92}$$

的话,便认为这过程在点 x 处是收敛的. 换句话说,如果级数

$$P_0(f;x) + \sum_{n=1}^{\infty}[P_n(f;x) - P_{n-1}(f;x)] \tag{93}$$

对于给定的 x 值收敛于 $f(x)$ 的话,但认为过程在点 x 处是收敛的. 如果极限关系式(92)对于这个区间中所有的 x 值一致适合,或者如果级数(93)在所给区间上一致收敛;这过程在所给区间一致收敛,这就是说,无论 $\varepsilon(\varepsilon>0)$ 如何小,总可以找到这样的 n_ε,使得当 $n \geqslant n_\varepsilon$ 时,对于区间中所有的 x 值不等式

$$|P_n(f;x) - f(x)| < \varepsilon$$

都成立.

如果内插过程是收敛的,那么可以用内插法计算

函数的值到任意的精确度.

我们特别指出这种情形:即内插法(I_n)的结点正好是预先给出的序列

$$x_0,x_1,x_2,\cdots,x_n,\cdots$$

中的前$n+1$个点,而对它们只添加一个新点x_{n+1}便得到内插法(I_{n+1})的结点.在这种情形下

$$x_n^{(m)}=x_n$$

也就是数$x_n^{(m)}$与上指标无关,此外,如果内插过程是直交的(在第2.7节的定义的意义下),那么多项式$P_n(f;x)$便可以表达成下面级数的前$(n+1)$项的部分和

$$V_0(f)L_0(x)+V_1(f)L_1(x)+\cdots+$$
$$V_n(f)L_n(x)+\cdots$$

在这里泛函数$V_n(f)$与多项式$L_n(x)$是由直交关系式

$$V_i(L_k)=\begin{cases}0 & \text{当 } i\neq k \text{ 时}\\ 1 & \text{当 } i=k \text{ 时}\end{cases},i,k=0,1,2,\cdots$$

相联系着.

当然应当根据内插余项来判断内插过程的收敛性.内插法(I_n)的余项如我们所知可赋予如下的形式

$$R_n(x)=\frac{f^{(n+1)}(\xi)}{(n+1)!}A_{n+1}(x)$$

其中

$$R_n(x)=\prod_{m=0}^{n}(x-x_m^{(n)})$$

而点ξ应当是在诸数$x_m^{(n)}(m=0,1,2,\cdots,n)$与$x$的最小者及最大者之间.

于是,内插过程收敛的条件便是等式

$$\lim_{n\to\infty} R_n(x)=0 \tag{94}$$

现在我们研究一些特殊的例子.

例 42 试就 $f(x)=\sin kx$ 与 $f(x)=e^{kx}$ 的情形来研究 Newton 公式(第 2.5 节)

$$P_n(f;x)=\sum_{m=0}^{n}\Delta_n f(a)\cdot\Phi_n(x-a;h),h>0$$

的收敛性.

解 余项的估计是(假设 $a\leqslant\alpha\leqslant x\leqslant\beta$)

$$|R_n(x)|\leqslant M_{n+1}\cdot h^{n+1}\max_{\alpha\leqslant x\leqslant\beta}|\Phi_{n+1}(x-a;h)|$$

其中 M_{n+1} 表示在 α,β 与 $a+nh$ 中最小数与最大数所成的区间上 $f^{(n)}(x)$ 的最大模.

取阶乘多项式

$$\Phi_n(x-a;h)=\frac{1}{n!\ h^n}(x-a)(x-a-h)\cdots(x-a-\overline{n-1}h)$$

显然,令 $\beta+|\alpha|=\gamma$ 时我们便有

$$\lg\prod_{m=0}^{n-1}|x-a-mh|\leqslant\sum_{m=0}^{n-1}\lg(\gamma+mh)<\int_0^n\lg(\gamma+mh)\mathrm{d}m=$$

$$\frac{1}{h}[(\gamma+mh)\lg(\gamma+mh)-(\gamma+mh)]\Big|_0^n=$$

$$n(\lg n-1+\lg h+\varepsilon'_n)$$

其中 $\lim\limits_{n\to\infty}\varepsilon_n=0$,于是

$$\lg(n!)=\sum_{m=1}^{n}\lg m>\int_1^n\lg m\mathrm{d}m=n(\lg n-1+\varepsilon'_n)$$

其中 $\lim\limits_{n\to\infty}\varepsilon'_n=0$,因而

$$h^n \max_{\alpha \leqslant x \leqslant \beta} |\Phi_n(x-a;h)| < (h e^{\varepsilon''_n})^n \tag{95}$$

其中$\lim\limits_{n\to\infty} \varepsilon''_n = 0$.

设

$$\overline{\lim_{n\to\infty}} \frac{\lg M_n}{n} = g \tag{96}$$

那么,要内插过程是收敛的,只要

$$g + \lg h < 0 \tag{97}$$

就行了.实际上,由(96)便知,无论$\varepsilon(\varepsilon > 0)$如何小,对于充分大的$n$,总有$M_n < e^{n(g+\varepsilon)}$,由(95)便得出

$$M_n \cdot h^n \max_{\alpha \leqslant x \leqslant \beta} |\Phi_n(x-a;h)| < e^{n(g+\lg h+\varepsilon+\varepsilon''_n)}$$

于是不等式(97)保证了我们的断言.

如果置$f(x)=\sin kx$,那么任何级的导数$f^{(n)}(x)$在任一区间上其绝对值都不超过k^n,于是可以置$M_n = k^n$;因而,$g=\lg k$,我们便得到在任何有限区间上一致收敛的充分条件

$$k < \frac{1}{h}$$

如果设$f(x)=e^{kx}$,那么就需要取$f^{(n)}(x)=k^n e^{kx}$在点$x=a+nh$处的值作为M_n,于是$M_n = k^n e^{k(a+nh)}$,从而$g=\lg k + hk$,而收敛的充分条件便是

$$k = \frac{\omega}{h}$$

其中ω是方程$\omega e^{\omega}=1$的根($\omega \approx 0.567$).

例 43 设在区间$(-1,1)$上取等距结点

$$x_m^{(n)} = -1 + \frac{2m}{n}, m=0,1,\cdots,n$$

我们研究在这个区间上内插过程应用到函数$f(x)=$

$\frac{1}{a^2 - x_2}(a > 1)$ 的收敛性.

解 在这种情形下

$$|R_n(x)| \leqslant \frac{M_{n+1}}{(n+1)!} \cdot \left|\prod_{m=0}^{n}\left(x+1-\frac{2m}{n}\right)\right| = \frac{M_{n+1}}{(n+1)!} \cdot 2^{n+1} \cdot \left|\prod_{m=0}^{n}\left(\frac{x+1}{2}-\frac{m}{n}\right)\right| \tag{98}$$

其中 $M_n = \max\limits_{-1 \leqslant x \leqslant 1} |f^{(n)}(x)|$.

置 $\frac{x+1}{2} = X$,于是(98)右端的乘积取如以下的形式

$$\left|\prod_{m=0}^{n}\left(X-\frac{m}{n}\right)\right|$$

如果丢掉小于 $\delta(0 < \delta < 1)$ 的因子,我们只会把它增大

$$\left|\prod_{m=0}^{n}\left(X-\frac{m}{n}\right)\right| \leqslant \prod_{\substack{0 \leqslant m \leqslant n \\ \left|\frac{m}{n}-X\right| > \delta}} \left|\frac{m}{n}-X\right|$$

进而我们得到

$$\lg \prod_{\substack{0 \leqslant m \leqslant n \\ \left|\frac{m}{n}-X\right| > \delta}} \left|\frac{m}{n}-X\right| = \sum_{\frac{m}{n} < X-\delta} \lg\left|\frac{m}{n}-X\right| + \sum_{\frac{m}{n} > X+\delta} \lg\left|\frac{m}{n}-X\right|$$

根据最后的不等式,就给出(假定 $X \neq \frac{m}{n}$)

$$\lg\sqrt[n]{\left|\prod_{m=0}^{n}\left(X-\frac{m}{n}\right)\right|} \leqslant \frac{1}{n}\sum_{\frac{m}{n} < X-\delta} \lg\left|\frac{m}{n}-X\right| + \sum_{\frac{m}{n} > X+\delta} \lg\left|\frac{m}{n}-X\right|$$

于是(当 $n\to\infty$ 时取极限)

$$\varlimsup_{n\to\infty}\lg\sqrt[n]{\left|\prod_{m=0}^{n}\left(X-\frac{m}{n}\right)\right|}\leqslant \int_{0}^{X-\delta}\lg|\xi-X|\,\mathrm{d}\xi+\int_{X+\delta}^{1}\lg|\xi-X|\,\mathrm{d}\xi$$

在这里 δ 是任意地小;因为积分 $\int_{0}^{1}\lg|\xi-X|\,\mathrm{d}\xi$ 收敛,所以让 δ 趋于 0 时我们就得到

$$\varlimsup_{n\to\infty}\lg\sqrt[n]{\left|\prod_{m=0}^{n}\left(X-\frac{m}{n}\right)\right|}\leqslant \int_{0}^{1}\lg|\xi-X|\,\mathrm{d}\xi= X\lg X+(1-X)\lg(1-X)-1$$

或者换成变数 x

$$\varlimsup_{n\to\infty}\lg\sqrt[n]{\left|\prod_{m=0}^{n}\left(\frac{x+1}{2}-\frac{m}{n}\right)\right|}\leqslant \frac{1+x}{2}\lg\frac{1+x}{2}+\frac{1-x}{2}\lg\frac{1-x}{2}-1= u(x)-\lg 2$$

在这里

$$u(x)=\frac{1}{2}[(1+x)\lg(1+x)+(1-x)\lg(1-x)]-1$$

由此便得到

$$\left|\prod_{m=0}^{n}\left(x+1-\frac{2m}{n}\right)\right|\leqslant \mathrm{e}^{n[u(x)+\varepsilon_n]}$$

$$\lim_{n\to\infty}\varepsilon_n=0 \tag{99}$$

如果设

$$\overline{\lim_{n\to\infty}}\sqrt[n]{\frac{M_n}{n!}}=K \tag{100}$$

那么便有

$$\frac{M_{n+1}}{(n+1)!}\leqslant e^{n(\lg K+\varepsilon)} \tag{101}$$

而由不等式(98),(99) 与(101) 便推出在条件

$$u(x)+\lg K<0 \tag{102}$$

下,过程是收敛的.

我们仔细地来考察 $u(x)$. 它是偶函数

$$u(-x)=u(x)$$

又因为当 $0<x<1$ 时它的导数

$$u'(x)=\frac{1}{2}\lg\frac{1+x}{1-x}$$

是正的,所以 $u(x)$ 在区间 $(0,1)$ 内是递增的. 在基本区间的端点处取得最大值

$$u(-1)=u(1)=-1+\lg 2=-0.30\cdots$$

而在基本区间的中点处它达到最小值(图 2)

$$u(0)=-1$$

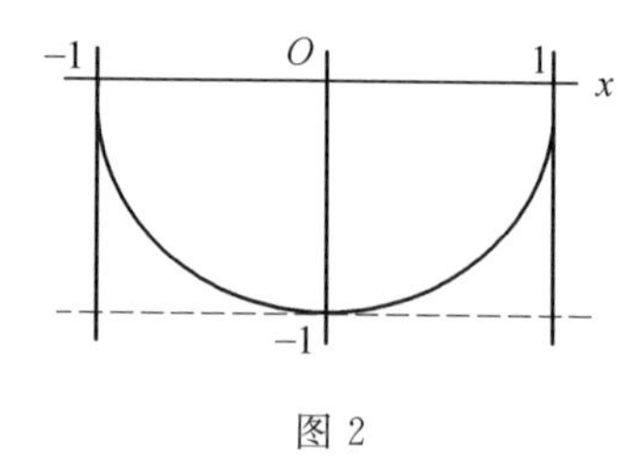

图 2

引用不等式(102),我们看出,如果 $K<\frac{1}{2}e=1.359\cdots$ 的话,那么在整个区间上都收敛;如果 $\frac{1}{2}e<K<e$,那

么只在由不等式(102)所确定的它的某一部分上是收敛的;最后,如果 $K>\mathrm{e}$,那么在区间$(-1,1)$上就完全不能保证是收敛的.对于函数 $f(x)\sin kx$ 与 e^{kx},我们得 $K=0$,因而收敛性成立.例如说

$$f(x)=\frac{1}{a^2-x^2},a>1$$

那么由

$$\frac{f^{(n)}(x)}{n!}=\frac{1}{2a}\left[\frac{1}{(a-x)^{n+1}}+\frac{(-1)^n}{(a+x)^{n+1}}\right]$$

得出

$$K=\frac{1}{a-1}$$

由以上的讨论,只有当 $a>1+\frac{2}{\mathrm{e}}$ 时,才能保证在整个区间上的收敛性,而当 $a>1+\frac{1}{\mathrm{e}}$ 时在它的某个部分上收敛.

例 44　试研究在区间$(-1,1)$上的内插过程的收敛性,如果选取 Chebyshev 多项式的零点

$$x_m^{(n)}=\cos\frac{2m-1}{2n}\pi,m=1,2,\cdots,n$$

作为结点.

解　我们已经知道(第 2.9 节末),在所述的情形下,余项是由不等式

$$|R_n(x)|\leqslant\frac{M_{n+1}}{(n+1)!}\cdot\frac{1}{2^n}$$

来估计的.因此这时满足条件

$$K<2$$

便保证了在整个区间上内插过程的一致收敛性.[①]

2.11 发散内插过程的例

我们遇到了值得注意的情况,它似乎是意料之外的:无限地增高内插多项式的次数与内插结点在内插区间上分布得处处稠密,可是还不能确信多项式在所考虑的区间上与求插的连续函数相差可任意地小.诚然,应当记起在以前所指出的内插过程收敛的条件全都是充分的而绝不是必要的;于是自然就有这种想法:会不会过程是收敛的,但是我们估计误差的方法却常常不能证实这一事实?下面的一些例子表明在某些情形下一些内插过程是发散的,并且与我们所采用的估计误差的方法无关.

例 45 最简单的例子是 Taylor 级数的部分和,它们是包含在内插多项式的一般理论之内而为其特例.众所周知,幂级数在一个圆内收敛,这个圆的半径等于到最近的奇点的距离,而在这个圆外它发散,例如函数 $\frac{1}{1+x^2}$ 在整个的实轴上是正则的,但是在以 $x=0$ 为中心的近旁所取的对应的 Taylor 级数对于 $|x|>1$ 是发散的.

以上的例子实在说来是涉及外插法的情形.在下面我们举出要有趣得多的例子(涉及狭义的内插法的

---

① 考虑 Cauchy 积分形式的余项,可以得到收敛性的比较好的充分条件.

情形),在这个例子中要内插的函数在整个内插区间上是连续的,但是内插过程决不具有在 2.10 节已看到的一致收敛性.即,我们将看到,在结点处内插多项式的值当然与函数的对应值是相合的,而在结点之间的区间内多项式与函数值的差的模随多项式次数的增高而无限地增大.

下面所举的例子系出于 C. H. Bernstein[1].

例 46　考虑函数

$$f(x)=|x|,-1\leqslant x\leqslant 1$$

解　利用第 2.5 节的 Newton 公式(48),在其中置 $a=-1,h=\frac{1}{n}$ 并注意到这些条件

$$|a|=1$$

$$\Delta|a|=-\frac{1}{n}$$

$$\Delta_2|a|=\cdots=\Delta_n|a|=0$$

至于差 $\Delta_{n+m}|a|\ (m=1,2,\cdots,n)$,则为了计算它们起见,我们指出

$$|x|\equiv -x+2\lambda(x)$$

其中

$$\lambda(x)=\begin{cases}0 & \text{当 } x\leqslant 0 \text{ 时}\\ x & \text{当 } x\geqslant 0 \text{ 时}\end{cases}$$

因此

$$\Delta_{n+m}|x|=-\Delta_{n+m}x+2\Delta_{n+m}\lambda(x)=$$
$$2\Delta_{n+m}\lambda(x)$$

根据第 2.4 节公式(30)来计算 $\Delta_{n+m}\lambda(x)$ 便得到

$$\Delta_{n+m}\lambda(x)=\prod_{i=1}^{n}(-1)^{m-i}C_{n+m}^{n+i}\frac{i}{n}=$$

$$(-1)^{m-1}\frac{(n+m-2)!}{(m-1)!\ n!}$$[①]

于是

$$\Delta_{n+m}\mid a\mid=(-1)^{m-1}2\cdot\frac{(n+m-2)!}{(m-1)!\ n!}$$

$$m=1,2,\cdots,n$$

因而第 2.5 节中公式(48) 给出

$$P_{2n}(x)=$$

$$-x+2\sum_{m=1}^{n}\frac{(-1)^{m-1}n^{n+m}}{(n+m)(n+m-1)\cdot n!\ (m-1)!}\cdot$$

$$(x+1)\cdots\left(x+\frac{1}{n}\right)x\left(x-\frac{1}{n}\right)\cdots\left(x-\frac{m-1}{n}\right)\quad(103)$$

假设 x 是负的[②]而且它是两个结点的中点

$$x=-\frac{\lambda}{n}-\frac{1}{2n},\lambda>0,\text{整数}$$

这时公式(103) 右端和数中所有的项都有同一的符号,而且最后一项的绝对值等于

$$\frac{\frac{1}{2}\left(\frac{1}{2}+1\right)\cdots\left(n-\lambda-\frac{1}{2}\right)\cdot\frac{1}{2}\left(\frac{1}{2}+1\right)\cdots\left(n+\lambda-\frac{1}{2}\right)}{2\cdot(2n-1)\cdot(n!\ )^{2}}$$

这个表达式大于

$$\frac{1}{16n}\cdot\frac{(n-\lambda-1)!\ (n+\lambda-1)!}{(n!\ )^{2}}=$$

$$\frac{1}{16n^{3}(n^{2}-\lambda^{2})}\cdot\frac{(n-\lambda)!\ (n+\lambda)!}{[(n-1)!\ ]^{2}}>$$

---

① 由第 2.4 节例的公式可得到这个形式,如果在那里 $p=2$ 并且把 n 用 $m-1$,把 x 用 $n+m$ 来换.

② 对于 x 的正值,根据内插函数与内插过程的对称性,能得到同样的结论.

$$\frac{1}{16n^2(n^2-\lambda^2)}\cdot\frac{(n-\lambda)^{n-\lambda}(n+\lambda)^{n+\lambda}}{n^{2n}}①$$

(104)

设 $x<-\delta$，在这里 δ 是一个任意小的正数，但它是固定的.那么，当 n 充分大时 $\frac{\lambda}{n}>\frac{\delta}{2}$，因为在这个条件下(用第 2.10 节例 43 的记号)

$$\sqrt[n]{\frac{(n-\lambda)^{n-\lambda}(n+\lambda)^{n+\lambda}}{n^{2n}}}=$$

$$(1-\frac{\lambda}{n})\lg(1-\frac{\lambda}{n})+(1+\frac{\lambda}{n})\lg(1+\frac{\lambda}{n})=$$

$$2\left[u\left(\frac{\lambda}{n}\right)+1\right]>2\left[u\left(\frac{\delta}{2}\right)+1\right]>0$$

所以不等式(104)中最后的一个分式，当 n 增大时，它比某一个发散的几何级增加得快，因此在诸结点中 $P_{2n}(x)$ 的绝对值无限地增大，而绝不趋于 $|x|$.

这样一来，如果注意到在我们的例子中，结点组依赖于 n 次方，这时结点本身及其所成区间的中点都是怎么稠密地分布着，那么可以正确地得出结论：在所给的情形中，内插过程就是一发散的过程.②

---

① 由不等式 $\int_1^n \lg x\mathrm{d}x<\sum_1^n \lg m<\int_1^{n+1}\lg x\mathrm{d}x$，$\left(\frac{n}{\mathrm{e}}\right)^n<n!<\left(\frac{n+1}{\mathrm{e}}\right)^{n+1}$ 而得到的.

② 在 И. П. Натансон 的著作[1]中(第 519 ~ 525 页)证明了，这个例子中的内插法，在区间中任何固定的点处都是发散的，但点 $x=0$ 除外，在那里它收敛.

2.12 使用逐次各阶导数的内插法①

我们转到下面的问题上来，直到目前为止所曾考虑过的特例也不是它们的推广，而是引出了特殊类型的内插过程.

试求出 n 次多项式 $P(x)$，要它满足条件

$$P^{(m)}(x_m)=y^{(m)},m=0,1,\cdots,n \qquad (105)$$

其中 x_m 以及 $y^{(m)}$ 都是任意的数.

如果用未定系数法来求所提出的问题的解，则令 $\sum_{m=0}^{n}c_m x^m$，不难证明，由条件(105)所引出的方程组，其行列式不等于零，因此，问题的解恒存在而且还只有一个：它可以由公式

$$P(x)=\frac{-1}{1!\ 2!\ \cdots n!}\begin{vmatrix} 0 & 1 & x & x^2 & \cdots & x^n \\ y^{(0)} & 1 & x_0 & x_0^2 & \cdots & x_0^n \\ y^{(1)} & 0 & 1! & 2x_1 & \cdots & nx_1^{n-1} \\ \vdots & \vdots & \vdots & \vdots & & \vdots \\ y^{(n)} & 0 & 0 & 0 & \cdots & n! \end{vmatrix}$$

给出来.

但是还可以求得多项式 $P(x)$ 的另外一种更方便的形式.即，注意到(105)中的最末一个条件

$$P^{(n)}(x)=y^{(n)}$$

是恒等式，把它从 x_{n-1} 到 x 求积分，并注意条件(105)中前面($m=n-1$)那个条件，于是便有(用 $x^{(n)}$ 表积分

① L. V. Goncharov[1],[2].

的变数)

$$P^{(n-1)}(x)=y^{(n-1)}+y^{(n)}\int_{X_{n-1}}^{X}\mathrm{d}x^{(n)}$$

再把它积分一次,这次是从 x_{n-2} 到 x,注意到(105)中对应于 $m=n-2$ 的那个条件并用 $x^{(n-1)}$ 表积分的新变数,则得

$$P^{(n-2)}(x)=y^{(n-2)}+y^{(n-1)}\int_{x_{n-2}}^{x}\mathrm{d}x^{(n-1)}+ y^{(n)}\int_{x_{n-2}}^{x}\mathrm{d}x^{(n-1)}\int_{x_{n-1}}^{x^{(n-1)}}\mathrm{d}x^{(n)}$$

继续使用此法,在考虑到(105)中的全部条件并积分 n 次后,我们便得

$$P(x)=y^{(0)}+y^{(1)}\int_{x_0}^{x}\mathrm{d}x'+ x^{(2)}\int_{x_1}^{x}\mathrm{d}x'\int_{x_0}^{x'}\mathrm{d}x''+\cdots+ y^{(n)}\int_{x_0}^{x}\mathrm{d}x'\int_{x_1}^{x'}\mathrm{d}x''\cdots\int_{x_{n-1}}^{x^{(n-1)}}\mathrm{d}x^{(n)} \tag{106}$$

这正是所求的多项式.引用记号

$$L_0(x)\equiv 1$$

$$L_m(x)=\int_{x_0}^{x}\mathrm{d}x'\int_{x_1}^{x'}\mathrm{d}x''\cdots\int_{x_{m-1}}^{x^{(m-1)}}\mathrm{d}x^{(m)}$$

$$m=1,2,\cdots,n \tag{107}$$

我们也可以把它写成这样的形式

$$P(x)=\sum_{m=0}^{n}y^{(m)}L_m(x) \qquad (108)$$

转到通常意义下的内插法上来，我们提出以下的问题：试求一个 n 次多项式 $P(f;x)$，使其满足条件

$$P^{(m)}(x_m)=f^{(m)}(x_m),m=0,1,\cdots,n \qquad (109)$$

显然这个多项式具有以下的形式

$$P(f;x)=\sum_{m=0}^{n}f^{(m)}(x_m)L_m(x) \qquad (110)$$

真是妙极了，从 2.8 节所述理论的观点看来，泛函数

$$V_m(f)=f^{(m)}(x_m)$$

与诸多项式 $L_m(x)$ 构成了直交系

$$V_i(L_k)=\begin{cases}0 & 当\ i\neq k\ 时\\ 1 & 当\ i=k\ 时\end{cases}$$

在这里约定 $L_m(x)$ 不依赖于 n，就这方面来说，根据公式(110)使用逐次各阶导数的内插法与根据均差公式的内插法相似.

例 47 试求三次多项式 $P(x)$ 使其满足条件

$$P(0)=0$$
$$P'(1)=0$$
$$P''(-1)=0$$
$$P'''(0)=6$$

答案

$$P(x)=6\int_0^x dx'\int_1^{x'} dx''\int_{-1}^{x''} dx'''=$$
$$x^3+3x^2-9x$$

例 48 特令 $x_0=x_1=\cdots=x_n=a$，我们可以引出多项式

$$L_m(x)=\frac{(x-a)^m}{m!}$$

而 $P(f;x)$ 就变成了 Taylor 级数的部分和

$$P(f;x)=\sum_{m=0}^{n}f^{(m)}(q)\frac{(x-a)^m}{m!}$$

例 49　我们假定诸点 x_m 构成一个算术级数

$$x_m=a+mh,h\neq 0;m=0,1,\cdots,n$$

在这种情形下,用完全归纳法可以证明多项式 $L_m(x)$ 具有下述形式

$$L_m(x)=\frac{1}{m!}(x-a)(x-a-mh)^{m-1}$$

这些多项式是由 Abel[①] 所引出来的.

例 50　设诸点 x_m 是由公式

$$x_m=(-1)^m$$

所给出的,则多项式

$$L_m(x)=\frac{1}{m!}\cdot 4^mE_m\left(\frac{1\pm x}{4}\right)$$

(当 m 为奇数时取"+"号,当 m 为偶数时取"−"号)与由恒等式

$$\frac{1}{2}[E_m(x)+E_m(x+1)]=x^m$$

$$m=0,1,2,\cdots$$

所确定的 Euler 多项式关联着.

不难把余项 $R_n(x)=f(x)-P_n(f;x)$ 写出来.即,可以赋予它以下的形式

---

① N. H. Abel, Sur les fonctions génératrices et leurs déterminantes (Oeuvre, T. 2).

$$R_n(x)=\int_{x_0}^{x}\mathrm{d}x'\int_{x_1}^{x'}\mathrm{d}x''=$$
$$\int_{x_n}^{x^{(n)}}f^{(n+1)}(x^{(n+1)})\mathrm{d}x^{(n+1)} \qquad (111)$$

于是便求得了以下的恒等式

$$f(x)=f(x_0)+\sum_{k=1}^{n}f^{(k)}(x_k)\int_{x_0}^{x}\mathrm{d}x'\int_{x_1}^{x'}\mathrm{d}x''\cdots$$
$$\int_{x_{k-1}}^{x^{(k-1)}}\mathrm{d}x^{(k)}+R_n(x) \qquad (112)$$

其正确性可根据下述情况来推出：(1) 把它求导数 m 次并令 $x=x_m$，在(112) 两端便得到同样的结果 $(m=0,1,2,\cdots,n)$；(2) 求导数 $n+1$ 次便得到恒等式.

2.13 使用广义多项式的内插法

为了理论上的次序问题清晰可见，我们再向前推广一步.

我们打算提出稍为广泛一些的内插问题：设用以施行内插法的函数类系由公式

$$P(x)=a_1\varphi_1(x)+a_2\varphi_2(x)+\cdots+a_n\varphi_n(x) \qquad (113)$$

所规定，其中的系数 a_i 是应当要求确定的，而函数 $\varphi_i(x)(i=1,2,\cdots,n)$ 是一些预先给定的连续(我们经常做这种假定) 函数，但已经不是变数 x 的各次乘幂，而是某些其他的函数. (113) 型的表达式我们约定称

之为广义多项式.

关于函数系 $\varphi_k(x)$，我们假定它们在基本区间(a,b)上是线性无关的.这就是说，由恒等式

$$\sum_{i=1}^{n}\lambda_i\varphi_i(x)=0, a\leqslant x\leqslant b \tag{114}$$

就推得 $\lambda_i=0(i=1,2,\cdots,n)$，也就是说我们不可能选出这样一组常数 λ_i，使我们满足恒等式(114)，而所有的 λ_i 又不全等于零.已熟知的最简单的线性无关的函数系是(对任何区间)幂函数系

$$1,x,x^2,\cdots,x^n \tag{α}$$

以及三角函数系

$$1,\cos x,\cos 2x,\cdots,\cos nx \tag{β}$$

$$\sin x,\sin 2x,\cdots,\sin nx \tag{β'}$$

线性无关函数系的任何一个部分系显然也都是线性无关的.使函数系 $\varphi_k(x)(k=1,2,\cdots,n)$ 为线性无关的充要条件便是行列式

$$D\equiv D(x_1,x_2,\cdots,x_n)=\begin{vmatrix}\varphi_1(x_1) & \varphi_2(x_1) & \cdots & \varphi_n(x_1)\\ \varphi_1(x_2) & \varphi_2(x_2) & \cdots & \varphi_n(x_2)\\ \vdots & \vdots & & \vdots\\ \varphi_1(x_n) & \varphi_2(x_n) & \cdots & \varphi_n(x_n)\end{vmatrix} \tag{115}$$

当变数 $x_1,x_2,\cdots,x_n$ 在基本区间上取各种可能的值时不恒等于零.实际上，设所考虑的函数系不是线性无关的，那么就可以指出这样一组不全为零的常数 $\lambda_i(i=1,2,\cdots,n)$，它们满足恒等式(114).设 $x_k(k=1,2,\cdots,n)$ 是基本区间上的一些点，我们便有

$$\sum_{i=1}^{n}\lambda_i\varphi_i(x_k)=0, k=1,2,\cdots,n$$

因为 λ_i 不全为零，从而知 $D(x_1,x_2,\cdots,x_n)=0$.

逆定理可以用归纳法来证明. 我们从 $n=1$ 来着手. 设由一个函数 $\varphi_1(x)$ 构成的函数系是线性无关的. 这就表示 $\varphi_1(x)$ 不恒等于零. 但是，在这种情形下，$D(x_1)\equiv\varphi_1(x_1)$，故 $D(x_1)$ 亦不恒等于零. 我们假定：如果 $n-1$ 个函数所构成的函数系是线性无关时，它的相应的行列式便不恒等于零，而来证明这论断对于由 n 个函数所构成的函数系也一样成立.

设 $D(x_1,x_2,\cdots,x_n)\equiv 0$. 但 $D(x_1,x_2,\cdots,x_{n-1})\neq 0$；否则的话，根据假定，函数系 $\varphi_i(x)(i=1,2,\cdots,n-1)$ 便不是线性无关的，因而所给的函数系便也不是线性无关的了.

设 $x_i=x_i^0(i=1,2,\cdots,n-1)$ 是使 $D(x_1^0,x_2^0,\cdots,x_{n-1}^0)\neq 0$ 的一组变数值. 于是，把行列式 $D(x_1^0,x_2^0,\cdots,x_{n-1}^0,x)$ 依最后一列(在其中系以 x 代 x_n) 展开，我们便得到(114) 型的恒等式，在其中 λ_i 不全为零，因为

$$\lambda_n=D(x_1^0,x_2^0,\cdots,x_{n-1}^0)\neq 0$$

而这就表示函数系 $\varphi_k(x)$ 不是线性无关的.

我们假定所求的函数 $P(x)$ 适合条件

$$P(x_i)=y_i,i=1,2,\cdots,n \tag{116}$$

其中的 y_i 是给定的数，x_i 也是给定的数，自然它们是不同的. 能否求出函数 $P(x)$，即能否把方程组(116) 就系数 a_i 解出，乃视行列式 $D(x_1,x_2,\cdots,x_n)$ 是否异于零而定.

在解由等式(116) 所表示出的内插问题时，自然而然要从函数系 $\varphi_1(x),\varphi_2(x),\cdots,\varphi_n(x)$ 是线性无关的这一假设出发. 而这个假设对于要内插问题有唯一

的解来说还是不充分的.如果把方程(116)当作含n个未知数$a_i(i=1,2,\cdots,n)$的方程组,我们就看出来内插问题的解的存在与唯一性可以由下述条件来保证;只要诸数$x_1,x_2,\cdots,x_n$全不相同,行列式(115)就异于零.

设函数系$\varphi_1(x),\varphi_2(x),\cdots,\varphi_n(x)$具有这样的性质:对于它们所作的行列式$D(x_1,x_2,\cdots,x_n)$,只在有一个等式$x_i=x_k(i\neq k)$成立的条件下才等于零,这个函数系便叫作Chebyshev函数.于是有:

对于已知内插区间的任意结点组,求满足(116)的"广义多项式"$P(x)$的问题具有唯一的解的充要条件为:函数系$\varphi_i(x)(i=1,2,\cdots,n)$在所考虑的区间上是一个Chebyshev系.

我们要注意,Chebyshev系的部分系,根本就不一定是Chebyshev系.例如,函数系$1,x,x^2$是Chebyshev系,但是却不能说函数系$1,x^2$是Chebyshev系,这是因为行列式

$$D\equiv x_2^2-x_1^2$$

并非只有在$x_1=x_2$时才能等于零.

不难用别的方法来说明所给的函数系$\varphi_i(x)(i=1,2,\cdots,n)$是Chebyshev系的条件,使其不依赖于行列式的概念.下面便是这样的条件:否则恒等于零的广义多项式$P(x)$在基本区间上等于零的点少于n个.

实际上,如果由公式(113)定义的广义多项式$P(x)$在基本区间上的n个相异点(例如,$x_1,x_2,\cdots,x_n$)处都等于零,则由诸等式

$$\sum_{i=1}^{n}a_i\varphi_i(x_k)=0$$

便会断定：纵然所有的点 x_i 都是不同的，行列式 $D(x_1,x_2,\cdots,x_n)$ 也等于零，这就和 Chebyshev 系的基本特性相抵触了. 反之，设函数系 $\{\varphi_i(x)\}(i=1,2,\cdots,n)$ 不是 Chebyshev 系，那么，当诸数 $x_i^0(i=1,2,\cdots,n)$ 全不相同而又属于基本区间时，$D(x_1^0,x_2^0,\cdots,x_n^0)=0$；于是广义多项式

$$P(x)\equiv D(x_1^0,x_2^0,\cdots,x_{n-1}^0,x)$$

便会在 n 个不同的点 $x_i^0(i=1,2,\cdots,n)$ 处等于零.

2.14　线性泛函数的近似表示，机械求积

既然内插公式能够用来颇为适当地表示给定的函数，所以它们也可以用在这函数的各种线性泛函数的近似计算上. 实际上，只需把所给的线性泛函数用到内插多项式上就可以了. 然而应当十分注意这时所发生的错误估计的问题.

我们将特别注意线性泛函数 $F(f)$ 的下列两种类型：

(1) 形式如下的积分

$$F(f)=\int_a^b f(x)p(x)\mathrm{d}x \tag{117}$$

其中的 $p(x)$ 是给定的任意的非负函数，以及

(2) 和

$$F(f)=\sum_{m=1}^{N}p_m f(\xi_m)$$

其中的 ξ_m 与 $p_m(>0)$ 都是任意的数. 为了把积分与和

这两种情形统一起来,我们考虑 Stieltjes 积分

$$F(f)=\int_a^b f(x)\mathrm{d}\varphi(x) \tag{118}$$

其中,$\varphi(x)$ 是任意的不减函数,实际上特别重要的情形是通常的积分

$$F(f)=\int_a^b f(x)\mathrm{d}x \tag{118'}$$

积分(118′)或者更为一般类型的积分(117)的近似计算法,通常叫机械求积.

设 $f(x)$ 为求插函数,$P(x)$ 为内插多项式,$R(x)$ 是余项,$F(f)$ 为所给的线性泛函数.那么,根据线性泛函数的基本性质,由恒等式

$$f(x)=P(x)+R(x)$$

便可推出恒等式

$$F(f)=F(P)+F(R)$$

而如果把 $F(P)$ 当作 $F(f)$ 的近似值,则 $F(R)$ 便正是计算的误差.

我们一般令

$$I=\int_a^b f(x)\mathrm{d}\psi(x)$$

由 Lagrange 内插公式

$$P_n(f;x)=\sum_{m=0}^{n} f(x_m)L_m(x)$$

其中

$$L_m(x)=\frac{A(x)}{(x-x_m)A'(x_m)}$$

便推得

$$F(P)=\int_a^b P(f;x)\mathrm{d}\psi(x)=\sum_{m=0}^{n}A^{(m)}f(x_m) \tag{119}$$

而 $A^{(m)}$ 是数值系数,它们不依赖于函数 $f(x)$

$$A^{(m)}=\int_a^b L_m(x)\mathrm{d}\psi(x)=\int_a^b \frac{A(x)}{(x-x_m)A'(x_m)}\mathrm{d}\psi(x) \tag{120}$$

这些系数可以根据下述条件来单值地(而且也不涉及内插公式)确定:等式

$$\int_a^b P(x)\mathrm{d}\psi(x)=\sum_{m=0}^{n}A^{(m)}f(x_m)$$

对于次数不超过 n 的任何一个多项式 $P(x)$ 都应当成立,它对于 $P(x)=x^k$ 应当成立

$$\int_a^b x^k\mathrm{d}\psi(x)=\sum_{m=0}^{n}A^{(m)}x_m^k, k=0,1,\cdots,n \tag{121}$$

从而便得到系数 $A^{(m)}$ 的表达式,它依赖于 Vandermonde 行列式

$$A^{(m)}=\begin{vmatrix} 1 & 1 & \cdots & 1 & \int_a^b \mathrm{d}\psi(x) & 1 & \cdots & 1 \\ x_0 & x_1 & \cdots & x_{k-1} & \int_a^b x\,\mathrm{d}\psi(x) & x_{k+1} & \cdots & x_n \\ \vdots & \vdots & & \vdots & \vdots & \vdots & & \vdots \\ x_0^n & x_1^n & \cdots & x_{k-1}^n & \int_a^b x^n\mathrm{d}\psi(x) & x_{k+1}^n & \cdots & x_n^n \end{vmatrix}:$$

$$\begin{vmatrix} 1 & 1 & \cdots & 1 \\ x_0 & x_1 & \cdots & x_n \\ \vdots & \vdots & & \vdots \\ x_0^n & x_1^n & \cdots & x_n^n \end{vmatrix} =$$

$$\frac{\int_a^b W(x_0, \cdots, x_{k-1}, x, x_{k+1}, \cdots, x_n) \mathrm{d}\psi(x)}{W(x_0, \cdots, x_{k-1}, x_k, x_{k+1}, \cdots\cdots, x_n)}, 0 \leqslant m \leqslant n$$

关于余项,则根据 Cauchy 公式

$$R(x) = \frac{f^{(n+1)}(\xi)}{(n+1)!} A(x)$$

$$A(x) = \prod_{m=0}^{n} (x - x_m)$$

(其中,ξ 系介于诸数 $x_0, x_1, \cdots, x_n$ 与 x 的最小者与最大者之间) 在积分(118) 的情形便可以写成

$$F(R) = \frac{1}{(n+1)!} \int_a^b f^{(n+1)}(\xi) A(x) \mathrm{d}\psi(x) \quad (122)$$

由此,在通常的记号下便得

$$| F(R) | \leqslant \frac{M_{n+1}}{(n+1)!} \int_a^b | A(x) | \mathrm{d}\psi(x) \quad (123)$$

(在这里 M_{n+1} 应当理解成导数 $f^{(n+1)}(x)$ 在诸数 $a, b, x_0, x_1, \cdots, x_n$ 的最小者与最大者之间的区间内的最大模).

我们来考虑一些特殊情形.

例 51　设内插点是等距的

$$x_m^{(n)} = \frac{m}{n}, m = 0, 1, \cdots, n$$

我们来写出计算积分

$$I=\int_0^1 f(x)\mathrm{d}x$$

的近似公式.

公式的形式是

$$I_n=\sum a_m^{(n)} f\left(\frac{m}{n}\right) \tag{124}$$

诸系数 $a_m^{(n)}$ 叫作 Cotes① 系数并且是用下述公式来规定的

$$a_m^{(n)}=\int_0^1 \frac{A_n(x)}{\left(x-\frac{m}{n}\right)A'_n\left(\frac{m}{n}\right)}\mathrm{d}x \tag{125}$$

$$A_n(x)=x\left(x-\frac{1}{n}\right)\cdots(x-1), m=0,1,\cdots,n$$

令 $n=1$,则有

$$A_1(x)=x(x-1)$$
$$A'_1(x)=2x-1$$

于是

$$a_0^{(1)}=\int_0^1 \frac{x-1}{-1}\mathrm{d}x=\frac{1}{2}$$
$$a_1^{(1)}=\int_0^1 \frac{x}{1}\mathrm{d}x=\frac{1}{2}$$

从而得

$$I_1=\frac{1}{2}[f(0)+f(1)] \tag{126}$$

现在令 $n=2$,则

$$A_2(x)=x\left(x-\frac{1}{2}\right)(x-1)$$

① R. Cotes, Harmonia mensurarum(1722).

$$A'_2(x)=3x^2-3x+\frac{1}{2}$$

进而

$$a_0^{(1)}=\int_0^1\frac{\left(x-\frac{1}{2}\right)(x-1)}{\frac{1}{2}}\mathrm{d}x=\frac{1}{6}$$

$$a_1^{(2)}=\int_0^1\frac{x(x-1)}{-\frac{1}{4}}\mathrm{d}x=\frac{2}{3}$$

$$a_2^{(2)}=\int_0^1\frac{x\left(x-\frac{1}{2}\right)}{\frac{1}{2}}\mathrm{d}x=\frac{1}{6}$$

所以

$$I_2=\frac{1}{6}[f(0)+4f(\frac{1}{2})+f(1)] \tag{127}$$

继续对 $n=3,4,5,\cdots$ 来计算，我们便得到Cotes系数表

$$1$$

$$\frac{1}{2}\quad\frac{1}{2}$$

$$\frac{1}{6}\quad\frac{4}{6}\quad\frac{1}{6}$$

$$\frac{1}{8}\quad\frac{3}{8}\quad\frac{3}{8}\quad\frac{1}{8}$$

$$\frac{7}{90}\quad\frac{32}{90}\quad\frac{12}{90}\quad\frac{32}{90}\quad\frac{7}{90}$$

$$\frac{19}{288}\quad\frac{75}{288}\quad\frac{50}{288}\quad\frac{50}{288}\quad\frac{75}{288}\quad\frac{19}{288}$$

$$\cdots$$

显然

$$a_m^{(n)} = a_{m-n}^{(n)}$$

这个关系可以从公式(125)利用变换 $x = 1 - x'$ 变得.

指出来下面一点是很有趣的：并不是所有的 Cotes 系数都是正的，例如

$$a_2^{(8)} = a_6^{(8)} = -\frac{464}{14\ 175} < 0$$

例 52 不难把例 51 推广到任意区间 (a, b) 的情形. 令

$$I = \int_a^b f(x)\,\mathrm{d}x$$

$$x_m^{(n)} = a + \frac{m}{n}L$$

其中 L 是区间的长度

$$L = b - a$$

在积分

$$A_m^{(n)} = \int_a^b \frac{A_n(x)}{\left(x - a - \frac{m}{n}L\right)A'_n\left(a + \frac{m}{n}L\right)}\mathrm{d}x$$

$$A_n(x) = (x - a)\left(x - a - \frac{L}{n}\right)\cdots(x - a - L)$$

中利用代换 $x = a + Lt$ 便可以证实

$$A_m^{(n)} = La_m^{(n)}$$

因而便导出了公式

$$I_n = L\sum_{m=0}^{n} a_m^{(n)} f\left(a + \frac{m}{n}L\right) \tag{128}$$

其中的 $a_m^{(n)}$ 是 Cotes 系数.

例如

$$I_1 = \frac{L}{2}[f(a) + f(b)] \tag{129}$$

$$I_2=\frac{L}{6}\left[f(a)+4f\left(\frac{a+b}{2}\right)+f(b)\right] \tag{130}$$

例 53　试写出计算积分

$$I=\int_{-1}^{1}\frac{f(x)\mathrm{d}x}{\sqrt{1-x^2}}$$

的近似公式，选内插点与 Chebyshev 结点重合

$$x_m^{(n)}=\cos\frac{2m-1}{2n}\pi,m=1,2,\cdots,n$$

对应的系数 $A_m^{(n)}$ 呈下形

$$A_m^{(n)}=\int_{-1}^{1}\frac{T_n(x)}{(x-x_m^{(n)})T'_n(x_m^{(n)})}\frac{\mathrm{d}x}{\sqrt{1-x^2}}=$$

$$\frac{(-1)^{m+1}}{n}\sin\frac{2m-1}{2n}\pi\int_0^{\pi}\frac{\cos n\theta}{\cos\theta-\cos\frac{2m-1}{2n}\pi}\mathrm{d}\theta=$$

$$\frac{(-1)^{m+1}}{2n}\sin\frac{2m-1}{2n}\pi\int_{-\pi}^{\pi}\frac{\cos n\theta\,\mathrm{d}\theta}{\cos\theta-\cos\frac{2m-1}{2n}\pi}$$

为了计算末一积分，我们采用复代换

$$\mathrm{e}^{\mathrm{i}\theta}=z$$

于是便得

$$\int_{-\pi}^{\pi}\frac{\cos n\theta\,\mathrm{d}\theta}{\cos\theta-\cos\frac{2m-1}{2n}\pi}=$$

$$\frac{1}{\mathrm{i}}\int_C\frac{z^n+z^{-n}}{z^2-2z\cos\frac{2m-1}{2n}\pi+1}\mathrm{d}z$$

其中，C表示圆 $|z|=1$. 在积分号下的分数其分母具有零点

$$x_1=\mathrm{e}^{\frac{2m-1}{2n}\pi\mathrm{i}}=\alpha$$

及

$$z_2=\mathrm{e}^{-\frac{2m-1}{2n}}=\frac{1}{\alpha}$$

而由于在 $z=\alpha$ 及 $z=\dfrac{1}{\alpha}$ 时分子也等于 0，从而显然便知，积分号下的函数具有唯一的 n 重极点 $z=0$. 积分便等于对应于这个极点的残数. 注意到

$$\frac{1}{x^2-2z\cos\frac{2m-1}{2n}\pi+1}=$$

$$\frac{1}{(z-\alpha)\left(z-\frac{1}{\alpha}\right)}=$$

$$\frac{1}{\alpha-\frac{1}{\alpha}}\cdot\sum_{\gamma=1}^{\infty}(\alpha^{\gamma+1}-\frac{1}{\alpha^{\gamma+1}})z^{v}$$

我们便可以证实，所求的残数系等于最后的展开式中 z^{n-1} 的系数，即

$$\frac{\alpha^n-\frac{1}{\alpha^n}}{\alpha-\frac{1}{\alpha}}=\frac{(-1)^{m+1}}{\sin\frac{2m-1}{2n}\pi}$$

从而我们便断定，在所考虑的情形中全部系数 $A_m^{(n)}$ 都相等并且它们的值可以由简单的公式

$$A_m^{(n)}=\frac{\pi}{n}$$

来给出. 因此，可以取

$$I_n=\frac{\pi}{n}\sum_{m=1}^{n}f(x_m^{(n)})$$

$$x_m^{(n)}=\cos\frac{2m-1}{2n}\pi$$

作为积分的近似值.

例 54　试用 $f(0),f\left(\frac{N}{2}\right)$ 及 $f(N)$ 作出表示和

$$S=\sum_{v=1}^{N-1}f(v)$$

的近似公式,当 $f(x)$ 为二次多项式时,便会给出这个和的正确值.

解　用内插多项式

$$P(x)=f(0)+\left[f\left(\frac{N}{2}\right)-f(0)\right]\frac{x}{\left(\frac{N}{2}\right)}+$$

$$\frac{1}{2}\left[f(N)-2f\left(\frac{N}{2}\right)+f(0)\right]\frac{x\left(x-\frac{N}{2}\right)}{\left(\frac{N}{2}\right)^2}$$

来代替 $f(x)$,并对变数 x 从 1 到 $N-1$ 求和(应用第 2.4 节末所求得的公式),我们便得到表达式

$$\frac{1}{6}\frac{(N-1)(N-2)}{N}[f(0)+f(N)]+$$

$$\frac{2}{3}\frac{N^2-1}{N}f\left(\frac{N}{2}\right)$$

在实际上机械求积时很少用到高次的多项式:为了达到必须的精确度,不来增高多项式的次数而把基本区间分成许多部分区间,对于相应于这些区间的每一个积分应用这同一个公式,即(129)或(130).

譬如说,把基本区间 (a,b) 分成 n 个相等的部分区间 (x_m,x_{m+1})(其中 $x_m=a+\frac{m}{n}L,L=b-a,m=0,1,\cdots,n-1$),对它们当中的每一个应用近似公式(129),我们便得到所谓梯形公式

$$I \approx \sum_{m=0}^{n-1} \frac{1}{2} \cdot \frac{L}{n} \cdot [f(x_m) + f(x_{m+1})] =$$

$$\frac{L}{2n}[f(x_0) + 2f(x_1) + 2f(x_1) + \cdots +$$

$$2f(x_{n-1}) + f(x_n)] \qquad (131)$$

依同样的方法,根据(130)便得到抛物线公式,或者说 Simpson[①] 公式

$$I \approx \sum_{m=0}^{n-1} \frac{1}{6} \cdot \frac{L}{n}\left[f(x_m) + 4f\left(\frac{x_m + x_{m+1}}{2}\right) + f(x_{m+1})\right] =$$

$$\frac{L}{6n}\left[f(x_0) + 4f\left(\frac{x_0 + x_1}{2}\right) + 2f(x_1) + \cdots +\right.$$

$$\left.2f(x_{n-1}) + 4f\left(\frac{x_{n-1} + x_n}{2}\right) + f(x_n)\right] \qquad (132)$$

公式(131)与(132)的几何意义极其简单:对曲线 $y=f(x)$ 的每一分段,在第一种情形下,用联结两个端点的弦来代替,而在第二种情形下,则用通过两个端点及其中点(其横坐标为两端点横坐标的算术平均值)的抛物线来代替.

我们转来估计机械求积公式的误差.

Cotes 公式(128)(例 53)误差的界限可以由等式

$$\int_a^b R_n(x)\mathrm{d}x = \int_a^b \frac{f^{(n+1)}(\xi)}{(n+1)!} A_n(x)\mathrm{d}x$$

来确定,据此可得

$$\left|\int_a^b R_n(x)\mathrm{d}x\right| \leqslant \frac{M_{n+1}}{(n+1)!}\int_a^b |A_n(x)|\mathrm{d}x$$

① Th Simpson, Mathematical dissertations on physical and analytical subjects(1743).

右端的积分可以直接算出，例如（令 $x-a=Lt$），我们有

$$\int_a^b |A_1(x)|\,\mathrm{d}x=\int_a^b |(x-a)(x-b)|\,\mathrm{d}x=$$

$$L^3\int_0^1 |t(t-1)|\,\mathrm{d}t=$$

$$L^3\int_0^1 t(1-t)\,\mathrm{d}t=$$

$$\frac{1}{6}L^3$$

$$\int_a^b |A_2(x)|\,\mathrm{d}x=\int_a^b \left|(x-a)\left(x-\frac{a+b}{2}\right)(x-b)\right|\mathrm{d}x=$$

$$L^4\int_0^1 \left|\mathrm{i}\left(\mathrm{i}-\frac{1}{2}\right)(t-1)\right|\mathrm{d}t=$$

$$L^4\int_0^{\frac{1}{2}} t\left(\frac{1}{2}-t\right)(1-t)\,\mathrm{d}t+$$

$$\int_{\frac{1}{2}}^1 t\left(t-\frac{1}{2}\right)(1-t)\,\mathrm{d}t=$$

$$\frac{1}{32}L^4$$

从而便求得公式(129)及(130)中误差的界限

$$\left|\int_a^b R_1(x)\,\mathrm{d}x\right|\leqslant\frac{1}{12}M_2L^3 \tag{133}$$

$$\left|\int_a^b R_2(x)\,\mathrm{d}x\right|\leqslant\frac{1}{192}M_3L^4 \tag{134}$$

要想求出梯形公式(131)中误差的界限，只需指

出，根据不等式(133)，对于每一个部分区间来说，误差都不超过$\frac{1}{12}M_2\left(\frac{L}{n}\right)^3$，因而对于整个区间误差不超过

$$n \cdot \frac{1}{12} \cdot M_2\left(\frac{L}{n}\right)^3 = \frac{1}{12}M_2\,\frac{L^3}{n^2} \tag{135}$$

完全一样，对于 Simpson 公式我们有

$$n \cdot \frac{1}{192}M_3\left(\frac{L}{n}\right)^4 = \frac{1}{192}M_3\,\frac{L^4}{n^3} \tag{136}$$

分母上 n^3 的出现乃表明使用 Simpson 公式可以达到任何高度的精确性，如果部分区间的数目足够大的话.

例 55 试根据积分

$$\lg 2 = \int_1^2 \frac{\mathrm{d}x}{x}$$

利用梯形公式及 Simpson 公式来计算 lg 2.

解 在 $n=10$ 时，由梯形公式得

$$\begin{aligned}\lg 2 \approx \frac{1}{20}(&1 \cdot 1 + 2 \cdot 0.9091 + 2 \cdot 0.8333 + \\ &2 \cdot 0.7692 + 2 \cdot 0.7143 + 2 \cdot 0.6667 + \\ &2 \cdot 0.6250 + 2 \cdot 0.5882 + 2 \cdot 0.5556 + \\ &2 \cdot 0.5263 + 1 \cdot 0.5000) = 0.69377\end{aligned}$$

在 $n=5$ 时，由 Simpson 公式得

$$\begin{aligned}\lg 2 \approx \frac{1}{30}(&1 \cdot 1 + 4 \cdot 0.9091 + 2 \cdot 0.8333 + \\ &4 \cdot 0.7692 + 2 \cdot 0.7143 + 4 \cdot 0.6667 + \\ &2 \cdot 0.6250 + 4 \cdot 0.5882 + 2 \cdot 0.5556 + \\ &4 \cdot 0.5263 + 1 \cdot 0.5000) = 0.69314\end{aligned}$$

根据梯形公式计算的可能误差不超过

$$\frac{1}{12}M_2 \cdot \frac{L^3}{n^2} = \frac{1}{12} \cdot 2 \cdot \frac{1}{100} = \frac{1}{600} = 0.00167$$

对于 Simpson 公式,可以证实误差不超过

$$\frac{1}{192}M_3 \cdot \frac{L^4}{n^3}=\frac{1}{192}\cdot 6 \cdot \frac{1}{125}=\frac{1}{4\ 000}=0.000\ 25$$

(实际上,在后一情形中所有的五位小数都是正确的)

例 56　要想根据梯形公式或 Simpson 公式计算 Laplace 函数

$$\Phi(x)=\frac{2}{\sqrt{\pi}}\int_0^x e^{-x^2}\,dx$$

当 $x=1$ 时的值使误差不超过 0.000 001,则应把区间 (0,1) 分成多少份? 因为

$$\left|\frac{d^2}{dx^2}e^{-x^2}\right|=\left|(4x^2-2)e^{-x^2}\right|\leqslant 2$$

$$\left|\frac{d^3}{dx^3}e^{-x^2}\right|=\left|(12x-8x^3)e^{-x^2}\right|\leqslant 6$$

所以误差的界限可以分别由以下不等式来确定

$$\frac{1}{12}M_2\ \frac{L^3}{n^2}<\frac{1}{6n^2}$$

及

$$\frac{1}{192}M_3\ \frac{L^4}{n^3}<\frac{1}{32n^3}$$

故应当(分别) 令

$$n>408 \text{ 及 } n>31$$

$\Phi(1)$ 的正确值等于 0.842 7.

例 57　试计算椭圆积分

$$\int_0^{\frac{\pi}{2}}\frac{dx}{\sqrt{1-\frac{1}{4}\sin^2 x}}$$

答案:1.685 8.

关于机械求积的收敛性,可以依内插过程收敛性的同样意义来说明. 在这里我们只指出一些应注意之点. 设 $P_n(f;x)$ 是内插多项式, 幂数 n 逐次递增, $R_n(x)$ 是相应的余项,则与诸多项式 $P_n(f;x)$ 相关的机械求积的误差可以用积分

$$\int_a^b R_n(x)\,\mathrm{d}\psi(x) \tag{137}$$

来给出. 如果当 n 无限增大时,$R_n(x)$ 在区间(a,b) 上一致地趋于零,则积分(137) 便也趋于零. 因此,内插过程收敛时,求积过程也收敛. 但是,当内插过程发散时,求积过程仍可能收敛.

第四编

无穷区间上等距节点样条的引入

数据平滑化的定义与离散平滑公式

第1章

我们考虑无限个整数节点处型值

$$\{y_v\}, v=\cdots,-1,0,1,\cdots$$

的平滑问题，设平滑后的型值由原型值线性叠加而成，即

$$F_n=\sum_{v=-\infty}^{+\infty} y_v L_{n-v} \tag{1}$$

其中权因子$\{L_v\}$是偶序列$L_{-v}=L_v$.

之所以要求$\{L_v\}$是偶序列，是由于实际应用与理论两方面的需要. 在实际应用中，希望原来对称的型值经(1)变换后对称性保持不变；理论上则可对公式(1)运用下面的Fourier变换.

显然，并非是任给一个偶序列，公式(1)都能起平滑作用. 为此，首先要确定这里所用的“平滑”概念的含义，并弄清公式(1)要成为平滑公式，对于权因子$\{L_v\}$应有哪些要求？

所谓数据$\{F_n\}$比$\{y_v\}$“平滑”,直观上就是新数据$\{F_n\}$的“波动”不超过原数据的“波动”.对于整数节点处的型值而言,这种“波动”自然可用各阶差分度量.

特别地,当y_v恒为常数时,很自然要求F_n也等于同一个常数,这相当于规定

$$\sum_{v=-\infty}^{+\infty} L_v = 1 \tag{2}$$

在一般情况下,希望新数据$\{F_n\}$任意一阶差分在所有节点上的平方和不超过原数据$\{y_v\}$同阶差分在所有节点上的平方和,即对任意自然数j,恒有不等式

$$\sum_n (\Delta^j F_n)^2 \leqslant \sum_n (\Delta^j y_n)^2 \tag{3}$$

成立,且等号只是对很大的j或当y_n为常数时才允许成立.

为把不等式(3)转化为对权因子$\{L_v\}$的要求,下面应用离散 Fourier 变换.令以2π为周期的复值函数

$$T(u) = \sum_{v=-\infty}^{+\infty} y_v \mathrm{e}^{\mathrm{i}vu} \tag{4}$$

称$T(u)$为序列$\{y_v\}$的特征函数(这里已假定

$$\sum_{v=-\infty}^{+\infty} | y_v | < \infty$$

即级数$\{y_v\}$绝对收敛).于是,一阶差分列$\{\Delta y_v\}$的特征函数为

$$(\mathrm{e}^{-\mathrm{i}u} - 1) T(u) = \sum_{v=-\infty}^{+\infty} \Delta y_v \mathrm{e}^{\mathrm{i}vu}$$

一般地,任意阶差分序列$\{\Delta^j y_v\}$的特征函数是

$$(\mathrm{e}^{-\mathrm{i}u} - 1)^j T(u) = \sum_{v=-\infty}^{+\infty} \Delta^j y_v \mathrm{e}^{\mathrm{i}vu}$$

$$i = 0, 1, 2, \cdots$$

两边乘以自身的共轭函数，然后在$[0,2\pi]$上积分，注意到序列$\{e^{ivu}\}$在$[0,2\pi]$中的正交性质

$$\frac{1}{2\pi}\int_0^{2\pi} e^{ivu}\cdot e^{-i\lambda u}$$

$$du=\delta_{v\lambda}=\begin{cases}0 & v\neq\lambda\\ 1 & v=\lambda\end{cases}$$

于是，原序列$\{y_v\}$任意阶差分在所有节点上的平方和可用特征函数$T(u)$的积分形式来表示

$$\sum_{v=-\infty}^{+\infty}(\Delta^j y_v)^2=\frac{1}{2\pi}\int_0^{2\pi}\left[2\sin\frac{u}{2}\right]^{2j}|T(u)|^2 du \quad (5)$$

为了得到新序列$\{F_n\}$的类似公式，先要导出权因子$\{L_v\}$的特征函数. 当

$$\sum_{v=-\infty}^{+\infty}|L_v|<\infty$$

时，偶序列$\{L_v\}$的特征函数

$$\phi(u)=\sum_{v=-\infty}^{+\infty}L_v e^{ivu}=L_0+2L_1\cos u+ 2L_2\cos 2u+\cdots \quad (6)$$

是实值函数. 将两个 Fourier 级数相乘，由(1) 有

$$T(u)\cdot\phi(u)=\sum_{v=-\infty}^{+\infty}F_v e^{ivu} \quad (7)$$

因而，与(5) 相仿，可得

$$\sum_{v=-\infty}^{+\infty}(\Delta^j F_v)^2=\frac{1}{2\pi}\int_0^{2\pi}\left[2\sin\frac{u}{2}\right]^{2j}|T(u)|^2\phi^2(u)du \quad (8)$$

因此，“平滑”所要求的不等式(3) 满足的一个充分条件是权因子$\{L_v\}$的特征函数$\phi(u)$满足不等式

$$-1\leqslant\phi(u)\leqslant 1, 0\leqslant u\leqslant 2\pi \quad (9)$$

于是，可以这样来叙述数据平滑化的定义.

定义 1 由偶序列$\{L_v\}$给出的公式(1)称为离散平滑公式,是指该序列构成的级数绝对收敛,且该序列之和等于 1,而它的特征函数(6)之值均介于 -1 与 1 之间.

实际应用时不单要求经公式(1)处理后的数据要较前平滑,往往同时要求前后两组数据的“偏离”也不能过大.

由式(4),(7),这时的“偏离”可表示为

$$\sum_{v=-\infty}^{+\infty}(y_v - F_v)^2 = \frac{1}{2\pi}\int_0^{2\pi} | T(u) |^2 (1 - \phi^2(u))^2 \mathrm{d}u \tag{10}$$

于是,一方面由(8)可知,$\phi(u)$的绝对值越小,通过式(1)处理后的数据平滑程度愈好;另一方面,根据上式,$\phi(u)$愈接近于 1,公式(1)的“偏离”程度愈小.这就清楚地表明,对于同一个平滑公式,其平滑性好与偏离程度小这两个要求是相互矛盾的.

根据上面的定义,我们可以直接构造出一类特殊的平滑公式.

定理 1 如果对于所有的 n,均有

$$L_n \geqslant 0 \text{ 且 } \sum_{v=-\infty}^{+\infty} L_v = 1$$

那么,由这样的偶序列$\{L_v\}$所构成的公式(1)必然是一个平滑公式.

事实上,只需指出

$$| \phi(u) | \leqslant \sum_v | L_v | = 1$$

除了平滑度与偏离之外,平滑公式(1)还有另一个常用的标准:精确度.

定义 2 平滑公式(1)称为 m 次精确,是指它对于

任意一组不超过 m 次的多项式的型值$\{y_v\}$是精确的.

由(6),有展开式

$$\phi(u)=1+\frac{u^2}{2!}\phi''+\frac{u^4}{4!}\phi^{(4)}+\cdots$$

将它代入

$$e^{inu}\phi(u)=\sum_v e^{ivu}L_{n-v}$$

的左边,比较两边 u^s 项的系数,可得有关 n 的恒等式

$$n^s-c_s^2\phi''n^{s-2}+c_s^4\phi^{(4)}n^{s-4}-\cdots=\sum_{v=-\infty}^{+\infty}v^sL_{n-v}$$

$$s=0,1,\cdots$$

根据定义 2,这时平滑公式(1)为 $2p+1$ 阶精确等价于下面 $2p+2$ 个关系式成立

$$n^s=\sum_v v^sL_{n-v},s=0,1,\cdots,2p+1$$

定理 2 平滑公式(1)为 $2p+1$ 次精确的充要条件是函数 $\phi(u)-1$ 在 $u=0$ 处为 $2p+2$ 重零点.

基型插值公式的平滑理论

第2章

平滑公式中的权因子$\{L_n\}$可以看作是由一组特殊数据平滑后得到的值. 事实上,若把下面这组称之为“初等点列”的特殊点列

$$y_0^* = 1, y_n^* = 0, n \neq 0$$

代入第1章平滑公式(1),即可给出$F_n = L_n$. 考虑把所得到的偶序列$\{L_n\}$延拓为整个实轴上的偶函数,且$L(n) = L_n$. 这样,对于任意给定的一组离散数据$\{y_v\}$,利用类似的平滑公式得到一个平滑函数

$$F(x) = \sum_v y_v L(x - v) \qquad (1)$$

这时我们称$L(x)$为上式的基本函数. 对于大多数只用到一系列等距离散点处型值的插值函数都可以表示成以上这种形式.

经典意义下的插值公式要求在插值节点处插值函数值严格等于给定的型值,这就必须且只需要求$L(x)$满足条件

$$L(0)=1, L(n)=0, n\neq 0 \tag{2}$$

否则,式(1)就是一种拟合公式,或按Schoen berg的用语,是一种“平滑基型插值公式”.

设 $L(x)$ 已延拓到全实轴,与离散时的情况相仿,现在应用Fourier积分,称函数

$$g(u)=\int_{-\infty}^{+\infty} L(x)\mathrm{e}^{\mathrm{i}ux}\mathrm{d}x \tag{3}$$

为权函数 $L(x)$ 的特征函数. 由于 $L(x)$ 是偶函数,$g(u)$ 也为偶函数,且表达式(3)是可逆的.

注意,一般并不假定 $L(x)$ 绝对可积,因而广义积分(3)的逆变换

$$L(x)=\frac{1}{2\pi}\int_{-\infty}^{+\infty} g(u)\mathrm{e}^{\mathrm{i}ux}\mathrm{d}u \tag{4}$$

一般只是理解为在Cauchy意义下收敛,即

$$\int_{-\infty}^{+\infty}=\lim_{A\to+\infty}\int_{-A}^{A}$$

很容易把上节关于离散的平滑公式概念推广到这里来. 如果式(1)中连续变量 x 代之为离散变数 n 后所得到的是第1章离散形式下的平滑公式,则称式(1)为平滑的基型插值公式,或简称为平滑公式.

如果式(1)对于次数不超过 $k-1$ 次的多项式 $P_{k-1}(x)$ 是精确的,则称该基型插值公式具有 $k-1$ 次精度,即

$$P_{k-1}(x)=\sum_{n} P_{k-1}(n)L(x-n)$$

这等价于要求对于 $v=0,1,\cdots,k-1$ 成立

$$x^{v}=\sum_{n} n^{v}L(x-n) \tag{5}$$

还存在另一种比 $k-1$ 次精度要求较弱的逼近概念,这就是所谓的 $k-1$ 次保存:平滑公式(1)能把任一

个次数不超过 $k-1$ 次的多项式仍变成同一次数的多项式,且首项系数保持不变,即有关系式

$$\sum_{n} P_{k-1}(n)L(x-n)=P_{k-1}(x)+P_{v}(x)$$

$$v<k-1$$

显然,这等价于要求对于 $v=0,1,\cdots,k-1$,有

$$Q_{v}(x)=\sum_{n} n^{v}L(x-n) \tag{6}$$

其中,$Q_{v}(x)$ 的形式为

$$Q_{v}(x)=x^{v}+a_{1v}x^{v-1}+\cdots+a_{vv}$$

在上述这些概念的基础上,Schoen berg 建立了以下有关基型插值公式的一般定理:

定理 3 如果基型插值公式(1) 中的权函数对一切 x 满足

$$|L(x)|<Ae^{-B|x|} \tag{7}$$

这里 A,B 是两个正常数,那么,有以下的结论成立:

a. 与式(1) 相应的离散平滑公式

$$F(n)=\sum_{v} y_{v}L(n-v) \tag{8}$$

的特征函数为

$$\phi(u)=\sum_{v} g(u+2\pi v)$$

其中 $g(u)$ 是 $L(x)$ 的特征函数.

b. 当下面两个条件成立时,平滑公式(1) 具有 $k-1$ 次精度

$$g(u)-1=u^{k}h(u),h(0)\neq 0$$

$$g(u)=(u-2\pi v)^{k}h_{1}(u)$$

$$h_{1}(2\pi v)\neq 0,v=\pm 1,\pm 2,\cdots \tag{9}$$

c. 如果 b 只满足第二个条件,且有 $g(0)=1$,平滑公式(1) 具有 $k-1$ 次保存.

证明　(1) 条件(7)保证了 $L(x)$ 的特征函数 $g(u)$ 在复平面的一个无限长窄条$(-B<\operatorname{Im}u<B)$内解析,因而下面运算中的积分号可与求和号相交换

$$L(x)=\frac{1}{2\pi}\int_{-\infty}^{+\infty}g(u)\mathrm{e}^{\mathrm{i}ux}\mathrm{d}u=$$
$$\lim_{p\to\infty}\frac{1}{2\pi}\int_{-\pi(2p+1)}^{\pi(2p+1)}g(u)\mathrm{e}^{\mathrm{i}ux}\mathrm{d}x=$$
$$\lim_{p\to\infty}\frac{1}{2\pi}\sum_{v=-p}^{p}\int_{-\pi}^{\pi}g(u+2\pi v)\mathrm{e}^{\mathrm{i}ux}\cdot\mathrm{e}^{\mathrm{i}2\pi vx}\mathrm{d}u=$$
$$\frac{1}{2\pi}\int_{-\pi}^{\pi}\left\{\sum_{v=-\infty}^{+\infty}g(u+2\pi v)\mathrm{e}^{\mathrm{i}2\pi vx}\right\}\mathrm{e}^{\mathrm{i}ux}\mathrm{d}u$$

特别当 $x=n$ 是整数时即得证 a.

(2) 为证明 b,我们引用数学分析中的 Poisson 公式

$$\sum_{n=-\infty}^{+\infty}f(x-n)=\sum_{n=-\infty}^{+\infty}\mathrm{e}^{\mathrm{i}2\pi nx}\int_{-\infty}^{+\infty}f(v)\mathrm{e}^{-\mathrm{i}2\pi vn}\mathrm{d}v$$

取 $f(x)=\mathrm{e}^{-\mathrm{i}xu}L(x)$,并利用上面证明的结论 a,对于一切实值 x 和 $g(u)$ 的正则域中的复值 u,有

$$\sum_{n=-\infty}^{+\infty}\mathrm{e}^{\mathrm{i}nu}L(x-n)=\mathrm{e}^{\mathrm{i}xu}\sum_{n=-\infty}^{+\infty}g(u+2\pi n)\mathrm{e}^{\mathrm{i}2\pi nv}$$

当 x 固定时,两边按 u 幂次展开,利用式(9),得

$$\sum_{v=0}^{\infty}\frac{\mathrm{i}^v u^v}{v!}\sum_{n=-\infty}^{+\infty}n^v L(x-n)=\mathrm{e}^{\mathrm{i}xu}g(u)+u^k$$
(u 的某个正则函数)

比较上式两边的前 k 项系数即导出式(5).

(3) 利用 $g(u)$ 在 $u=0$ 处正则且为偶函数的性质,展开得

$$g(u)=1-\frac{a_2}{2!}u^2+\frac{a_4}{4!}u^4+\cdots$$

定义一个多项式序列

$$\mathrm{e}^{xu} g\left(\frac{u}{\mathrm{i}}\right)=\sum_{v} Q_{v}(x) \frac{u^{v}}{v!}$$

两边比较同幂数的系数，即可验证其满足判别条件(6)，至此，定理 3 证毕.

第3章 中心插值公式与等距 B－样条函数的引入

最简单也是最自然的基型插值公式便是下面所谓的中心插值公式. 设 k 是一个固定的整数,依次用 k 个整数节点上的值决定一个不超过 $k-1$ 的多项式,并把这个多项式的定义范围局限在以某一点为中心的单位长度区间上,然后依次平移. 最后由这些分段多项式叠加而得的插值多项式称为 k 阶中心插值.

不难看出,这类插值公式可以写成基型插值公式的形式,即

$$F(x)=\sum_{n=-\infty}^{+\infty} y_n c_k(x-n) \qquad (1)$$

为求得基函数 $c_k(x)$,只需将上式应用于初等点列 $y_0^*=1, y_j^*=0(j\neq 0)$. 根据第1章中插值公式基函数的要求(2),当 $k=1,2,3,4$ 时可分别作出以下的图像(图1).

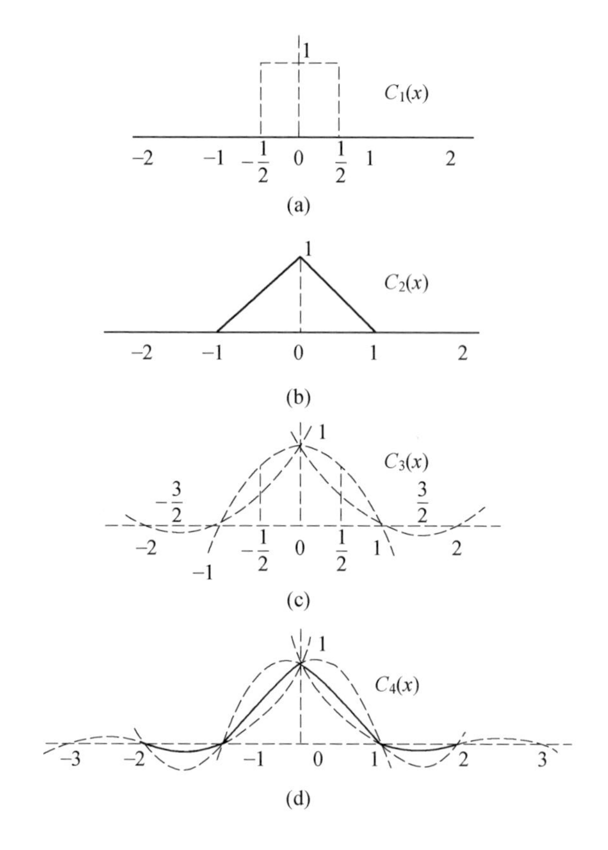

图 1　$c_k(x)(k=1,2,3,4)$ 的图像

不难直接写出它们的显式表达式

$$c_1(x)=\begin{cases}1 & |x|<\frac{1}{2}\\ 0 & |x|>\frac{1}{2}\end{cases} \tag{2}$$

$$c_2(x)=\begin{cases}1-|x| & |x|\leqslant 1\\ 0 & |x|>1\end{cases} \tag{3}$$

$$c_3(x)=\begin{cases}1-x^2 & |x|<\frac{1}{2}\\ \frac{1}{2!}(1-|x|)(2-|x|) & \frac{1}{2}<|x|<\frac{3}{2}\\ 0 & |x|>\frac{3}{2}\end{cases}\tag{4}$$

$$c_4(x)=\begin{cases}\frac{1}{2!}(1-x^2)(2-|x|) & |x|\leqslant 1\\ \frac{1}{3!}(1-|x|)(2-|x|)(3-|x|) & 1<|x|\leqslant 2\\ 0 & |x|>2\end{cases}\tag{5}$$

于是，$c_3(x)$ 的非零区间为 $\left(-\frac{3}{2},\frac{3}{2}\right)$，其曲线由三段抛物线组成，它们分别是由 $(-2,0)$，$(-1,0)$，$(0,1)$ 三点，$(-1,0)$，$(0,1)$，$(1,0)$ 三点以及 $(0,1)$，$(1,0)$，$(2,0)$ 三点所决定的抛物线. 类似地，$c_4(x)$ 的非零域扩大为 $(-2,2)$，其曲线由四段三次多项式曲线拼接而成. 一般说来，$c_k(x)$ 的非零曲线由 k 段 $k-1$ 次弧段所组成，其非零区间限制在 $\left(-\frac{k}{2},\frac{k}{2}\right)$ 内(以后称 $c_k(x)$ 的这种限制为具有紧支柱 $\left(-\frac{k}{2},\frac{k}{2}\right)$).

引入中心差分作为工具，记符号

$$x^{[k]-1}=\begin{cases}x(x^2-1)\cdots(x^2-(v-1)^2)\\ \text{若 } x=2v\\ \left(x^2-\frac{1}{4}\right)\left(x^2-\frac{9}{4}\right)\cdots\left(x^2-\frac{(2v-1)^2}{4}\right)\\ \text{若 } x=2v+1\end{cases}$$

可证明，一般 k 阶中心插值公式有显式表示

$$c_k(x)=\frac{1}{(k-1)!}\delta^k x_+^{[k]-1}$$

$$-\infty<x<+\infty \tag{6}$$

其中 x_+ 定义为

$$x_+=\begin{cases}x & x>0\\ 0 & x<0\end{cases} \tag{7}$$

称为截断幂函数.

式(6)表明，除常数因子 $(k-1)!$ 以外，k 阶中心插值的基函数为 $k-1$ 次截断幂函数 x_+^{k-1} 的 k 阶中心差分. 这里 δ^k 符号表示步长为 1 的 k 阶中心差分，且

$$\delta f(x)=f\left(x+\frac{1}{2}\right)-f\left(x-\frac{1}{2}\right)$$

$$\delta^k f(x)=\delta(\delta^{k-1}f(x))=$$

$$\sum_{j=0}^{k}(-1)^j c_k^j f\left(x+\left(\frac{k}{2}-j\right)\right)$$

现在计算 $c_k(x)$ 的特征函数. 容易算出前两个 $c_k(x)$ 的特征函数

$$g_1(u)=\int_{-\infty}^{+\infty}c_1(x)\mathrm{e}^{\mathrm{i}ux}\mathrm{d}x=\int_{-\frac{1}{2}}^{\frac{1}{2}}\mathrm{e}^{\mathrm{i}ux}\mathrm{d}x=\frac{\sin\frac{u}{2}}{\frac{u}{2}} \tag{8}$$

$$g_2(u)=\int_{-\infty}^{+\infty}c_2(x)\mathrm{e}^{\mathrm{i}ux}\mathrm{d}x=\int_{-1}^{1}[1-|x|]\mathrm{e}^{\mathrm{i}ux}\mathrm{d}x=$$

$$\left[\frac{\sin\frac{u}{2}}{\frac{u}{2}}\right]^2 \tag{9}$$

很容易使人猜想，$c_k(x)$ 之特征函数的通式可能是

$$g_k(x)=\left[\frac{\sin\frac{u}{2}}{\frac{u}{2}}\right]^k \tag{10}$$

事实上,积分

$$\begin{aligned}\int_{-\infty}^{+\infty}c_3(x)\mathrm{e}^{\mathrm{i}ux}\mathrm{d}x=&\int_{-\frac{1}{2}}^{\frac{1}{2}}(1-x^2)\mathrm{e}^{\mathrm{i}ux}\mathrm{d}x+\\&\int_{\frac{1}{2}}^{\frac{3}{2}}(1-x)(2-x)\cos ux\mathrm{d}x=\\&\left[\frac{3}{2u}\sin\frac{u}{2}-\frac{2}{u^2}\cos\frac{u}{2}+\frac{4}{u^3}\sin\frac{u}{2}\right]+\\&\left[-\frac{1}{4u}\left(3\sin\frac{u}{2}+\sin\frac{3u}{2}\right)+\right.\\&\left.\frac{2}{u^2}\cos\frac{u}{2}+\frac{2}{u^3}\left(\sin\frac{u}{2}-\sin\frac{3u}{2}\right)\right]\end{aligned}$$

利用三倍角公式

$$\sin\frac{3}{2}u=3\sin\frac{u}{2}-4\sin^3\left(\frac{u}{2}\right)$$

有

$$g_3(u)=\left[\frac{\sin\frac{u}{2}}{\frac{u}{2}}\right]^3\left(1+\frac{1}{8}u^2\right)$$

同样可算得

$$g_4(u)=\left[\frac{\sin\frac{u}{2}}{\frac{u}{2}}\right]^4\left(1+\frac{1}{6}u^2\right)$$

因而,从特征函数的角度看,g_1,g_2 属于同一种规律,g_3 与 g_4 的规律则不同.再从曲线的分段弧的次数与整体连续性看,$c_1(x)$ 与 $c_2(x)$ 的曲线次数均比它们各自所具有的光滑度只高一次，而三阶以上的 $c_k(x)$ 却不具有这种性质. 一般地，当 k 为偶数时，$c_k(x)$ 本身在全实轴上连续，其一阶导数在分段处间断；而当 k 为奇数时，曲线本身在分段处也间断. 正是从如何保留这类 k 阶中心插值方式的优点（分段局部性）克服它连续性不足的弱点出发，研究它们的特征函数，Schoen berg 引入了一种新的平滑公式的基函数——基样条函数.

为此，我们先考察 $c_1(x)$ 与 $c_2(x)$ 之间的内在联系.

由(8)，(9)，得到 $c_1(x)$ 与 $c_2(x)$ 的积分表示

$$c_1(x)=\frac{1}{2\pi}\int_{-\infty}^{+\infty}\left(\frac{\sin\frac{u}{2}}{\frac{u}{2}}\right)\mathrm{e}^{\mathrm{i}ux}\,\mathrm{d}u \tag{11}$$

$$c_2(x)=\frac{1}{2\pi}\int_{-\infty}^{+\infty}\left(\frac{\sin\frac{u}{2}}{\frac{u}{2}}\right)^2\mathrm{e}^{\mathrm{i}ux}\,\mathrm{d}u \tag{12}$$

然而，$c_2(x)$ 又可写成

$$c_2(x)=\frac{1}{2\pi}\int_{-\infty}^{+\infty}\frac{\sin\frac{u}{2}}{\frac{u}{2}}\left[\int_{x-\frac{1}{2}}^{x+\frac{1}{2}}\mathrm{e}^{\mathrm{i}ut}\,\mathrm{d}t\right]\mathrm{d}u=$$

$$\int_{x-\frac{1}{2}}^{x+\frac{1}{2}}\left\{\frac{1}{2\pi}\int_{-\infty}^{+\infty}\frac{\sin\frac{u}{2}}{\frac{u}{2}}\mathrm{e}^{\mathrm{i}ut}\,\mathrm{d}u\right\}\mathrm{d}t=$$

$$\delta\int_{-\infty}^{x}c_1(t)\,\mathrm{d}t$$

因而，$c_2(x)$ 可看作由 $c_1(x)$ 先积分一次然后再差分一次而得. $c_1(x)$ 是分段常数，积分分段弧的次数提

高一次，变成分段直线，连续性也随之增加一次；再差分一次，保证 $c_2(x)$ 同样满足局部支柱性质，只是将非零域向两边各延伸半个长度区间，即从 $\left(-\frac{1}{2},\frac{1}{2}\right)$ 扩大为$(-1,1)$. 于是，可以定义一种新的平滑基函数

$$M_1(x)=c_1(x)$$

$$M_k(x)=\delta\int_{-\infty}^{x}M_{k-1}(t)\mathrm{d}t,k>1 \tag{13}$$

这里 $M_k(x)(k>1)$ 是由低一阶的基函数作一次不定积分然后再作一次中心差分所得的，由(13)，又可得

$$M_k(x)=\delta^{k-1}\int_{-\infty}^{x}\int_{-\infty}^{t_1}\cdots\int_{-\infty}^{t_{k-2}}M_1(t_{k-1})\mathrm{d}t_{k-1}\mathrm{d}t_{k-2}\cdots\mathrm{d}t_1$$

即 $M_k(x)$ 可看成是由阶梯函数 $M_1(t)$ 作 $k-1$ 次不定积分后再作相同次数的中心差分而得到的. 因此，这样定义的偶函数 $M_k(x)$ 分段由 $k-1$ 次弧段所组成，整体具有 $k-2$ 阶连续导数，且只在有限区间 $\left(-\frac{k}{2},\frac{k}{2}\right)$ 内非零.

根据定义式(13)，用归纳法可以证明 $M_k(x)$ 的特征函数通式即为式(10) 中的 $g_k(u)$.

事实上，当 $k=1$ 时已经成立，若命题对 $k-1$ 也成立，则由(13)，有下式成立

$$M_k(x)=\int_{x-\frac{1}{2}}^{x+\frac{1}{2}}\left\{\frac{1}{2\pi}\int_{-\infty}^{+\infty}\left(\frac{\sin\frac{u}{2}}{\frac{u}{2}}\right)^{k-1}\mathrm{e}^{\mathrm{i}ut}\mathrm{d}u\right\}\mathrm{d}t=$$

$$\frac{1}{2\pi}\int_{-\infty}^{+\infty}\left(\frac{\sin\frac{u}{2}}{\frac{u}{2}}\right)^{k-1}\left\{\int_{x-\frac{1}{2}}^{x+\frac{1}{2}}\mathrm{e}^{\mathrm{i}ut}\mathrm{d}t\right\}\mathrm{d}u=$$

$$\frac{1}{2\pi}\int_{-\infty}^{+\infty}\left(\frac{\sin\frac{u}{2}}{\frac{u}{2}}\right)^{k}\mathrm{e}^{\mathrm{i}ux}\mathrm{d}u \tag{14}$$

应用递推定义(13) 直接可求出低阶 $M_k(x)$ 的显式表达式,例如

$$M_3(x)=\int_{x-\frac{1}{2}}^{x+\frac{1}{2}}M_2(t)\mathrm{d}t=$$

$$\begin{cases}0 & |x|\geqslant\frac{3}{2}\\ \frac{1}{2}\left(\frac{3}{2}-|x|\right)^2 & \frac{1}{2}\leqslant|x|\leqslant\frac{3}{2}\\ \frac{3}{4}-x^2 & |x|\leqslant\frac{1}{2}\end{cases}\tag{15}$$

$$M_4(x)=\begin{cases}0 & |x|\geqslant 2\\ \frac{1}{3!}(2-|x|)^3 & 1\leqslant|x|\leqslant 2\\ \frac{1}{3!}[(2-|x|)^3-4(1-|x|)^3] & |x|\leqslant 1\end{cases}\tag{16}$$

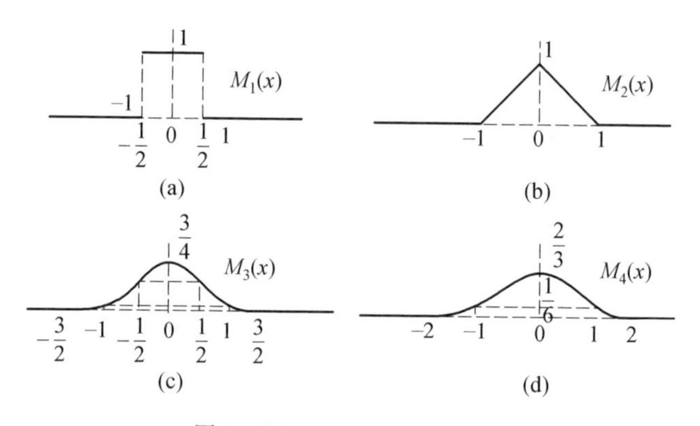

图 2 $M_k(x)(k=1,2,3,4)$

原则上,从递推定义(13) 出发可以顺次算出任意阶 $M_k(x)$ 的显式表示,但这样做对于次数很高的 k 算起来并不方便,而且也不容易获得通式. 为了导出

$M_k(x)$ 与中心插值基函数表示(6) 相类似的通式，下面讨论 $M_k(x)$ 的相应差分表示.

由于 $M_2(x)=\delta\int_{-\infty}^{x}M_1(x)$，如果把这两种运算均化为对某个函数的差分运算，即令

$$M_2(x)=\delta^2\psi_1(x)$$

这时函数

$$\delta\psi_1(x)=\int_{-\infty}^{x}M_1(t)\mathrm{d}t$$

当 $x<-\frac{1}{2}$ 与 $x>\frac{1}{2}$ 时，分别取常值 0 与 1，而当 $|x|<\frac{1}{2}$ 时，$\delta\psi_1(x)=x+\frac{1}{2}$. 解这个一阶差分方程，不妨取 $\psi_1(-\infty)=0$，于是当 $x<0$ 时 $\psi_1(x)\equiv 0$，而当 $x>0$ 时 $\psi_1(x)=x$，即

$$\psi_1(x)=x_+=\begin{cases}x & x>0\\ 0 & x<0\end{cases}\tag{17}$$

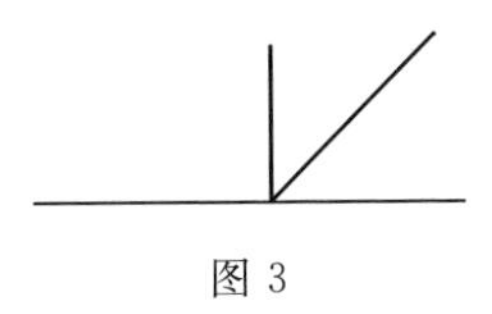

图 3

于是，$M_2(x)=\delta^2x_+$

$$M_3(x)=\delta\int_{-\infty}^{x}M_2(x)\mathrm{d}x=\delta^3\int_{-\infty}^{x}x_+\,\mathrm{d}x=\frac{1}{2!}\delta^3x_+^2$$

一般地，不难验证式(13) 等价于

$$M_k(x)=\frac{1}{(k-1)!}\delta^kx_+^{k-1}=$$

$$\frac{1}{(k-1)!}\sum_{j=0}^{k}(-1)^{j}c_{k}^{j}\left(x+\frac{k}{2}-j\right)^{k-1} \quad (18)$$

或写成分段显式表示

$$(k-1)!\ M_k(x)=$$

$$\begin{cases} 0 \quad x\leqslant -\frac{k}{2} \\ \left(x+\frac{k}{2}\right)^{k-1} \quad -\frac{k}{2}\leqslant x\leqslant -\frac{k}{2}+1 \\ \left(x+\frac{k}{2}\right)^{k-1}-c_k^1\left(x+\frac{k}{2}-1\right)^{k-1} \\ -\frac{k}{2}+1\leqslant x\leqslant -\frac{k}{2}+2 \\ \quad\vdots \\ \left(x+\frac{k}{2}\right)^{k-1}-c_k^1\left(x+\frac{k}{2}-1\right)^{k-1}+\cdots+ \\ (-1)^{k-1}c_k^{k-1}\cdot\left(x-\frac{k}{2}+1\right)^{k-1}= \\ \left(-x+\frac{k}{2}\right)^{k-1} \quad \frac{k}{2}-1\leqslant x\leqslant \frac{k}{2} \\ \delta^k x^{k-1}=0 \quad x\geqslant \frac{k}{2} \end{cases} \quad (19)$$

现在讨论以 $M_k(x)$ 为基函数的平滑公式

$$F(x)=\sum_{v=-\infty}^{+\infty}y_v M_k(x-v) \quad (20)$$

的性质.因为 $M_k(x)$ 具有紧支柱性质,即仅当 $|x|<\frac{k}{2}$ 时非零,因而满足第 2 章中定理 3 的条件(7)(事实上,下面将继续证明,对于任意的 x 与一切 k,均有 $0\leqslant M_k(x)\leqslant 1$),因此,与(20)相对应的离散平滑公式的特征函数为

$$\phi_k(u)=\sum_{v=-\infty}^{+\infty}g_k(u+2\pi v)=$$

$$\sum_{v=-\infty}^{+\infty}\left[\frac{\sin\left(\frac{u}{2}+\pi v\right)}{\frac{u}{2}+\pi v}\right]^k \tag{21}$$

特别地,恒有

$$\phi_k(0)=1$$

且特征函数定义为

$$\phi_k(u)=M_k(0)+2M_k(1)\cos u+ 2M_k(2)\cos 2u+\cdots \tag{22}$$

当 $0<u<2\pi$ 时,由(21)可知,$\phi_k(u)$ 对于偶数 k 是严格递降序列,且有下界 0.

注意到下面的事实

$$\phi_1(u)=\sum_v M_1(v)\mathrm{e}^{\mathrm{i}vu}=1$$

$$\phi_2(u)=\sum_v M_2(v)\mathrm{e}^{\mathrm{i}vu}=1$$

$$1>\phi_3(u)=\frac{2}{3}+\frac{1}{3}\cos u>\phi_4(u)=\frac{3}{4}+\frac{1}{4}\cos u$$

一般可证明 $\phi_k(u)$ 也是严格递降序列($k>2$),且

$$1=\phi_1(u)=\phi_2(u)>\phi_3(u)>\cdots> \phi_k(u)>\cdots>0 \tag{23}$$

再者,根据平滑公式(20),所确定的函数仍是分段 $k-1$ 次多项式,整体具有 $k-2$ 阶的连续导数.

特别当 $k=4$ 时,这类曲线反映了绘图员用“样条”所“压”出的曲线,因此,Schoen berg 把这类曲线称之为样条曲线. 样条,原是一种简单的描曲线的装置,它是由一根细木条或其他的弹性材料所制成. 使用者把

样条放在图板上，并在适当位置加置重物，使样条弯曲的形状符合所要求的曲线. 假设样条放置近乎平行于 x 轴，$y = y(x)$ 表示该曲线的方程，这时忽略小斜率 $y'^2 \ll 1$ 的影响，其曲率

$$\frac{1}{R} = \frac{y''}{(1 + y'^2)^{\frac{3}{2}}} \approx y''$$

梁的初等理论表明，这时曲线 $y = y(x)$ 表示弹性细梁在受集中力系作用下的弯曲，是由一些分段的三次弧段所组成，而且整条曲线及其一、二阶导数连续，且连接点恰好为放“压铁”之处.

在指出上面的三次(四阶)样条的力学与数学模型之后，Schoen berg 紧接着给出了一般 k 阶样条曲线的定义.

定义 3 在全实轴上定义的实函数 $F(x)$ 称为 k 阶样条曲线，记作 $\Pi_k(x)$，是指它具有以下三个性质:

(ⅰ) 由一系列次数不超过 $k-1$ 的分段多项式所组成;

(ⅱ) $F(x) \in C^{k-2}(-\infty, +\infty)$;

(ⅲ) 当 k 为偶数与奇数时，分段点分别只能是整数点与“半点”$(x = n + \frac{1}{2}, n = 0, \pm 1, \pm 2, \cdots)$.

于是，$\Pi_1(x)$ 是阶梯函数的全体，其可能的间断点为“半点”. 特别地，一阶基函数 $M_1(x) \in \Pi_1(x)$，而且“Π”的名称本身就是来源于 $M_1(x)$ 的形状. $\Pi_2(x)$ 是以整数为分段点的折线全体. $\Pi_4(x)$ 则是对应于压铁只放在整数点 $x = n$ 上的一根无限样条的简化数学模型.

如果 $\Pi_k(x)$ 中某函数属于 C^{k-1}，那它恰好归结为

一个 $k-1$ 次多项式. 正是因为 $\Pi_k(x)$ 放松了对 $k-1$ 阶导数连续的要求，才使得样条曲线后来成为一种灵活而有效的逼近工具，这正如只有加上压铁，才能使普通的样条追踪一条其图像与三次曲线截然不同的曲线.

按照前面叙述的平滑公式一般理论，既然式(20)中 $F(x)$ 定义为 k 阶样条曲线，那么 $M_k(x)$ 自然可称为 k 阶基样条函数，这就是后来 $B-$ 样条名称的由来.

根据上面式(21) $\sim$ (23)，应用定理 3 的结果，可总结得到下面有关 $B-$ 样条平滑公式(20) 的定理：

定理 4　k 阶 $B-$ 样条基型公式(20) 是个 $k-1$ 次多项式的平滑公式，其平滑度随着次数 k 递增，得到的平滑函数 $F(x)\in\Pi_k(x)$，且该公式对于一次函数是精确的，一般地，它并不是经典意义下的插值公式，但它具有 $k-1$ 次保持的性质.

该定理的后半部分证明是基于下面的事实. 由式(10)，$g_k(u)-1$ 以 $u=0$ 为二重零点，且 $g_k(u)$ 对于 $u=2n\pi(n\neq 0)$ 是 k 重零点，因而满足定理 3 中相应的条件 c.

推论　任一次数不超过 $k-1$ 的多项式 $P_{k-1}(x)$ 必可唯一地表示成

$$P_{k-1}(x)=\sum_{v=-\infty}^{+\infty} y_v M_k(x-v) \tag{24}$$

其中 $\{y_v\}$ 是某一组与 P_{k-1} 有关的另一个具有相同次数的多项式在 $x=v$ 处的值.

证明　根据定理 4，$F(x)$ 具有 $k-1$ 次保存，设

$$P_{k-1}(x)=\beta_{k-1}x^{k-1}+\beta_{k-2}x^{k-2}+\cdots+\beta_0$$

由第 2 章式(6)

$$P_{k-1}(x)-\beta_{k-1}\sum_{n=-\infty}^{+\infty} n^{k-1}M_k(x-n)$$

是个 $k-2$ 次多项式. 依此类推,可得到分解式

$$P_{k-1}(x)=\sum_{n=-\infty}^{+\infty}\widetilde{P}_{k-1}(n)M_k(x-n)$$

这时,$\widetilde{P}_{k-1}(n)$ 是与 $P_{k-1}(x)$ 具有相同首项系数的另一个 $k-1$ 次多项式在 $x=n$ 处的值.

剩下的是唯一性证明. 假设这种分解不唯一,那么,对于不全为零的型值 $\{y_n\}$ 就有可能存在等式

$$\sum_v y_v M_k(x-v)=0$$

由于 $M_k(x)$ 的局部性质,上式左边求和号中至多只有 k 个非零项,但上面已假定 $\{y_v\}$ 不全为零,这就势必与定理 4 所证明的 $k-1$ 次保存性质相矛盾. 因此,任意次序的 k 个 $\{y_v\}$ 必全为零. 证毕.

进而,若已知 $F(x)\in\Pi_k$,能否找到一组型值 $\{y_v\}$,使 $F(x)$ 唯一地表示成(20)的形式? 回答是肯定的.

定理 5 任意一条 k 阶样条曲线必可唯一地表示成同阶 $B-$ 样条的线性组合形式(20).

证明 唯一性问题已由定理 4 推论得到证明. 为证明存在性,设 $F(x)\in\Pi_k(x)$,则 $F^{(k-1)}(x)\in\Pi_1(x)$ 为分段常数. 求出下面高阶差分方程

$$\delta^{k-1}y_n=F^{(k-1)}(x)$$

k 为奇,$n-\frac{1}{2}<x<n+\frac{1}{2}$

$$\delta^{k-1}y_{n+\frac{1}{2}}=F^{(k-1)}(x)$$

k 为偶,$n<x<n+1$ 的任一组特解 $\{\bar{y}_n\}$,然后构造

$$\bar{F}(x)=\sum_{n=-\infty}^{+\infty}\bar{y}_nM_k(x-n)$$

(由于 $M_k(x)$ 的紧支柱性质,上式只是有限和,不存在

收敛性问题). 显然 $\overline{F}(x) \in \Pi_k(x)$. 令 $R(x) = F(x) - \overline{F}(x)$, $R(x) \in \Pi_k(x)$, 且 $R^{(k-1)}(x) = 0$. 这意味着 $R(x)$ 是个 $k-2$ 次多项式, 按照定理 4 的推论, 存在另一组型值 $\{y_n^*\}$, 使

$$R(x) = \sum_n y_n^* M_k(x-n)$$

因此

$$F(x) = \overline{F}(x) + R(x) = \sum_n (y_n + \bar{y}_n) M_k(x-n)$$

而且这种分解还是唯一的. 证毕.

例 1　求四阶样条曲线 $F(x) = \frac{1}{3!} x_+^3$ 按四阶 B—样条的展开式.

解　这时差分方程为

$$\delta^3 y_{n+\frac{1}{2}} = F'''\left(n + \frac{1}{2}\right) = \left(n + \frac{1}{2}\right)_+^0$$

它的一个特解序列是

$$y_n = \begin{cases} 0 & n < 0 \\ c_{n+1}^3 = \frac{1}{6} n(n^2 - 1) & n \geqslant 0 \end{cases}$$

于是

$$x_+^3 = \sum_{n=0}^{+\infty} n(n^2-1) M_4(x-n) \tag{25}$$

此等式的两边至多只能差一个 x 的二次多项式, 但这种可能是不存在的, 因为上式两边对于 $x \leqslant 0$ 是恒等的. 类似地, 有以下恒等式成立

$$-(-x)_+^3 = \sum_{n=-\infty}^{0} n(n^2-1) M_4(x-n) \tag{26}$$

$$x^3 = x_+^3 - (-x)_+^3 = \sum_{n=-\infty}^{+\infty} n(n^2-1)M_4(x-n) \tag{27}$$

$$|x|^3 = \sum_{n=-\infty}^{+\infty} |n(n^2-1)| M_4(x-n) \tag{28}$$

如果分段 $k-1$ 次多项式曲线 $F(x)$ 不具有 Π_k 那么强的连续性质,而只具有 μ 阶连续导数,则可表示成

$$F(x) = \Pi_{\mu+2} + \Pi_{\mu+3} + \cdots + \Pi_k \tag{29}$$

其中 Π_v 代表 $\Pi_v(x)$ 或 $\Pi_v\left(x+\frac{1}{2}\right)$,视 v 的奇偶性而定,这个性质可叙述成下面的定理:

定理 6 任意次数为 $k-1$ 的分段多项式曲线 $F(x) \in C^\mu(\mu \leqslant k-2)$ 必可表示成 $k-\mu-1$ 个阶数分别为 $\mu+2, \mu+3, \cdots, k$ 的样条曲线之和.

这个定理是定理 5 的必然结果.因为 $F^{(\mu+1)}(x)$ 可能存在间断点,我们确定某个 $\Pi_{\mu+2}$,使它的 $\mu+1$ 阶导数具有相同的间断点,因而 $F(x)-\Pi_{\mu+2} \in C^{\mu+1}$ 仍为分段 $k-1$ 次曲线.依次类推,便可证得式(29).此外,B-样条的引入简化了样条的求和与差分运算.设 $F(x) \in \Pi_k(x)$,由定理 5,可知必可唯一地表示成

$$F(x) = \sum_n y_n M_k(x-n)$$

因此

$$\Delta F(x) = F(x+1) - F(x) = \sum_n \Delta y_n M_k(x-n)$$

对 F 的差分运算归结为对系数 y_n 作同样的差分运算,这时 $\Delta F(x)$ 一般仍属于 $\Pi_k(x)$.反之,假设 $F^*(x) \in \Pi_k(x)$ 已预先给定,要求 $F(x)$,使 $\Delta F(x) =$

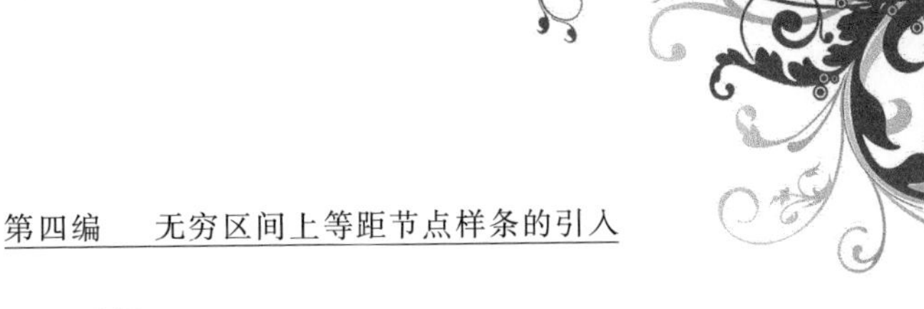

$F^*(x)$. 根据定理 5,可得

$$F^*(x)=\sum_n y_n^* M_k(x-n)$$

因此,问题归结为求 $\{y_n\}$ 是满足一阶差分方程 $\Delta y_n = y_n^*$ 的解. 由此可见,对样条曲线 $F(x)$ 求差分或求和都只需归结为对其分解式系数作同样的运算.

Schoen berg 还给出了 $B-$ 样条函数的概率论解释. 如果将一个随机变量 x 取整到离它最近的整数值,那么 $M_1(x)$ 可解释成依赖于该随机变量误差的概率分布密度. 类似地,根据 $M_k(x)$ 的积分表达式(14) 可知,$M_k(x)$ 的特征函数是 $M_1(x)$ 之特征函数的 k 次幂,这个事实在概率论中意味着 $M_k(x)$ 是依赖于 k 个统计上独立的实随机变量 $x_1, x_2, \cdots, x_k$ 之和函数 $x_1 + x_2 + \cdots + x_k$ 的误差概率分布密度,这时每个变量都取最靠近它的整数值.

按照上面有关 $B-$ 样条是某个随机变量的概率分布密度函数这一解释,可以直观地得到某些 $M_k(x)$ 的等式,例如

$$M_k(x)\begin{cases} >0 & |x|<\frac{k}{2} \\ =0 & |x|>\frac{k}{2} \end{cases} \tag{30}$$

$$\int_{-\infty}^{+\infty} M_k(x)\mathrm{d}x = 1 \tag{31}$$

附录

形状可调的 C^2 连续三次三角 Hermite 插值样条

1 引　言

作为一种常见的插值模型，三次 Hermite 插值样条在计算机辅助几何设计、计算机图形学以及实际工程技术问题中获得了广泛的研究与应用[1]~[5]. 然而，当插值条件给定时，传统三次 Hermite 插值样条的形状也随之固定，这也在一定程度上限制了其在实际工程中的应用. 为了在插值条件保持不变的情况下实现对三次 Hermite 插值样条的形状进行灵活地调节，一些学者在 Hermite 插值样条中引入参数，构造了带参数的 Hermite 型插值样条. 例如，谢进等人[6,7] 提出了带参数的有理三次 Hermite 插值样条与带参数的有理三次三角 Hermite 插值样条；李军成等人[8,9] 构造了带参数的四次 Hermite 插值样条与带参数的三次三角 Hermite 插值样条. 这些带参数的 Hermite 型插值样条的特性主要有三点：(1) 与传统三次 Hermite 插值样条具有相同的插值性与 C^1 连续性；(2) 在插值条件给定的情况下，可利用带有的参数对样条进行灵活地调节；(3) 对所带的参数施加 C^2 连续性约束条件后可使得样条满足 C^2 连续，从而提高了样条的逼近效果.

注意到，虽然这些带参数的 Hermite 型插值样条[6]~[9] 通过对参数施加约束条件后可使其满足 C^2 连续，但其参数值均是通过迭代计算而获得，这样一方面增加了计算量，另一方面由于通过迭代所计算出的参数值均为近似值，当样条的分段较多时，误差的累积较大，使得靠后相邻样条段的 C^2 连续性就不一定能得到保证.为了克服这一问题,湖南人文科技学院数学系的李军成,刘成志两位教授2016年构造了一种带参数的三次三角Hermite插值样条,该样条一方面具有带参数的Hermite插值样条的主要特性外,另一方面,当插值节点为等距时,该样条可自动满足 C^2 连续,且其形状还可通过参数的取值进行整体调节.另外,由于采用了三角多项式,该样条对应的Ferguson曲线在适当条件下还可精确表示圆弧、椭圆弧、抛物线、星形线等工程曲线.

2 $\alpha\beta$-Hermite 基函数与 $\alpha\beta$-Ferguson 曲线

传统三次Hermite基函数是基于多项式函数空间 $\{1,t,t^2,t^3\}$ 而构造,由此定义的Ferguson曲线无法精确表示工程中一些常见的曲线,另外,在插值条件给定时,曲线的形状也无法进行调节.为此,利用三角函数空间中的基 $\{1,\sin t,\cos t,\sin^2 t,\sin^3 t,\cos^3 t\}$ 取代传统三次Hermite基函数中的多项式基 $\{1,t,t^2,t^3\}$,可构造一组带形状可调参数的三次三角Hermite基函数,以此构造出一种既可精确表示一些常见工程曲线又可实现形状调节的Ferguson型曲线.需要说明的是,由于 $\sin^2 t+\cos^2 t\equiv 1$,故在其空间 $\{1,\sin t,\cos t,\sin^2 t,\sin^3 t,\cos^3 t\}$ 中缺少了函数 $\cos^2 t$.

定义1 对任意的 $\alpha_i,\beta_i\in\mathbf{R},0\leqslant t\leqslant\frac{\pi}{2}$,记 $S=\sin t,C=\cos t$,称

$$\begin{cases} f_{i,0}(t)=(1-\alpha_i)+3(\alpha_i-1)S^2+ \\ \qquad 2(1-\alpha_i)S^3+\alpha_i C^3 \\ f_{i,1}(t)=2(\alpha_i-1)+3(1-\alpha_i)S^2+ \\ \qquad \alpha_i S^3+2(1-\alpha_i)C^3 \\ g_{i,0}(t)=-\beta_i+S+(3\beta_i-2)S^2+ \\ \qquad (1-2\beta_i)S^3+\beta_i C^3 \\ g_{i,1}(t)=\left(2\beta_i-\frac{10}{3}\right)-C+(6-3\beta_i)S^2+ \\ \qquad \left(\beta_i-\frac{8}{3}\right)S^3+\left(\frac{13}{3}-2\beta_i\right)C^3 \end{cases} \tag{1}$$

为带参数 α_i 与 β_i 的三次三角 Hermite 基函数，简称为 $\alpha\beta$-Hermite 基函数.

经简单计算可知，$\alpha\beta$-Hermite 基函数在端点处满足

$$\begin{cases} f_{i,0}(0)=1, f_{i,1}(0)=0, g_{i,0}(0)=0, g_{i,1}(0)=0 \\ f_{i,0}\left(\frac{\pi}{2}\right)=0, f_{i,1}\left(\frac{\pi}{2}\right)=1, g_{i,0}\left(\frac{\pi}{2}\right)=0, g_{i,1}\left(\frac{\pi}{2}\right)=0 \end{cases} \tag{2}$$

$$\begin{cases} f'_{i,0}(0)=0, f'_{i,1}(0)=0, g'_{i,0}(0)=1, g'_{i,1}(0)=0 \\ f'_{i,0}\left(\frac{\pi}{2}\right)=0, f'_{i,1}\left(\frac{\pi}{2}\right)=0, g'_{i,0}\left(\frac{\pi}{2}\right)=0, g'_{i,1}\left(\frac{\pi}{2}\right)=1 \end{cases} \tag{3}$$

$$\begin{cases} f''_{i,0}(0)=3\alpha_i-6, f''_{i,1}(0)=0, \\ g''_{i,0}(0)=3\beta_i-4, g''_{i,1}(0)=0 \\ f''_{i,0}\left(\frac{\pi}{2}\right)=0, f''_{i,1}\left(\frac{\pi}{2}\right)=3\alpha_i-6, \\ g''_{i,0}\left(\frac{\pi}{2}\right)=0, g''_{i,1}\left(\frac{\pi}{2}\right)=3\beta_i-4 \end{cases} \tag{4}$$

由式(2)与式(3)可知，$\alpha\beta$-Hermite基函数与传统

三次 Hermite 基函数在端点处具有相同的性质. 但与传统三次 Hermite 基函数不同的是，$\alpha\beta$-Hermite 基函数带有参数 α_i 与 β_i，当参数 α_i 与 β_i 取不同值时可得到不同形状的 $\alpha\beta$-Hermite 基函数图形，如图 1 所示，其中实线对应的参数为 $(\alpha_i,\beta_i)=(0.5,1)$，短虚线对应的参数为 $(\alpha_i,\beta_i)=(0,0)$，长虚线对应的参数为 $(\alpha_i,\beta_i)=(1,0.5)$.

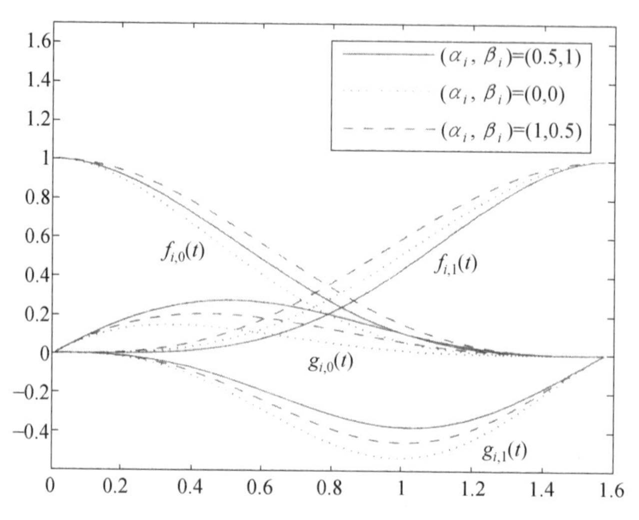

图 1　参数取不同值时的 $\alpha\beta$-Hermite 基函数图形

由于 $\alpha\beta$-Hermite 基函数在端点处与传统三次 Hermite 基函数具有相同的性质，因此可利用 $\alpha\beta$-Hermite 基函数定义相应的 Ferguson 型曲线.

定义 2　对任意的 $\alpha_i,\beta_i\in\mathbf{R}$，$0\leqslant t\leqslant\frac{\pi}{2}$，称

$$R_i(t)=f_{i,0}(t)p_i+f_{i,1}(t)p_{i+1}+g_{i,0}(t)p'_i+g_{i,1}(t)p'_{i+1} \tag{5}$$

为带参数 α_i 与 β_i 的三次三角 Ferguson 曲线，简称为

$\alpha\beta$-Ferguson 曲线. 其中 p_{i+j} 与 $p'_{i+j}(j=0,1)$ 分别为两个插值端点及其切矢, $f_{i,j}(t)$ 与 $g_{i,j}(t)(j=0,1)$ 为 $\alpha\beta$-Hermite 基函数.

由式(2), 式(3) 与式(5) 经计算可得

$$\begin{cases} R_i(0)=p_i, R_i\left(\frac{\pi}{2}\right)=p_{i+1} \\ R'_i(0)=p'_i, R'_i\left(\frac{\pi}{2}\right)=p'_{i+1} \end{cases} \tag{6}$$

式(6) 表明, $\alpha\beta$-Ferguson 曲线与传统三次 Ferguson 曲线具有相同的特性. 当两个插值端点及其切矢固定不变时, 传统三次 Ferguson 曲线的形状无法进行调节, 而 $\alpha\beta$-Ferguson 曲线的形状则可通过所带的两个参数 α_i 与 β_i 实现调节.

另外, 传统三次 Ferguson 曲线无法精确表示工程中一些有用的曲线, 而 $\alpha\beta$-Ferguson 曲线在适当条件下可精确表示圆弧、椭圆弧、抛物线弧、星形线弧等工程曲线, 具体如下:

(1) 取 $p_i=(0,b), p_{i+1}=(a,0), p'_i=(a,0), p'_{i+1}=(0,-b), ab\neq 0, \alpha_i=\frac{5}{3}, \beta_i=\frac{4}{3}$, 则式(5) 可改写为 $R_i(t)=(a\sin t, b\cos t), 0\leqslant t\leqslant\frac{\pi}{2}$. 显然, 当 $a=b$ 时, 该方程表示一段圆弧; 当 $a\neq b$ 时, 该方程表示一段椭圆弧, 如图 2 所示.

(2) 取 $p_i=\left(-\frac{3a}{4},-\frac{b}{2}\right), p_{i+1}=\left(\frac{a}{4},\frac{b}{2}\right), p'_i=(a,0), p'_{i+1}=(0,0), ab\neq 0, \alpha_i=\frac{2}{3}, \beta_i=\frac{1}{3}$, 则式(5) 可改写为 $R_i(t)=\left(-\frac{3a}{4}+a\sin t, -\frac{b}{2}+b\sin^2 t\right)$,

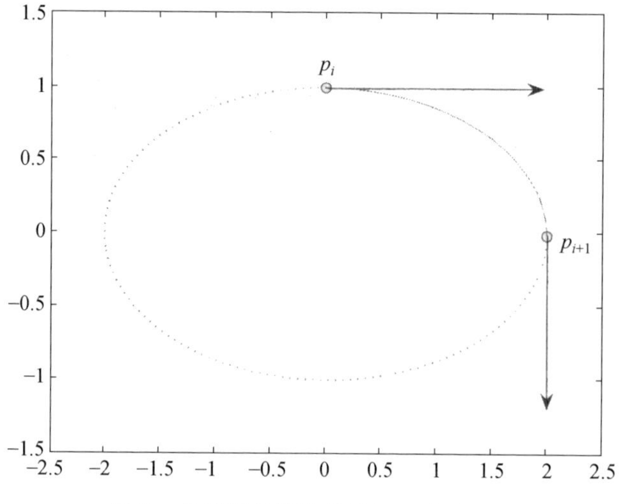

图 2　椭圆弧的精确表示($a=2,b=1$)

$0\leqslant t\leqslant\frac{\pi}{2}$. 显然,该方程表示一段二次抛物线弧,如图 3 所示.

(3) 取 $p_i=\left(-\frac{a}{3},b\right)$, $p_{i+1}=\left(\frac{2a}{3},0\right)$, $p'_i=(0,0)$, $p'_{i+1}=(a,0)$, $ab\neq 0$, $\alpha_i=1$, $\beta_i=2$, 则式(5) 可改写为 $R_i(t)=\left(\frac{2a}{3}-a\cos t, b\cos^3 t\right)$, $0\leqslant t\leqslant\frac{\pi}{2}$. 显然,该方程表示一段三次抛物线弧,如图 4 所示.

(4) 取 $p_i=(0,a)$, $p_{i+1}=(a,0)$, $p'_i=(0,0)$, $p'_{i+1}=(a,0)$, $a\neq 0$, $\alpha_i=1$, $\beta_i\in\mathbf{R}$, 则式(5) 可改写为 $R_i(t)=(a\sin^3 t, a\cos^3 t)$, $0\leqslant t\leqslant\frac{\pi}{2}$. 显然,该方程表示一段星形线弧,如图 5 所示.

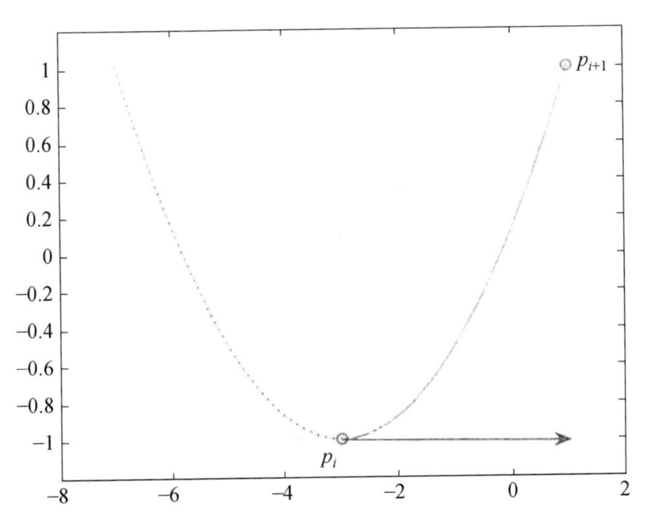

图 3　二次抛物线弧的精确表示($a=4,b=2$)

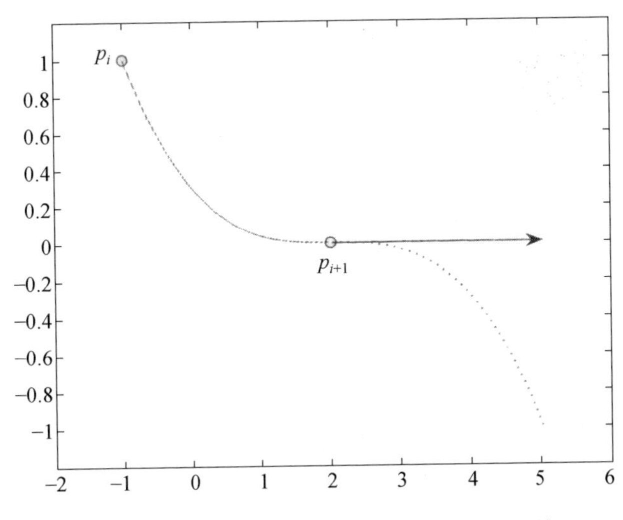

图 4　三次抛物线弧的精确表示($a=3,b=1$)

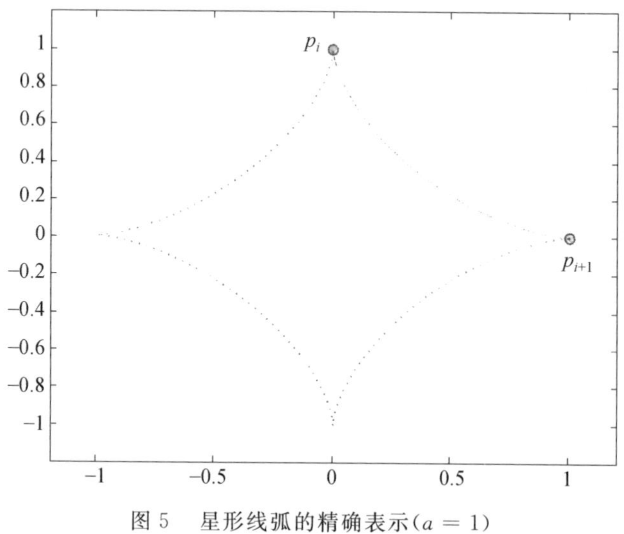

图 5　星形线弧的精确表示($a=1$)

3　$\alpha\beta$-Hermite 插值样条

基于 $\alpha\beta$-Hermite 基函数，也可定义相应的 Hermite 型插值样条.

定义 3　已知 $a=x_0<x_1<x_2<\cdots<x_n=b$ 是区间$[a,b]$的一个划分，给定数据(x_i,y_i,d_i)，其中 y_i 与 d_i 分别是节点 $x_i(i=0,1,2,\cdots,n)$ 处的函数值和一阶导数值，记 $h_i=x_{i+1}-x_i$，$t=\dfrac{\pi(x-x_i)}{2h}$，$m_i=\dfrac{2h_i}{\pi}$，对于 $x_i\leqslant t\leqslant x_{i+1}(i=0,1,2,\cdots,n-1)$，称

$$H_i(x)=f_{i,0}(t)y_i+f_{i,1}(t)y_{i+1}+g_{i,0}(t)m_id_i+g_{i,1}(t)m_id_{i+1}\tag{7}$$

为区间$[a,b]$上带参数 α_i 与 β_i 的三次三角 Hermite 插

值样条，简称为 $\alpha\beta$-Hermite 插值样条. 其中 $f_{i,j}(t)$ 与 $g_{i,j}(t)(j=0,1)$ 为 $\alpha\beta$-Hermite 基函数.

定理 1　$\alpha\beta$-Hermite 插值样条满足下列性质：

(1) 插值性：$\alpha\beta$-Hermite 插值样条插值于给定的数据，即有

$$\begin{cases} H_i(x_i)=y_i, H_i(x_{i+1})=y_{i+1} \\ H'_i(x_i)=d_i, H'_i(x_{i+1})=d_{i+1} \end{cases}, i=0,1,2,\cdots,n-1 \tag{8}$$

(2) 连续性：$\alpha\beta$-Hermite 插值样条满足 C^1 连续，即有

$$\begin{cases} H_i(x_{i+1})=H_{i+1}(x_{i+1}) \\ H'_i(x_{i+1})=H'_{i+1}(x_{i+1}) \end{cases}, i=0,1,2,\cdots,n-2 \tag{9}$$

证明　(1) 由式(2)，式(3) 与式(7) 有

$$\begin{cases} H_i(x_i)=f_0(0)y_i+f_1(0)y_{i+1}+g_0(0)m_id_i+ \\ \qquad g_0(0)m_id_{i+1}=y_i \\ H_i(x_{i+1})=f_0\left(\frac{\pi}{2}\right)y_i+f_1\left(\frac{\pi}{2}\right)y_{i+1}+ \\ \qquad g_0\left(\frac{\pi}{2}\right)m_id_i+g_1\left(\frac{\pi}{2}\right)m_id_{i+1}= \\ \qquad y_{i+1} \end{cases} \tag{10}$$

$$\begin{cases} H'_i(x_i)=f'_0(0)\frac{y_i}{m_i}+f'_1(0)\frac{y_{i+1}}{m_i}+ \\ \qquad g'_0(0)d_i+g_1(0)'d_{i+1}=d_i \\ H'_i(x_{i+1})=f'_0\left(\frac{\pi}{2}\right)\frac{y_i}{m_i}+f'_1\left(\frac{\pi}{2}\right)\frac{y_{i+1}}{m_i}+ \\ \qquad g'_0\left(\frac{\pi}{2}\right)d_i+g'_1\left(\frac{\pi}{2}\right)d_{i+1}= \\ \qquad d_{i+1} \end{cases} \tag{11}$$

式(10) 与式(11) 即表明式(8) 成立.

(2) 由式(10) 与式(11) 不难可得

$$\begin{cases}H_i(x_{i+1})=y_{i+1}=H_{i+1}(x_{i+1})\\H'_i(x_{i+1})=d_{i+1}=H'_{i+1}(x_{i+1})\end{cases}\tag{12}$$

即表明式(9) 成立. 证毕.

注 1 由定理 1 可知,$\alpha\beta$-Hermite 插值样条与传统三次 Hermite 插值样条具有相同的插值性与连续性. 但是,当数据给定时,传统三次 Hermite 插值样条的形状无法修改,而 $\alpha\beta$-Hermite 插值样条则可通过修改参数 α_i 与 β_i 的取值对形状进行局部或整体调节.

由式(7) 定义的 $\alpha\beta$-Hermite 插值样条中,节点 $x_i(i=0,1,2,\cdots,n)$ 可以任意分布,而等距节点的情形在实际工程问题中经常会遇到. 下面讨论等距节点时 $\alpha\beta$-Hermite 插值样条的特性.

设 $x_i=a+hi$(常数 $h>0$) 为区间$[a,b]$的一个等距划分,给定数据(x_i,y_i,d_i),其中 y_i 与d_i 分别是节点 $x_i(i=0,1,2,\cdots,n)$ 处的函数值和一阶导数值,记 $t=\dfrac{\pi(x-x_i)}{2h}$,$m=\dfrac{2h}{\pi}$,对于 $x_i\leqslant t\leqslant x_{i+1}(i=0,1,2,\cdots,n-1)$,等距节点时的 $\alpha\beta$-Hermite 插值样条定义为

$$\begin{aligned}H_i(x)=f_0(t)y_i+f_1(t)y_{i+1}+\\g_0(t)md_i+g_1(t)md_{i+1}\end{aligned}\tag{13}$$

其中 $f_j(t)$ 与 $g_j(t)(j=0,1)$ 为参数,取 $\alpha_i=\alpha$ 与$\beta_i=\beta$ 时的 $\alpha\beta$-Hermite 基函数,即

$$
\begin{cases}
f_0(t) = (1-\alpha) + 3(\alpha-1)S^2 + 2(1-\alpha)S^3 + \alpha C^3 \\
f_1(t) = 2(\alpha-1) + 3(1-\alpha)S^2 + \alpha S^3 + 2(1-\alpha)C^3 \\
g_0(t) = -\beta + S + (3\beta-2)S^2 + (1-2\beta)S^3 + \beta C^3 \\
g_1(t) = \left(2\beta - \dfrac{10}{3}\right) - C + (6-3\beta)S^2 + \\
\qquad \left(\beta - \dfrac{8}{3}\right)S^3 + \left(\dfrac{13}{3} - 2\beta\right)C^3
\end{cases}
$$

定理 2　等距节点时的 $\alpha\beta$-Hermite 插值样条不仅插值于给定的数据，而且可自动满足 C^2 连续.

证明　由式(13)与定理 1 不难知，等距节点时的 $\alpha\beta$-Hermite 插值样条插值于给定的数据且满足 C^1 连续. 进一步地，由式(4)与式(13)有

$$
\begin{cases}
H''_i(x_i) = (3\alpha-6)\dfrac{y_i}{m^2} + (3\beta-4)\dfrac{d_i}{m} \\
H''_i(x_{i+1}) = (3\alpha-6)\dfrac{y_{i+1}}{m^2} + (3\beta-4)\dfrac{d_{i+1}}{m}
\end{cases}
\tag{14}
$$

由式(14)可知 $H''_i(x_{i+1}) = H''_{i+1}(x_{i+1})(i=0,1,2,\cdots,n-2)$，即表明等距节点时的 $\alpha\beta$-Hermite 插值样条自动满足 C^2 连续. 证毕.

注 2　当节点为等距时，传统三次 Hermite 插值样条仅满足 C^1 连续，而 $\alpha\beta$-Hermite 插值样条可自动达到 C^2 连续，且其形状还可通过修改参数 α 与 β 的取值进行整体调节.

注 3　文献[6]～[9]也分别构造了带参数的 Hermite 型插值样条，但无论当节点是否为等距时，为了使所构造的插值样条满足 C^2 连续，首先要对所带的参数施加 C^2 连续性约束条件，然后再通过迭代计算出所有的参数值. 这样，一方面会增加计算量，另一方面由于通过迭代所计算出的参数值均为近似值，因此当

样条的分段较多时，会使得误差的累积较大，靠后相邻样条段的 C^2 连续性就不一定能得到保证. 然而，只要当节点满足等距时，$\alpha\beta$-Hermite 插值样条即可自动满足 C^2 连续，且其形状还可以通过修改参数 α 与 β 的取值进行调节，从而在实际工程中更有优势.

4　最优 $\alpha\beta$-Hermite 基插值样条

由前文可知，若给定函数 $y=f(x)(a\leqslant x\leqslant b)$，$x_i=a+bi$(常数 $h>0$) 为区间 $[a,b]$ 的一个等距划分，设 $y_i=f(x_i)$ 与 $d_i=f'(x_i)$，则插值于函数 $y=f(x)$ 的 $\alpha\beta$-Hermite 插值样条 $H_i(x)(i=0,1,\cdots,n-1)$ 满足 C^2 连续，且其形状完全由参数 α 与 β 决定. 在实际应用中，若参数 α 与 β 的取值选取不恰当，将会导致 C^2 连续 $\alpha\beta$-Hermite 插值样条具有较差的插值效果.

插值于函数 $y=f(x)$ 的 C^2 连续 $\alpha\beta$-Hermite 插值样条的整体插值误差可表示为

$$L(\alpha,\beta)=\sum_{i=0}^{n-1}\int_{x_i}^{x_{i+1}}[H_i(x)-f(x)]^2\mathrm{d}x \tag{15}$$

要使得式(15) 取最小值，则必有

$$\begin{cases}\dfrac{\partial L(\alpha,\beta)}{\partial\alpha}=0\\[2mm]\dfrac{\partial L(\alpha,\beta)}{\partial\beta}=0\end{cases} \tag{16}$$

记

$$M_0(x)=-1+3S^2-2S^3+C^3$$
$$N_0(x)=1-3S^2+2S^3$$

$$M_1(x)=2-3S^2+S^3-2C^3$$

$$N_1(x)=-2+3S^2+2C^3$$

$$N_2(x)=S-2S^2+S^3$$

$$N_3(x)=-\frac{10}{3}-C+6S^2-\frac{8}{3}S^3+\frac{13}{3}C^3$$

其中 $S=\sin t, C=\cos t, t=\dfrac{\pi(x-x_i)}{2h}$.

则式(13) 可改写为

$$H_i(x)=l_0(x)\alpha+l_1(x)\beta+l_2(x) \tag{17}$$

其中

$$l_0(x)=M_0(x)y_i+M_1(x)y_{i+1}$$

$$l_1(x)=M_0(x)md_i+M_1(x)md_{i+1}$$

$$l_2(x)=N_0(x)y_i+N_1(x)y_{i+1}+N_2(x)md_i+N_3(x)md_{i+1}$$

由式(17),式(15) 可改写为

$$L(\alpha,\beta)=\sum_{i=0}^{n-1}\int_{x_i}^{x_{i+1}}H_i^2(x)\mathrm{d}x-2\sum_{i=0}^{n-1}\int_{x_i}^{x_{i+1}}H_i(x)f(x)\mathrm{d}x+\sum_{i=0}^{n-1}\int_{x_i}^{x_{i+1}}f^2(x)\mathrm{d}x=a_0\alpha^2+a_1\beta^2+2a_2\alpha\beta+2a_3\alpha+2a_4\beta+a_5 \tag{18}$$

其中

$$a_0=\sum_{i=0}^{n-1}\int_{x_i}^{x_{i+1}}l_0^2(x)\mathrm{d}x$$

$$a_1=\sum_{i=0}^{n-1}\int_{x_i}^{x_{i+1}} l_1^2(x)\mathrm{d}x$$

$$a_2=\sum_{i=0}^{n-1}\int_{x_i}^{x_{i+1}} l_0(x)l_1(x)\mathrm{d}x$$

$$a_3=\sum_{i=0}^{n-1}\int_{x_i}^{x_{i+1}} l_0(x)(l_2(x)-f(x))\mathrm{d}x$$

$$a_4=\sum_{i=0}^{n-1}\int_{x_i}^{x_{i+1}} l_1(x)(l_2(x)-f(x))\mathrm{d}x$$

$$a_5=\sum_{i=0}^{n-1}\int_{x_i}^{x_{i+1}} (l_2(x)-f(x))^2\mathrm{d}x$$

于是,由式(18)可知,式(16)可改写为

$$\begin{cases}a_0\alpha+a_2\beta+a_3=0\\ a_2\alpha+a_1\beta+a_4=0\end{cases}\tag{19}$$

当 $a_0a_1-a_2^2\neq 0$ 时,由式(19)可解得

$$\begin{cases}\alpha=\dfrac{a_2a_4-a_1a_3}{a_0a_1-a_2^2}\\ \beta=\dfrac{a_2a_3-a_0a_4}{a_0a_1-a_2^2}\end{cases}\tag{20}$$

由式(20)计算出参数 α 与 β 的最优取值后,便可获得插值于函数 $y=f(x)$ 的最优 C^2 连续 $\alpha\beta$-Hermite 插值样条 $H_i(x)(i=0,1,\cdots,n-1)$.

5 结 论

本附录基于函数空间 $\{1,\sin t,\cos t,\sin^2 t,\sin^3 t,$

$\cos^3 t\}$ 构造了一种带两个参数 α 与 β 的三次三角 Hermite 插值样条，该样条具有以下特点：(1) 在适当条件下，对应的三次三角 Ferguson 曲线可精确表示圆弧、椭圆弧、抛物线、星形线等工程曲线；(2) 当插值条件保持不变时，其形状可通过修改参数 α 与 β 的取值进行调整；(3) 当节点为等距时，可自动满足 C^2 连续，且其形状还可通过修改参数 α 与 β 的取值进行调节；(4) 当参数 α 与 β 取最优值时，可使得其具有尽可能小的插值误差，从而获得满意的插值效果. 所构造的三次三角 Hermite 插值样条还可推广至曲面形式.

参考文献

[1] DEBOOR C, HOLLIG K, SABIN M. High Accuracy Geometric Hermite Interpolation[J]. Computer Aided Geometric Design, 1987, 4(4): 269-278.

[2] LIAN F. G3 Approximation of Conic Sections By Quintic Polynomial Curves[J]. Computer Aided Geometric Design, 1999, 16(7): 755-766.

[3] LORENTZ R A. Multivariate Hermite Interpolation by Algebraic Polynomials: A Survey[J]. Journal of Computational and Applied Mathematics, 2000, 122(2): 167-201.

[4] GFRERRER A, ROSCHEL O. Blended Hermite Interpolations[J]. Computer Aided Geometric Design, 2001, 18(9): 865-873.

[5] YONG J H, CHENG F H. Geometric Hermite Curves with Minimum Strain Energy[J]. Com-

puter Aided Geometric Design,2004,21(3):281-301.

[6] 谢进,檀结庆,李声锋.有理三次 Hermite 插值样条及其逼近性质[J].工程数学学报,2011,28(3):385-392.

[7] 谢进,谭结庆,刘植,等.一类带参数的有理三次三角 Hermite 插值样条[J].计算数学,2011,33(2):125-132.

[8] 李军成,刘纯英,杨炼.带参数的四次 Hermite 插值样条[J].计算机应用,2012,32(7):1868-1870.

[9] 李军成,钟月娥,谢淳.带形状参数的三次三角 Hermite 插值样条曲线[J].计算机工程与应用,2014,50(17):182-185.